# VERHEISSUNGEN DER NEUESTEN BIOTECHNOLOGIEN

SCIVIAS VERLAG
PO BOX 45931
MADISON, 53744
WISCONSIN, USA

Bibliographische Information der Deutschen Bibliothek:

Die Deutsche Nationalbibliothek verzeichnet diese Publikation in der Deutschen Nationalbibliographie; nähere Angaben im Internet unter http://dnb.ddb.de

ISBN-13: 978-0-9600695-2-1
ISBN-10: 0-9600695-2-6

# VERHEISSUNGEN DER NEUESTEN BIOTECHNOLOGIEN

## DR. MED. VET. EDITH E. M. BREBURDA

Neuauflage 25. März 2021

© Edith Breburda

ALLE RECHTE VORBEHALTEN
ILLUSTRATIONEN UND UMSCHLAG
COPYRIGHT EDITH BREBURDA

Eine Vervielfältigung, Verbreitung, Bereithaltung zum Abruf oder Online-Zugänglichmachung, Übernahme des Werkes, sonstiger Inhalte (z.B. Bilder) ganz oder teilweise, in veränderter oder unveränderter Form, ist nur nach vorheriger ausdrücklicher Zustimmung der Autorin zulässig.

Foto/L'Osservatore Romano
Anläesslich des 60. gemeinsamen Priesterjubiläums am 29. Juni 2011 überreicht Geistlicher Rat, Pfarrer i. R. Bernahrd Schweiger die Erstausgabe des vorliegenden Buches.

# WIDMUNG

Meinen Großeltern, Gutsbesitzer Dipl.-Ing. agr. Ferdinand Scheid und Margarete Josefine Scheid, geb. Freifrau von Sicherer.

## DANKSAGUNG

Mein herzlicher Dank gilt dem Christiana Verlag/Schweiz, der dieses Buch 2010 veröffentlichte. Die vorliegende aktualisierte Neuausgabe von 2021 ist der englischen Ausgagbe: «Promises of New Bioetchnologies» angeglichen.

# VORWORT

## Diözesanbischof Dr. med., Dr. theol. Klaus Küng

Hybride, Stammzellenforschung, Klonen und andere Techniken bzw. deren Ergebnisse werden von uns zur Kenntnis genommen – von etlichen bewundert, von wenigen hinterfragt. Die Welt freut sich über die Ergebnisse der modernen Biotechnologie, weil sie als Zeichen des Fortschritts gelten, als Beweis dafür, was der Mensch heutzutage alles kann.

Entscheidend aber ist die Frage: Was darf der Mensch? Die Antwort darauf hängt zusammen mit der anderen Frage: Was ist der Mensch?

Die allein Zukunft eröffnende Antwort verweist auf die Beziehung des Menschen zu Gott, auf seine Geschöpflichkeit, Begrenztheit und Verantwortung im Umgang mit seinem Können.

Edith Breburda hat sich auf dieser Grundlage der Behandlung der Fragen der modernen Biotechnologie gewidmet. Aufgrund ihrer profunden Kenntnisse auf diesem Gebiete zeigt sie auf leicht verständliche und auch humorvoll-spannende Weise Perspektiven auf und gibt Antworten, die dem durch die verschiedenen gängigen Meinungen verunsicherten Leser eine sichere Hilfe bieten. Möge dieses Buch jene Verbreitung finden, die es ihm erlaubt, einen guten Dienst bei der Aufklärung dieser zur Zeit viel diskutierten Fragen und Probleme leisten zu können.

St. Pölten, im Februar 2009

+ Klaus Küng e.h.

Diözesanbischof Dr. med., Dr. theol. Klaus Küng

# William E. May, McGivney Professor der Moraltheologie
John Paul II Institut/ Washington/DC/USA

Das Buch von Dr. Edith Breburda «Promises oft New Biotechnologies» (Verheißungen der Neuesten Biotechnologien) ist eine faszinierende und umfassende Abhandlung über wichtige Fragen der heutigen «Bioethik». Ich setze das Wort «Bioethik» in Anführungszeichen, weil sich Dr. Breburda's ausgezeichnete Studie nicht den Arbeiten zeitgenössischer «Bioethiker» angleicht; dazu gehören Philosophen, Theologen, Juristen und andere wissenschaftliche Laien.

Von diesen gehen die einflussreichsten davon aus, dass die Zugehörigkeit zur menschlichen Spezies keine moralische Bedeutung hat und es sich bei unserer «Natur» um ein menschliches Konstrukt handelt. Sie sind der Meinung, dass die «Schöpfer der neuen Biotechnologien» der Menschheit einen besseren Dienst mit der «Schaffung» von Pflanzen, Tieren, Menschen, Tier-Mensch-Säugetiere und anderer Wesenheiten erweisen als der «Urknall» vor Äonen. Es besteht aus deren Sicht keine Notwendigkeit, auf irgendeinen «Gott» als Schöpfer hinzuweisen.

Breburda's Buch unterscheidet sich, weil sie als Wissenschaftlerin auf dem Gebiet der neuen Biotechnologien eine Expertin ist. Das Buch bietet tiefe Einblicke und begründet gewichtige Vorbehalte gegenüber den utopischen «Versprechungen» der Biotechnologien.

Im Vorwort zu ihrer deutschsprachigen Buchausgabe schreibt Bischof Klaus Küng:

*«Wir hören von Hybriden, Stammzellforschung, Klonen und andere Technologien. Viele bewundern diese neuen Techniken. Nur wenige hinterfragen sie. Darüber hinaus ist die Welt stolz auf das Ergebnis der modernen Biotechnologie. Sie werden als ein Zeichen des Fortschritts geschätzt...»*

Er fährt dann fort:

*«Dennoch ist die entscheidende Frage, was Menschen tun dürfen. Die Antwort hängt von der Frage ab, was ein Mensch ist. Unsere Beziehung zu Gott zeigt unsere Abhängigkeit von Ihm als seine Schöpfung.»*

Diese Worte drücken in gewisser Weise die Hauptbotschaft dieses bemerkenswerten Buches aus.

Edith Breburdas «These» beinhaltet, dass Pflanzen, Tiere, Menschen und alle Lebewesen keine künstlichen Konstrukte sind, sondern von Gott geschaffen wurden. Ein uns liebender Gott hat uns in seiner Vorsehung so geschaffen, wie wir sind. Intelligente Wesen, mit einer menschlichen Natur, in die er eine Seele «einhauchte». Und die von seinem menschgewordenen Sohn erlöst wurden, um uns ein ewiges Leben zu ermöglichen.

Dies ist meines Erachtens Breburdas Gegen-These zu denen, die von den «neuen Biotechnologien» der genetischen Manipulation begeistert sind. In den Kapiteln ihres Buches nimmt uns Breburda mit auf eine Tour durch die «Leistungen» und «Versprechungen» dieser Biotechnologien.

Dabei zeigt sie, dass Manipulationen bei der Tierernährung zum Rinderwahnsinn führten. Sie beschreibt, wie die künstliche Befruchtung von Pferden im 18. Jahrhundert zur Entwicklung der neuen Reproduktionstechnologien, von In-Vitro-Fertilisation, künstlicher Befruchtung bei Menschen, Eizellenproduktion, Stammzellenforschung, Präimplantationsdiagnostik geführt hat.

Ein Klonen von Tieren und die Bemühungen, Menschen zu klonen, bewirkte nicht selten eine Entwürdigung von Frauen, deren Wert sich danach richtet, wie viele Eizellen wir von ihnen erhalten können. Manipulationen am menschlichen Erbgut können letztendlich tragische Krankheiten hervorrufen, welche die so hervorgebrachten Kinder und deren Kindeskinder zu ertragen haben.

Sie zeigt auf, wie genetisch manipulierte Pflanzen und Tiere bei Menschen Antibiotika-Resistenzen und neue Arten von gastrointestinalen, respiratorischen und hämatologischen Erkrankungen verursachen können. Die Palette reicht bis zu Fehlgeburten und der Zunahme von genetischen Anomalien bei Säugetieren und Menschen. Ich könnte diese Liste viel weiter fortsetzen, aber von dem, was bereits gesagt wurde, sehen wir, was die Autorin in den verschiedenen Kapiteln ihrer Arbeit behandelt.

Breburdas faszinierende Studie soll Nichtwissenschaftlern helfen, die Komplexität und Gefahren der neuen Biotechnologien zu verstehen, damit wir besser unsere Verantwortung wahrnehmen können, die wir für das Wohlergehen unserer menschlichen Nachkommen und die Umwelt, in der wir leben, haben. Man kann nur wünschen, dass das Buch eine breite Leserschaft findet.

# INHALTSVERZEICHNIS

WIDMUNG .................................................................. **V**

DANKSAGUNG ............................................................ **VI**

VORWORT ................................................................. **VII**

    Diözesanbischof Dr. med., Dr. theol. Klaus Küng .............. **VII**

    William E. May, McGivney Professor der Moraltheologie ......... **VIII**

INHALTSVERZEICHNIS ................................................. **XI**

ZUSAMMENFASSUNG...................................................*199*

.................................................................................... **XIII**

## 1. PHYTOMÄRE ........................................................ **1**

    1.2. Heilkräuter der Volksmedizin ................................ 10

    1.3. Stammzellen als Heilmittel ................................... 13

    1.4. Die bommende Baby-Business-Industrie ................... 19

    1.5. Reproduktionsmedizin im Wandel der Zeit ............... 23

## 2. KLONEN-- ES GEHT UM DIE WURST ODER DOCH UM SCHOKOLOADE? ........................................................ **28**

    2.1. Reif für die Insel ................................................. **28**

        2.1.1. Transmissible Spongioforme Enzephalopathie ........... 29

        2.1.2. Hypothesen zur Entstehung der BSE-Erkrankung ....... 30

    2.2. Die Kulturrevolution im Reich der Tiere .................. **31**

        2.2.1. Zuchtmanagement durch Embryotransfer ................ 32

        2.2.2. Künstliche Befruchtung – eine der größten Errungenschaften .. 33

    2.3. Frankenfoods, etwas für Madame Tussauds .............. **35**

        2.3.1. Profil eines Klons ............................................. 35

        2.3.2. Trend zum perfekten Schlachttier? ......................... 36

        2.3.3. Klonfleisch im Debakel der Ethikdebatte ................. 39

        2.3.4. Designerfleisch ................................................ 41

## 3. GENETISCH MANIPULIERTE ORGANISMEN .............. **48**

3.1. Verstümmelung des Bauplans (Blueprint) unserer Pflanzen für den guten Zweck .................................................................. 48
3.2. GMO, das Manna der Moderne ............................................ 55
3.3. Die «Gesundheit» der Umwelt ............................................. 59

## 4. GENETISCH MANIPULIERTE MENSCHEN ................... 61
4.1. Chimären – «smart breeding» des Homo sapiens? ............. 61
4.2. Kreative Forschung ............................................................. 70
4.3. Pioniere des Genoms .......................................................... 71

## 5. IN-VITRO-FERTILISATION ............................................. 78
5.1. Neudefinition der Natur ..................................................... 82
5.2. Transgenic Pets .................................................................. 88
5.3. Die praktische Lösung des Problems ................................ 92

## 6. WUNSCHKINDGENERATION – DAS KLEINERE ÜBEL ... 97
6.1. Hat die Umwelt Rechte? ................................................... 102

## 7. DER THERAPEUTISCHE IMPERATIV – SCHONUNG ALLER LEBEWESEN ............................................................. 105
7.1. Ewige Jugend .................................................................... 109

## 8. RICHTLINIEN FÜR DIE FORSCHUNG AN MENSCHLICHEN EMBRYONALEN STAMMZELLEN ...... 113
8.1. Eizellen-Tauschbörse – Oocyten sharing ........................ 116
8.2. Therapeutisches Klonen ................................................... 122
8.3. Intermezzo zwischen Wissenschaft und Ethik ................ 128

## 9. DER MANN IM MOND .................................................... 130
9.1. Intensive Stammzellenforschung und der Mangel an Forschungsgeldern ................................................................... 130
    9.1.1. Technische Hindernisse und Versprechungen .......... 132

9.2. Das Monopol der Stammzellen .................................................. **134**
    9.2.1. Humane embryonale Zelllinien ................................................. **136**
    9.2.2 Können embryonale Stammzellen neurodegenerative Krankheiten heilen? ........................................................................... **138**
    9.2.3 Adulte Stammzellen, die Konkurrenz der embryonalen Stammzellenforschung........................................................... **141**

## 10. PERSPEKTIVEN UND DILEMMATA, ETHISIRUNG VON TECHNOLOGIE KONFLIKTEN .................................... **144**

    10.1. Parthenogenese ............................................................... **144**
    10.2. Stammzellen aus Nabelschnurblut ................................... **146**
    10.3. Bioethische Kontroverse ................................................... **149**
    10.4. Natur der Dinge .............................................................. **151**

## 11. DER LEERE MUTTERSCHOSS ................................... **153**

    11.1. Pure Tatsachen bezüglich Milch ...................................... **153**
    11.2. Das Wohl des Patienten versus horrende Kosten im Gesundheitswesen ............................................................. **156**
    11.3. Das Wollen im Gegensatz zum Können .......................... **159**

## 12. WÜNSCHE AN DIE FORSCHUNG ............................. **161**

    12.1. Extrakorporale Embryos .................................................. **161**
    12.2. Hoffnungsträger der regenerativen Medizin ..................... **169**
    12.3. Die beste Alternative ....................................................... **171**

## ÜBER DIE AUTORIN .................................................... **177**
## LITERATUR ..................................................................... *178*
## ZUSAMMENFASSUNG................................................*199*
## WEITERE BÜCHER.....................................................*200*

# 1. PHYTOMÄRE

*S*tellen Sie sich vor, Ihr Chef steht vor Ihnen und erzählt ganz begeistert von Phytomären. Ihnen wird mit jedem Wort unwohler, denn Sie haben ehrlicherweise nicht die geringste Ahnung, wovon er spricht. Will er Sie auf den Arm nehmen oder meint er es ernst? Jedes Wort aus seinem Mund verwirrt Sie. Sie fangen an, eine Verteidigungsstrategie zu entwerfen. Er soll nicht merken, dass er sie an Ihrem wunden Punkt erwischt hat; das wäre Ihnen allzu peinlich. Vor Ihrem Chef sollte Ihnen dieser Fauxpas nicht passieren. Macht er sich über Sie lustig? Aber nein, er schaut ganz ernst. Sie ziehen ein Gesicht wie zehn Tage Regenwetter, versuchen jedoch, sich das auf gar keinen Fall anmerken zu lassen und setzen ihr Pokerface auf. Jetzt stoppt der Redeschwall und Sie werden erwartungsvoll angesehen.

Was sollen Sie tun? Sie atmen schnell tief ein und öffnen dann langsam den Mund. Heraus kommt nichts – der Mund ist total ausgetrocknet. Ihnen stockt das Blut in den Adern. Sie können überhaupt keinen Gedanken mehr fassen.

Da vernehmen Ihre Ohren den Klingelton eines Handys – es ist das Ihres Chefs. Sie sind total erleichtert und machen sich aus dem Staub. Ihrem Chef kommen Sie vorerst nicht mehr unter die Augen. Trotz allem ist es um Sie geschehen. Unaufhörlich kreist das Wort in Ihren Gedanken herum. «Phytomäre» – was um alles in der Welt ist das?

Gibt es das überhaupt? «Phytomäre», ist das vielleicht ein utopisches Wort? Ihrem Chef trauen Sie alles zu. Handelt er sich um ein Wesen, das wir aus Science Fiktion-Romanen kennen sollten? Eventuell geht es um Leben auf einem anderen Planeten oder beschreibt es einen Durchbruch in der

# 1. Phytomäre

Forschung? Könnte es eine Pflanze sein, deren phänomenale Heilwirkung entdeckt wurde? Forschungsarbeiten, die endlich über bisher unerschlossene überlieferte chinesische, peruanische Erkenntnisse Auskunft geben? Ein Allheilmittel gegen Krebs, Alzheimer, Parkinson, Diabetes, das nun dank der Wissenschaft für den normal Sterblichen zugänglich gemacht worden ist?

Möglicherweise war die Wirksubstanz im Mittelalter Naturkundigen wie der hl. Hildegard, Paracelsus und später einem Pfarrer Kneipp bekannt. Vielleicht sorgte eine verkannte, in Vergessenheit geratene beziehungsweise falsch angewandte Dosis dafür, dass dieses Pflanzensubstrat von der Heilmittelliste gestrichen wurde?

«Phyto» heißt Pflanze. Ob sich «märe» von Chimäre ableitet? Haben wir zu diesem Wort einen Bezug? Erinnert es uns an Erzählungen von unseren

Eltern oder Großeltern und ihre durchlittenen Latein- und Griechischstunden? Handelt es sich um eine verlernte Sprache bzw. um längst vergessene Göttersagen? Die lateinische Sprache verbinden wir heute vielleicht noch mit Meisterstücken aus der Musik sowie mit der Kirchensprache. Stellt die lateinische Sprache auf diese Weise einen Bezug zur Religion her? Fraglich ist, wen das in unserer aufgeklärten Zeit interessiert.

«Chimären» – ein Wort, welches gerne mit Aberglauben abgetan wird. Eventuell waren es Außerirdische und an die glauben wir schon eher. Das Wort scheint jedoch auch vertraut, obwohl archaisch anmutend. Es klingt ultramodern und vielleicht reagieren jetzt unsere Hirnzellen und assoziieren damit moderne Forschung, Wissenschaft, ewiges Leben, eine Therapie für jegliche Krankheiten, ein Ausradieren allen Leides. Es hat nichts mit Religion zu tun und doch ist die Terminologie frappant ähnlich. «Phytomäre» hat doch wohl kaum etwas mit einem Menschtierwesen zu tun?

Der Name deutete darauf hin, dass es ein Pflanzenmenschwesen sein könnte. Davon hat noch nie jemand etwas gehört oder es gar gesehen. John Ronald Reuel Tolkien hat so etwas Abstruses in «The Lord of the Rings», dem Klassiker der Fantasy-Literatur, beschrieben.[1]

Sicher, im Wortschatz ist sehr wohl die Bezeichnung vorzufinden: «Der hat einen Krautkopf», man sagt auch, «die Rübe ist ab». Ein Wortschatz, entnommen dem Sprachjargon von Lausbuben, falls es solche noch geben sollte.

Das Einzige, was gebildeten Menschen, die wir ja alle sind, zu einem Pflanzenmenschen einfällt, ist ein so genannter Baummensch. Bei dieser Krankheit handelt es sich um eine sehr seltene Form der Immunschwäche. Die menschlichen Extremitäten der mit dieser Krankheit Leidenden verkümmern. An ihre Stelle treten pflanzenartige Wucherungen. Diese medizinische Abnormität und ihre bedauernswerten Betroffenen werden aber nicht mit dem Wort «Phytomäre» beschrieben. Bei dieser Erkrankung handelt es sich unter anderem auch um eine Superinfektion mit den humanen Papillomaviren (HPV). Durch eine Immunschwäche kann die Körperabwehr nicht mehr erfolgen.[2]

Existiert der Begriff «Phytomäre» überhaupt und falls ja, was müsste das für eine Pflanze sein? Welche Eigenschaften müsste sie haben, wenn ihre Früchte menschliche Organe wären? Sie müsste sehr viel Wasser enthalten, da ja auch der Mensch bis zu 80% aus Wasser besteht. Könnte es eine Sukkulente, eine Koralle oder eine Seeanemone sein? Aber ist nicht eine Seeanemone ein Tier? Es gibt demnach so etwas, das aussieht wie eine Tierpflanze.

Vielleicht existieren «Phytomären»? Nur wurden sie bisher nicht entdeckt? Forscher könnten auch noch nicht daran gedacht haben, eine «Phytomäre» zu schaffen. Wäre das nicht viel einfacher, als zu versuchen, den Pathway (Weg) der Differenzierung von einer Stammzelle in das begehrenswerte Organ ausfindig zu machen? Für die humane embryonale Stammzellenforschung hat man die Erkenntnisse der Tiermedizin genutzt. Sollte man sich mit der Landwirtschaft befassen, um sich deren Methoden als Leitlinien zu nehmen? Man würde die Pflanze wahrscheinlich überall anbauen, ohne den Boden zu schonen. Ohne irgendwelche Vorsorge und ohne die Beachtung von Naturereignissen könnte ihr Ertrag aber auch gemindert werden. Denken wir diesbezüglich an unvorhergesehene Starkregen und die damit verbundene Bodenerosion oder Überflutung wie im Frühjahr 2008, als im Mittleren Westen der USA 30% der Genmaisanbauflächen zerstört wurden.

Die Gier nach den Früchten dieser Pflanze würde allen menschlichen Verstand und alle Naturgesetze außer Acht lassen und am Ende hätte man gar nichts mehr. Die Landwirte würden mit Goethes Faust in ein Klagelied einstimmen, welches heißt: «Da steh ich nun, ich armer Tor, und bin so klug als wie zuvor.»

Könnten wir uns eine Landwirtschaft vorstellen, die über eine Pflanze verfügt, deren Früchte Nieren, Herzen, eventuell auch Nervenzellen wären. Wir müssten sie nur ernten, transplantieren und voilà – alle Probleme wären gelöst. Es wäre genial und der Menschheit bestimmt sehr dienlich. Diese Pflanzen müssten allerdings streng geschützt werden. Jeder, der versuchen würde, ihre Geheimnisse zu lüften, müsste mit der Todesstrafe rechnen, unabhängig davon, ob sie in diesem Wunderland existierte oder nicht. Der geographische Landstrich, in dem sie wachsen würde, könnte sich glücklich schätzen, da sie faktisch Unsterblichkeit für seine Bürger bedeutete.

Länder, die immer noch Frauen ausbeuten, indem sie ihre Eizellen «ausschlachten», um damit humane Stammzellen kreieren zu können, würden unter die Kategorie der Entwicklungsländer fallen. Ihre Frauen wären sowieso durch die Hormongaben psychisch und physisch so durcheinander, dass selbst die renommiertesten Psychotherapeuten die Behandlung ablehnten. Diese Frauen würden durch hochpotente Psychopharmaka am Leben erhalten und wären damit zu einem apathischen Leben verurteilt. Zusätzlich würden sie an Spätfolgen wie Sterilität leiden, sobald sie nur das 25. Lebensjahr erreicht hätten. Zu der Unfähigkeit, Leben weiterzugeben, käme es, weil sie in jungen Jahren dazu missbraucht worden wären, an Reproduktionsprogrammen teilzunehmen. Für die allgemein etablierten Gewebe- bzw. Organbanken in diesen Ländern würden dann ihre Kinder abgetrieben. Auf diese Weise würde der Nachschub an Organen für die staatlichen Ersatzteillager zum Zweck des Organverkaufs gegen Devisen sichergestellt.

Zu all dem Leid der Mütter käme zusätzlich noch das Postabortion-Syndrom hinzu. Ein paar eigene Kinder dürften die Frauen vielleicht haben, wenn sie vorbildliche Bürgerinnen ohne Makel wären. Durch diese Maßnahmen würde das eigene Volk vor dem Aussterben bewahrt werden. Überdies könnte ferner eine gewisse Geburtenrate aufrechterhalten werden, wodurch das Sozialsystem nicht ins Wanken geraten würde.

Leider müsste man in solchen Entwicklungsländern deshalb so vorgehen, weil Eizellen an ausländische Forschungsinstitute verkauft werden würden. Stammzellenforscher hätten sich im eigenen Land noch nicht etabliert. Aber da die Stammzellenforschung noch nicht so weit ist, Organe aus Stammzellen zu entwickeln, könnte man dies leichter verkraften. Für all diese Prozeduren müssten die Frauen Unmengen an Hormonen schlucken. Und nun kommt noch etwas dazu, was man bisher gar nicht beachtet hat:

Die Verabreichung der Hormone bliebe leider nicht ohne Folgen. Frauen würden unter anderem vermännlicht. Sie wüssten gar nicht mehr, wie sie einen Bezug zu ihren Kindern aufrechterhalten sollen. Ihre weiblichen Instinkte wären verschwunden und sie würden vergessen, ihre Kinder mit der notwendigen Nahrung zu versorgen. Letztendlich müsste man sehr aufpassen, dass die Kinder nicht einfach verhungerten, ähnlich wie ein trächtiger Hund mit einer Pseudoträchtigkeit fehldiagnostiziert werden kann und mit Androgenen vollgestopft wird und damit sein Brutpflegeinstinkt abhandenkommt und die Neugeborenen mit der Flasche großgezogen werden müssen (Klinischer Fall/Veterinärklinik Gießen 1994). Die Zeit und

# 1. Phytomäre

Mühe nimmt man sich dafür, da das Wohlergehen eines kleinen Hundes uns allen ohne Frage sehr zu Herzen geht. Die Hündin wurde durch die Hormongabe zur so genannten Rabenmutter und ihr total abnormales Verhalten rührt unser Gewissen, erst recht, wenn wir die kleinen hilflosen Hundewelpen sehen können – haben wir doch im Allgemeinen einen viel stärkeren Bezug zu dem, was wir vor Augen haben.

Für Wissenschaftler, die menschliche embryonale Stammzellen unter dem Mikroskop sichtbar machen, haben diese auch noch so kleinen Zellen das Potential, sich in alle Körpergewebe zu differenzieren. Ein Potential verbindet man mit einer Erwartung. Genauer genommen wartet man, bis die Forschung so weit ist, Organe aus diesen Stammzellen zu «designen». Diese Erwartung reduziert sich dann nur noch auf eine Zeitfrage. Es hängt aber auch von gewissen Faktoren und einem Umfeld ab, welches der Forscher braucht, um zügig voranzuschreiten.

Ein Potential erzeugt also eine Erwartung, welche die Zuversicht von Forschern anregt. Sie meinen, sie hätten eine Gewissheit oder fast einen Anspruch darauf, dass etwas Bestimmtes in Zukunft eintritt. So wie man sich den begabten Michelangelo vorstellen kann, der bemerkt, dass ein Marmorblock das Potential für eine Skulptur hat, die er daraufhin erschafft.

Wissenschaftler reflektieren in ihrem Tun und ihrer Haltung etwas, wovon Johann Wolfgang von Goethe inspiriert war. «Was immer Du tun kannst oder wovon Du träumst, Du könntest es tun: Beginne damit. Kühnheit trägt Genius, Macht und Zauber in sich. Beginne es jetzt» (Johann Wolfgang von Goethe). Die Frage ist, wer oder was bestimmt, wie das Potential zu nutzen ist, so dass es anderen nicht schadet und einem größeren Gut dient.

Aristoteles erklärt in seiner Causa materialis, dass eine Bestimmung bzw. die Zukunft von dem abhängt, woraus etwas entsteht, und was in diesem Etwas ist.

Michelangelo besaß die Gabe und das künstlerische Talent, einen Marmorblock in eine David-Skulptur zu verwandeln. Damit leistete er für die Nachwelt einem wertvollen Beitrag und schuf etwas sehr Gutes aus einem simplen Marmorstein.

Ist die Pluripotenz der embryonalen Stammzellen gewichtiger für die Menschheit als das individuelle Lebensrecht des Embryos? Noch 20 Jahre benötigen die Stammzellenforscher nach eigenen Angaben (2010), um konkrete Erfolge verzeichnen zu können. Bis dahin will man den Weg der Differenzierung von einer humanen embryonalen Stammzelle zu einem Organteil herausgefunden haben. Kann der Wissenschaftler unter diesen Bedingungen einem menschlichen Embryo, der in neun Monaten alle lebensfähigen Organe entwickelt, das Recht auf Leben absprechen?

Alle menschlichen Wesen haben das gleiche Recht auf Leben. Für Aristoteles ist der Eintritt der Seele in den Körper der Zeitpunkt des Beginns eines menschlichen Wesens. Da wir aber nicht wissen, wann dieser Zeitpunkt ist, kann man nicht behaupten, dass z.B. der Embryo im Blastozystenstadium möglicherweise noch kein menschliches Wesen ist. Man beerdigt ja auch keinen Menschen, der möglicherweise tot ist, denn er könnte ja möglicherweise auch noch am Leben sein. Der moralisch sicherste Weg ist es, den Embryo selbst im Frühstadium seiner Entwicklung als lebendes humanes Wesen zu betrachten, welches das gleiche Anrecht auf Leben hat wie alle anderen Menschen.[3]

Von moralischen Grundgesetzen sind Wissenschaftler nicht suspendiert. Und wenn man unter irgendwelchen schwerwiegenden Umständen in den Konflikt gerät, zwischen dem Lebensrecht zweier Personen wählen zu müssen, sollte man das Leben von demjenigen nicht auslöschen, der bessere Überlebenschancen hat. Ein älterer Mensch hat eigentlich schon die Chance gehabt, das Leben zu genießen.[4] Aber einem Menschen am Anfang seiner Entwicklung diese Chance auf Leben zu nehmen, ist das zu rechtfertigen mit der Möglichkeit zur Heilung eines kranken Mitmenschen in ferner Zukunft? Oder gar damit zu entschuldigen, das kleinere Übel zu wählen? Darf man so argumentieren?

Was ist, wenn die erwarteten Forschungsergebnisse nicht erzielt werden können, weil sie zu utopisch sind? Wäre man dann nicht äußerst enttäuscht? Könnte sich so eine Enttäuschung auf die Psyche schlagen? Das Postabortion-Syndrom wäre dafür ein Beispiel. Aber ein Stammzellen-Syndrom? Was auch immer die Gründe für eine Abtreibung sind, man nimmt sie vor, weil die Schwangerschaft manchmal nicht zu den Lebenserwartungen passt. Die Erwartungen haben getäuscht und nun ist man enttäuscht.

Eine Abtreibung als Ausweg macht komischerweise auch nicht glücklich. Wie oft liest man, dass stattdessen die von ihrer Enttäuschung befreiten meist auch noch wütend oder am Boden zerstört sind.⁵ Aber wahrscheinlich ist das Postabortion-Syndrom viel komplexer.

Dazu kommt, dass die Übernahme von Selbstverantwortung wegen angelernter gesellschaftlicher Verhaltensweisen oft nicht realisiert werden kann. Es scheint leichter, anderen die Schuld zu geben, wenn man an der Eigenverantwortung scheitert. Eigene Eigenschaften, Wünsche und Taten – vor allem solche, die mit gesellschaftlichen Normen im Konflikt stehen, werden gerne verdrängt.

Die analytische Psychologie, gegründet von Carl Gustav Jung, bezeichnet dieses Verhalten mit einer Projektion des Schattenarchetyps: Mein Verhalten, für das ich mich schäme, projiziere ich auf meine Mitmenschen oder andere Menschen. Der Effekt ist, dass ich mich somit selbst von diesem Fehlverhalten distanzieren kann. Es handelt sich um einen Abwehrmechanismus zur Bewältigung der Negativanteile der eigenen Persönlichkeit.⁶

Würde nicht jeder die Vorstellung absurd finden, dass der Embryo am fünften Tag seiner Entwicklung mitbekommt, dass ein anderer Mensch ihm aus Forschungsgründen und wegen zu hoher Lagerungskosten in flüssigem Stickstoff sein Leben nimmt?

Kostengründe spielen bei der Euthanasie auch eine Rolle. Wenn der andere also mein Handeln nicht mitbekommt, ist es dann erlaubt? Besser ist es, eine verbrauchende Embryonenforschung anzustreben, als gefrorene Embryos zu entsorgen und, und, und.... Psychologen wären von solch einer Einstellung wahrscheinlich entzückt. Ein Mensch, der so denkt, hätte alle Kriterien für die Kategorie der Projektion erfüllt.

Wenn man von der Annahme ausgeht, dass der analysierende sehr junge Psychologe es liebt, nach dem Schubladendenken vorzugehen, könnte er zu dieser Diagnose kommen. So stecken wir in einem Dilemma, das durch die Forschung mit humanen Embryonen entsteht.

Könnte man es umgehen, wenn man eine Pflanze hätte, die menschliche Organe erzeugt? Menschen in Ländern, die nicht über diese Pflanze verfügen, scheinen zum Aussterben verurteilt zu sein. Stammzellenforschung hin oder her und noch dazu, weil die Stammzellenforschung genau das Gegenteil erreichen wollte. Sie hätte eigentlich dem Wohl der Menschheit dienen sollen und nicht ihrem Untergang. Demzufolge käme man mit der Stammzellenforschung und ihren Verheißungen für ein ewiges Leben zu den gleichen Erkenntnissen wie sie Donella Meadows[7] 1972 in ihrem Werk: «Grenzen des Wachstums» beschrieb und Dennis Meadows 2004 aufgrund neuer Daten ergänzte:

«Wenn die gegenwärtige Zunahme der Weltbevölkerung, der Industrialisierung, der Umweltverschmutzung, der Ausbeutung von natürlichen Rohstoffen und der Nahrungsmittelproduktion unverändert anhält, wird die absolute menschliche Wachstumsgrenze auf der Erde im Jahre 2100 überschritten. Mit großer Wahrscheinlichkeit führt dies anschließend zu einem ziemlich raschen und nicht aufhaltbaren Kollaps der Bevölkerungszahl und der industriellen Kapazität».[8]

So stellt sich letztendlich die Frage nach dem Sinn und Zweck einer Lebensverlängerung? Ist man wirklich so erpicht darauf, den Zusammenbruch des Weltsystems am eigenen Leibe zu erfahren? Beinhalten die Ressourcen dieser Welt nicht auch das menschliche Genom, das uns anvertraut worden ist? Haben wir nicht die Pflicht, uns solidarisch gegenüber unseren Nachfahren zu zeigen? Müssen wir um deren Wohlergehen besorgt sein? (NCBQ, 2008)

Eine Kennerin der Dramen über die Erhabenheit von Gotthold Ephraim Lessing interpretiert, dass Lessing mehr Schmerz darüber empfunden hat, was die Konsequenzen für zukünftige Generationen wären, wenn wir einen falschen Kurs in der Gegenwart nicht ändern, als über etwas, das ihn persönlich betroffen hätte. Die Kennerin folgert weiter, ob wir bereit wären, unser Leben für Menschen zu riskieren, die wir nicht kennen, die vielleicht noch nicht einmal geboren sind? Wenn man in die Geschichte blickt, war es genau das, was zählte, um die Menschheit weiterzubringen.[9] «Wir müssen einen ethischen Weg finden, um unsere Lebensweise (Way of Life) zu ändern», sagte Papst Benedikt XVI. 2008.[10]

Eine «Phytomäre» würde uns enorm weiterbringen. Meinen Sie nicht auch? Leider handelt es sich nur um eine verbale Neuschöpfung. Das Wort und alles was damit assoziiert wurde, gibt es nicht. Nicht einmal im Internet.

## 1.2. Heilkräuter der Volksmedizin

Allerdings war es schon immer das Ideal der Landwirtschaft, «Heilkräuter» anzubauen.[11] Die momentane Covid-19-Pandemie mit all ihren Varianten lässt Wissenschaftler nach Alternativen suchen. Die Pflanze Artemisia-Annua (chinesischer Beifuß) enthält zwei Substanzen, mit denen man in vielen Teilen der Welt erfolgreich Malaria bekämpft. Die in Kenia ansässige Advanced Bioextract Company regt z.B. gezielt afrikanische Bauern an, die hochwertige Artemisia-Annua Pflanze zu kultivieren.

Regierungen entwickeln in den Ländern, die am meisten von Malaria betroffen sind, ein effizientes Gesundheitswesen, das auf einer entsprechenden Infrastruktur aufbaut. Weiterhin werden Extrakte der Pflanze genutzt, um eine gesunde Darmflora zu unterstützen. Man will damit den Widerstand gegen verschiedenartige Mikroorganismen stärken. Sind es doch gerade diese Winzlinge, welche durch eine vermehrte Antibiotikaresistenz in der Darmflora überhand gewinnen. Es ist kein Geheimnis, dass die Darmflora unsere Immunabwehr beeinflusst. Forscher sprechen von einem Zusammenhang zwischen schädlichen Organismen im Darm, unserem Immunsystem, und Krankheiten wie Alzheimer, Parkinson, Neurogenerative Störungen, Diabetes usw. Artemisia-Annua Extrakte sollen untere anderem die Darmwand schützen und antiparasitäre, antibakterielle und antioxidante Eigenschaften besitzen.

Eine neuere Studie hebt die Eigenschaften der Pflanze hervor, SARS-CoV-2 Infektionen abzuwehren. Obwohl der genaue Mechanismus unbekannt ist, wurden die anitviralen Funktionen bestätigt. Forschungen in den letzten Jahrzehnten haben gezeigt, dass dieses Heilkraut, welches seit Jahrhunderten in der Volksmedizin verwendet wird, mehrere gesundheitliche Vorteile aufweist.

Im Jahr 2015 erhielt der chinesische Wissenschaftler Tu Youyou einen Teilnobelpreis für Physiologie der Medizin für seine Entdeckung von Artemisinin und Dihydroartemisinin 1, die beide starke Malaria bekämpfende Eigenschaften besitzen.[12]

Unabhängig davon, profitieren arme Länder von günstig zu erzeugenden Medikamenten.[13] Dieser Meinung ist zumindest Dr. Peter McCullough. Er ist Kardiologe und Vizedirektor des Medical Centers der Baylor-Universität

## Verheißungen der neuesten Biotechnologien

im amerikanischen Dallas. Er hat über 20 Manuskripte über Covid verfasst.

Er nennt die Pandemie eine «Katastrophe für das Leben» (disaster for a lifetime). Der Arzt ist 57 Jahre alt, hat mildes Asthma, Bluthochdruck und leidet an einer arteriosklerotischen Herz-Kreislauf-Erkrankung. Dies hindert ihn jedoch nicht daran, jeden Tag 10-km zu joggen. Er wurde im Oktober 2020 positiv für Covid-19 getestet, was ihn plötzlich vom Arzt zum Patienten machte. Seine Quarantäne verbrachte er zwar zuhause, doch die Fenster waren weit geöffnet. Spaßhaft bezeichnete er seinen *Lockdown* als: «no picnic … no fun».

Der Unterschied zu vielen anderen Covid-Patienten lag darin, dass er als Arzt Zugang zu all den Medikamenten hatte, von welchen selbst das National Institute of Heath nicht nur abgeraten, sondern diese sogar verboten hatte.

Dr. McCullough schwört auf eine frühe Medikamentation von z.B. Hydroxychloroquin. Er selber hat mit Kollegen aus Italien ein Behandlungsprotokoll entwickelt. Es lehnt das momentane in den USA vorhandene und «empfohlene» Behandlungsregime entschieden ab, welches Covid-Patienten sehr lange unbehandelt lässt, bis sie am Ende schwerkrank in einem Krankenhaus landen. Er spricht sich hingegen für den Einsatz von sicheren, gängigen Medikamenten aus, die als erstes Mittel Patienten gegeben werden müssen, die über 50 Jahre alt sind, die Adipositas, Krebs, Diabetes oder Herz-Nieren- bzw. eine Lungenerkrankung haben.

«Wir können es nicht verantworten, dass Patienten wie ich ohne Behandlung zu Hause sitzen», sagte McCullough. «Es ist falsch und sollte nicht passieren.» Als McCullough an Covid erkrankte, hatte er Anzeichen von Atemnot. Zwei Tage später setzte er seinen Kreuzzug für eine richtige Behandlung fort.

Er veröffentlichte ein YouTube-Video, warum sich der krankenhausabhängige Behandlungsansatz ändern muss. In Italien werden 12 Prozent mit einer Sauerstofftherapie im Krankenhaus behandelt, während es in den USA 22 bis 34 Prozent sind, die auf der Intensivstation landen. «All dies» kommentierte er, «ist meiner Ansicht nach weitgehend vermeidbar.»

An dem Tag, an dem er positiv getestet wurde, begann McCullough mit der Behandlung von zwei Medikamenten, die seit Jahrzehnten erfolgreich menschliche Parasiten abwehren und auf der Liste der essentiellen

Medikamente der WHO stehen: Ivermectin am ersten Tag und Hydroxychloroquin am zweiten.

Hydroxychloroquin, ein Antimalariamittel, das zu einem antiviralen Medikament wurde, wurde größtenteils wegen Trumps wiederholter Bestätigung verleumdet- und kritisiert wegen seiner angeblichen (übertrieben dargestellten) Nebenwirkungen und fehlgeschlagenen Studien, bei denen das Medikament oft zu spät verabreicht wurde.

Eine Reihe von Peer-Review-Studien im Frühstadium zeigte jedoch, dass es insbesondere mit einem Antibiotikum und Zink wirksam ist. Eine kürzlich durchgeführte Metaanalyse von 126 Studien ergab, dass eine frühzeitige Behandlung zu einer Verringerung des Krankheitsverlaufes von bis zu 63 Prozent führte - einschließlich der Mortalität und des Zeitraumes eines Krankenhausaufenthaltes.

Ivermectin, bekannt als Wundermittel gegen Flussblindheit in den Tropen, entwickelt sich zu einem weniger kontroversen Antivirusmittel für Covid. «Es hat eine hervorragende Sicherheitsbilanz», erklärte der Kardiologe. Mehrere Studien haben gezeigt, dass die Prävention und Behandlung von Covid in mehreren Stadien vielversprechend sind, einschließlich einer kombinierten Arzneimittelstudie mit Ivermectin, mit der kritisch kranke Patienten in Broward County, Florida, gerettet wurden.

Beide antiviralen Medikamente werden gegen Covid in ärmeren Ländern oder Ländern der Dritten Welt eingesetzt. Die Möglichkeiten einer Behandlung in Guatemala, Peru, in den verschiedenen Teilen von Indien, Bangladeschs, Brasiliens und Griechenlands sind gering, die dortigen Bürger scheinen jedoch von diesen Medikamenten zu profitieren.

Eine Theorie besagt, dass die Covid-Raten in Afrika aufgrund der routinemäßigen Massenverabreichung von Ivermectin zur Parasitenbekämpfung niedrig sind. Es sind natürlich mehr Studien erforderlich. Unabhängig davon ist Dr. McCullough froh, die Chance einer frühzeitigen Behandlung gehabt zu haben. «Ich gehe davon aus, dass ich bald wieder arbeiten kann», sagt er zum Abschluss eines Interviews mit der Bloggerin Mary Beth Pfeiffer.[14]

## 1.3. Stammzellen als Heilmittel

Natürlich spielen moderne Biotechnologien in der Suche nach einer Therapie für Covid eine Rolle. So fragen sich Forscher, ob sie der Pandemie mit extraembryonalen Stammzellen kurieren können.[15]

Zu extraembryonalen Gewebe zählt man Nabelschnur, Plazenta, Amnion usw. Es handelt sich um Gewebe, welches ein ungeborenes Kind braucht, um sich zu entwickeln. Oft hört man, dass man diese Zellen den adulten Stammzellen zuordnet, was jedoch schlichtweg falsch ist.

Es gibt drei «Arten» von Stammzellen:

Embryonale Stammzellen werden gewonnen, wenn sich der Embryo fünf Tage nach der Befruchtung im Blastozystenstadium befindet. Er besteht jetzt aus einem Trophoblast, der die Plazenta und alles andere extraembryonale Gewebe bildet, und dem Embryoblast, aus dessen Zellen sich ein Baby entwickelt. Der Embryo muss zerstört werden, um embryonale Stammzellen zu erhalten. Forscher testen u.a. Medikamente, Impfstoffe usw. in Nährmedien, die aus embryonalen Stammzellen bestehen.

Zu den adulten Stammzellen zählen Knochenmarkzellen, Fettzellen usw.

Extraembryonale Stammzellen, die z.B. aus der Nabelschnur stammen, werden neben adulten Stammzellen als erfolgsversprechende Therapieformen eingesetzt. Es war daher nur eine Frage der Zeit, Covid-Patienten mit extraembryonalen Stammzellen zu behandeln.

Am 5. Januar 2021 veröffentlichten Wissenschaftler der Universität von Miami die Ergebnisse ihrer Phase I/IIa Studie, in der sie mesenchymale Stammzellen aus der Nabelschnur heranzogen, um Covid Erkrankte zu therapieren. Wie in *Translational Medicine* beschrieben, hatte die Anwendung der in dieser Studie beschriebenen Verfahren keine adversen Wirkungen. Im Gegensatz zu 12 Patienten, welche ein Placebo erhielten, konnte die Überlebensrate in mit Nabelschnur behandelten Stammzellpatienten gesteigert werden, wobei weniger inflammatorische Zytokine vorhanden waren.

Auch wenn es sich nur um eine der mindestens 25 Stammzelltherapien handelt, die bei Covidpatienten mit milden bis mittelstarken Symptomen zum

Einsatz kam, ist es die am weitesten fortgeschrittene. Der Zugriff auf Stammzellen aus der Nabelschnur kann relativ schnell erfolgen. Die Nabelschnur würde normaler Weise entsorgt werden. Ein Einverständnis, sie zu erhalten, ist nicht erforderlich.

Vorhergehende Studien der Pharmakonzerne Athersys and Orbcel bestätigen, dass mesenchymale Stammzellen direkt in die Lunge wandern, wo sie die massiven entzündungsfördernde Zytokine erfolgreich bekämpfen, welche Covid-Patienten aufweisen und die zu ihrem schnellen Tod beitragen.

Der Erst-Autor der Studie, Camillo Ricordi, deutet darauf hin, dass 31 Tage nach der Infusion die Wirksamkeit 91% betrug. In der Kontrollgruppe waren es nur 42%. Professor Ricordi, Direktor des Diabetes und Zell-Transplant-Zentrums der *Miller School of Medizin* von der Universität von Miami will weitere Studien durchführen, wobei er andere Krankheiten wie Typ 1 Diabetes einbezieht, denen auch eine hohe Inflammationsrate zugrunde liegt.

Athercyl's Multistammzelltherapie aus adulten Knochenmarkzellen der Linie HLCM051 arbeitet an Phase II/III für Covid-19 Therapien.

Norvatis benutzt Knochenmarkzellen – *Remestemcel-L* - welche zuvor in Japan zugelassen wurden, um die Graft-versus-Host Disease, eine immunologische Komplikation bzw. Transplantatabstoßung zu behandeln. Im Dezember 2020 wurden vorläufige Daten bei Patienten mit mittelschwerem bis schwerem akutem Lungenversagen, das bei Covidpatienten auftritt, veröffentlicht. Bei 300 Patienten könnte Remestemcel-L nach 30-Tagen die Mortalität wahrscheinlich nicht reduzieren, heißt es.[16]

Wobei wir letztendlich bei den viel umstrittenen Impfstoffen gelandet sind und sich die Frage eröffnet, ob sie uns helfen oder eher schaden?[17] «Messenger-RNA Impfstoffe sind eine vielversprechende Alternative, gegenüber herkömmlichen Schutzimpfungen. Sie besitzen eine sehr hohe Wirksamkeit, und man kann sie zu einem günstigen Preis relative schnell entwickeln», erklärt Norbert Pardi im *Nature Reviews Drug Discovery Journal* vom April 2018- also lange bevor wir etwas von Covid-19 wussten.[18]

*Pfizer/BioNTEch und Moderna/National Institute of Health* bestätigen mit ihren mRNA-Covid-19-Impfstoffen die Aussagen von Dr. Pardi. Allerdings müssen die Impfstoffe in extrem niedriger Temperatur gelagert werden:

Pfizer's Impfstoff, bekannt unter BNT162b2, bei minus 70° Celsius und Moderna's (mRNA-1273) bei minus 20° Celsius. Dies ist, wie man sich vorstellen kann, ein größeres (logistisches) Problem für diejenigen, die eine Vakzinierung «anbieten».

Der Grund für diese Eiseskälte liegt darin, dass noch nie zuvor messenger-RNA für einen Impfstoff eingesetzt wurden. Die Aufgabe von mRNA ist es, körpereigene Zellen zu veranlassen, Cornavirus-Proteine herzustellen. Diese wiederum lösen eine Immunantwort in uns aus, die uns davon abhalten soll, an Covid-19 zu erkranken. Experten veranschaulichen das Vakzin mit Schokolade, die leicht schmelzen kann und deshalb einen Zuckerguss braucht, um dies zu verhindern. Man will die vielen Enzyme, die ein mRNA-Impfstoff enthält, davor schützen, auseinander zu brechen. Dazu benötigt man kalte Temperaturen.

Pfizer hat spezielle Gefriertüten entwickelt, welche die Stabilität des Impfstoffes gewährleisten. Man muss die Kühlkette aufrecht erhalten, darf die Tüten höchstens zweimal am Tag öffnen und nicht länger als eine Minute auflassen. Ein kontinuierlich kühl gelagerter, aufgetauter Impfstoff, muss innerhalb von fünf Tagen aufgebraucht werden. Die kleinste Einheit, die man beziehen kann, sind 975 Impfstoffdosen. Das heißt, es müssen genügend Probanden vorhanden sein, die in kurzer Zeit geimpft werden können.[19]

Seit 2002 arbeiten Wissenschaftler an Corona-Impfstoffen, nachdem es drei aufeinanderfolgende SARS-Ausbrüche gab. Bis 2012 wirkten Chinesen, Amerikaner und europäische Wissenschaftler an der Entwicklung von SARS. Damals standen 30 vielversprechende Kandidaten zur Verfügung.

Die besten vier Vakzine verabreichte man an Frettchen, weil die Lungen der Tiere ein gutes Modell für das menschliche Organ sind. Die Tiere entwickelten eine robuste Antikörperantwort, wie sie für die Zulassung von Impfstoffen erwünscht ist. Sobald die Frettchen jedoch mit dem Wildvirus in Kontakt gebracht wurden, starben sie.[20]

Auf Twitter konnte man am 9. April 2020 die Äußerung von einem Immunologisten zu diesem Thema finden. Er schrieb: «Während wir Impfstoffe entwickeln und Immunitätspässe berücksichtigen, müssen wir zuerst die komplexe Rolle von Antikörpern in SARS, MERS und COVID-19 verstehen.»[21] Außer den demnächst zur Verfügung stehenden mRNA-

Impfstoffen von Pfizer und Modena entwickelte AstraZeneca/Universität Oxford einen Covid-19-Impfstoff (AZD1222).

Impfgegner usw. äußerten ihre Bedenken, dass dieser und einige andere Covid-Impfstoffe mithilfe der fetalen Zelllinie HEK-293 entwickelt wurden. 1973 wurden diese Zelllinien etabliert. Sie stammt aus dem Alex van Eb's Labor aus Leiden, Holland. Die weiblichen Zellen kamen entweder aus einer Fehlgeburt oder einer Abtreibung, die damals in Holland straffrei war. Die Identität der Eltern und weitere Gegebenheiten sind nicht bekannt.[22]

Genau genommen sind es humane embryonale XX-Nieren-(Kidney)-Zellen, welche man in einer Zellkultur, also auf spezifischem Nährmedium, kultivierte (vermehrte). Zelllinien, die von diesem HEK-293-Klon abstammen, sind schon seit 1977 in der Biotechnologie und der zellbiologischen Forschung verbreitet, um therapeutische Proteine für Virusimpfstoffe oder auch für die Gentherapie herzustellen. Man benutzt die Zelllinie, um z.B. ZIKA-Viren und ihnen verwandte Viruskrankheiten und deren Impfstoffe zu erforschen.[23]

«Die Zelllinie wird jedoch vor der Verwendung eines Impfstoffes entfernt», berichtet Noha Y. Kim in seinem Artikel vom 18. November 2020: «The Oxford-AstraZeneca vaccine does not contain aborted tissue». Er richtet sich gegen die Behauptung vieler Impfgegner usw., dass der Impfstoff Zellen von abgetriebenen Kindern «enthält».

«Nach dem Reinigungsprozess weist der endgültige Impfstoff nur noch Billionstel Gramm fragmentierter DNA von der HEK-293 Zelllinie auf. Hier geht es um die Menge an DNA in essbarem Obst und Gemüse», berichtet Paul Offit, Direktor des *Vaccine und Education Centers*, am Kinderkrankenhaus der Universität von Philadelphia.

Um das Potential eines Impfstoffes oder eines neuen Arzneimittels auszuprobieren, testet man ihre Wirksamkeit, bevor man sie am Menschen einsetzt. Menschliche Zellen, die aus Abtreibungen, Fehlgeburten, induzierten pluripotenten Stamm-Zellen, Zellen aus der Plazenta und Nabelschnur (=extraembryonales Gewebe) oder von humanen embryonalen Stammzelllinien gewonnen werden, sind dafür am besten geeignet.[24]

Wissenschaftler von Oxford-AstraZeneca injizierten ihren Covid-Impfstoff

## Verheißungen der neuesten Biotechnologien

in die Zelllinie MRC-5. Diese (XY-Zellen) wurden 1966 in England aus Zellen eines 14 Wochen alten abgetriebenen Jungen hergestellt.

AstraZenecas Pressesprecher Jenny Hursit erklärt, dass ihr Impfstoff demnach keine Zelllinien beinhalten.[25] Geht es hier um juristische Spitzfindigkeit bzw. darum, Haarspalterei über einige Details zu betreiben? Und warum ist es medizinisch gesehen von Bedeutung, ob humane DNA in Impfstoffe integriert sind?

Schon lange versucht man, Verunreinigungen, die bei der Herstellung von humanen embryonalen Stammzelllinien usw. oder beim Testen von Arzneimitteln in der Petrischale entstehen können, zu verhindern.

Wissenschaftler sehen den kleinen Anteil, also die Billionstel Gramm fragmentierter DNA aus fetalen Zelllinien, oder wie sie auch sagen, die restlichen DNA-Spuren eines abgetriebenen Kindes als problematisch an. Diese kleinsten menschlichen Moleküle könnten zu einer Autoimmunreaktion usw. führen.

Dazu muss man gar nichts so weit zurück gehen. In Japan wird Hühnereiweis als Ausgangsmaterial für Impfstoffe gegen Masern, Röteln und Mumps (MMR) herangezogen. Mit diesen Impfstoffen hatte man keinerlei Probleme. In den USA hingegen wird dieser Impfstoff aus fötalen Zelllinien herstellt.

Dr. Theresa Deisher, eine Genetikerin aus Seattle, bemerkte dazu:

«Wenn wir einem Kind diesen Impfstoff verabreichen, injizieren wir auch residuale fötale humane DNA-Moleküle. Das bedeutet, restliche DNA-Moleküle der Zelllinien des abgetriebenen Kindes, das benutzt wurde, um den Impfstoff herzustellen, können an der Entstehung von Autoimmunerkrankungen beteiligt sein.» Deisher stellt weiterhin einen Zusammenhang zwischen dem MMR-Impfstoff und dem Auftreten von Autismus her.

Um dem ethischen Standard eines neuen Impfstoffes zu entsprechen, fordern Wissenschaftler, dass die Probanden von Impfstoffversuchen bzw. die ab 8. Dezember 2020 aktuellen Impfstoffkandidaten über Nebenwirkungen aufgeklärt werden. Wissenschaftler sprechen von einer notwendigen Einverständniserklärung. Die Möglichkeit besteht, dass es bei einigen «Probanden» zu einer Verschlechterung der klinischen Krankheit nach dem Empfang von Covid-19 Impfstoffen kommen kann.

Im *International Journal of Clinical Practice*, wurde am 28. Oktober 2020 darauf hingewiesen, dass Covid-19-Impfstoffe, die neutralisierende Antikörper hervorrufen sollen, Impfstoffempfänger sensibilisieren können, was zu einer schwereren Krankheit führen kann, als wenn sie nicht geimpft wären. «Kurz gesagt bedeutet dies, dass der Impfstoff nicht die Immunität gegen die Infektion aufbaut, sondern die Fähigkeit des Virus verbessert, in körpereigene Zellen einzudringen und diese infizieren, was zu einer schwereren Erkrankung führt, als wenn sie nicht geimpft worden wären», schreibt Lynne Peepels im April 2020.[26] Dies ist eine mögliche Erklärung, warum die Frettchen bei einer Infektion mit dem damaligen SARS-Wildvirus in 2012 starben.

Wie verhält sich nun aber eine Covid-19 Infektion bei Schwangeren? Eine Studie vom 1. September 2020 erläutert, dass Schwangere weniger Covid-19 Symptome aufzeigen. Schwangere, die nach einer potentiellen Covid-Erkrankung das Krankenhaus aufsuchten, hatten kein Fieber oder Muskelschmerzen. Doch wenn sie eine Vorerkrankung hatten, änderte sich das Krankheitsbild schlagartig. Mercedes Bonet, Mitautor der Studie, kommentiert: «Die Beweise zeigen, dass bereits bestehende Vorerkrankungen, wie Diabetes oder Bluthochdruck ein höheres Risiko darstellen. Dies ist ganz unabhängig davon, ob man schwanger ist oder nicht» Diese Ergebnisse unterstreichen die Notwendigkeit, dass schwangere Frauen alle Vorsichtsmaßnahmen treffen sollten, um eine Covid-19-Krankheit zu vermeiden, insbesondere wenn sie Grunderkrankungen haben.[27]

Das *Journal of the American Medical Association* berichtet im März 2021 über Covid-infizierte Schwangere, die in 10 - 25% eine Frühgeburt erleiden. Bei Schwerkranken steigt die Gefahr einer Früh- oder Fehlgeburt um 60% an.[28] Mediziner reden von einem paradoxen Verhalten des Virus bei Schwangeren. Es wird ihnen zwar empfohlen, sich nicht impfen zu lassen, dennoch berichteten Studien über vermehrte covidbedingte Schwangerschaftskomplikationen.[29] Ist man 2021 überhaupt in der Lage, einen vollkommen neuen Impfstoff wie alle ihre herkömmlichen Vorgänger zu klassifizieren, und trifft davon unabhängig die alte Aussage noch zu, dass ein Baby indirekt mit der Mutter geimpft wird?

## 1.4. Die bommende Baby-Business-Industrie

Doch zurück zu unserer Phytomere. Frauen, die entweder freiwillig oder gezwungenermaßen Kinder auf die Welt bringen, sind gar nicht so selten. Berichte über sogenannte «Kinderfabriken», wie z.B. in der Ukraine, mehren sich. Durch das COVID-19 bedingte «Lockdown» im Frühjahr 2020, erfuhren wir von dem Dilemma, in welchem sich Leihmutter-Kliniken befinden, weil die Babys nicht mehr von ihren Eltern abgeholt werden konnten.[30]

Oksane Grytsenko ging dem Baby-Business in ihrem Land im Juni 2020 nach. Neugeboren liegen in ihren Krippen. Einige weinen, anderen nuckeln an der Flasche, die ihnen eine Hilfskrankenschwester im Hotel Venice, in einem Vorort von Kiev, reicht. Das Hotel ist mit einer Mauer und Stacheldraht umgeben.

Es handelt sich um den Nachwuchs von ausländischen Eltern, die diese beim *BioTexCom Zentrum für Humane Reproduktion* bestellten. Es ist die größte «Leihmutter-Klinik» der Welt. Die Babys sind im Hotel Venice buchstäblich gestrandet. Ihre Auftragsgeber konnten sie nicht mehr abholen, als im März 2020 die ukrainische Grenze wegen der COVID-19 Pandemie geschlossen wurde.

Verängstigte Eltern versuchen, ihre Kinder über Videoanrufe zu beruhigen. Sie senden Aufnahmen von ihren Stimmen, damit ihre biologische Tochter oder ihr Sohn auf diese Weise ihre Eltern kennen lernen.

*BioTexCom* hat ein Video von Hotel Venice im Mai 2020 herausgegeben, um auf das herzzerbrechende Dilemma hinzuweisen. Man will damit erreichen, dass die Grenzen wieder aufmachen, damit die Kinder zu ihren Eltern können. Das Schicksal der Babys erregte weltweit die Gemüter. Einen Monat später waren immer noch 50 Neugeborenen gestrandet. Die boomende Industrie der «Kinderfabriken» wurde dadurch noch mehr ins Rampenlicht der Kritiker gerückt.

Die ukrainische Kinder-Ombudsfrau Mykola Kuleba redet mittlerweile von mehr als einer Verletzung von Kinderrechten. Wenn es um ihren Willen ginge, würde sie die Leihmutterschaft für nichtukrainische «Eltern» ganz verbieten.

## 1. Phytomäre

Ein Ansinnen, das schwer in einem Land wie der Ukraine, durchzudrücken sein wird. Wir wissen, dass ukrainische Frauen nahezu von extra Cash abhängig sind. So bieten sich immer wieder verarmte Landfrauen an, Babys gegen Geld auszutragen. Ungeachtet dessen, dass sie offensichtlich einen hohen psychologischen und gesundheitlichen Preis dafür in Kauf nehmen, ihre Gebärmutter «auszumieten».

Die 39-jährige Liudmyla kommt aus Vinnytsia. Die Stadt liegt südwestlich von Kiev. Die Leihmutter wartet immer noch auf das Geld für ein Mädchen, die sie für ein deutsches Ehepaar im Februar 2020 zur Welt brachte. «Ich schreibe meinen Auftraggebern sehr oft», sagt Liudmyla. Sie schulden ihr noch 6.000 Euro, welche wegen der Pandemie nicht bezahlt werden könnten.

Liudmyla hatte in Kiev einen erfolgreichen Embryotransfer. Während ihrer Schwangerschaft war sie in Vinnystia. Ihre Agentur verlangte, dass sie das Kind in Polen entbindet. Dort ist zwar eine Leimutterschaft verboten; die Registrierung des Kindes ist in diesem Land dafür einfacher. Jedoch wusste man in der polnischen Klinik nichts von Liudmyla. «Ich wollte sie nicht hergeben. Ich weinte.» Die Realität holte sie schnell ein. «Ich wusste, worum es ging», erinnert sich die Leihmutter, die sich in den Tagen des Krankenhausaufenthaltes um das Neugeborene kümmert.

Liudmyla ist alleinerziehende Mutter von drei eigenen Kindern. Seit Jahren versucht sie, ihre kleine Familie durchzubringen. So suchte sie 2017 die Leihmutterschaftsklinik in Kiev auf. Mit dem Geld konnte sie einen Lohn für eine Wohnung aufnehmen. Obwohl schon die erste Leihmutterschaft kompliziert war und sie während der Schwangerschaft auf der Intensivstation war, entschied sie sich, ein weiteres Kind auszutragen. Sie wollte damit ihre Wohnung abbezahlen. Eine Bleibe zu haben war besser als ein Hotelzimmer, in dem sie zuvor lebte.

Obwohl es keine offiziellen Statistiken gibt, vermutet man, dass sich jährlich mehrere tausend ausländische Eltern an die Ukraine wenden, um auf eine günstige und unkomplizierte Weise, Eltern eines Babys zu werden. Einzige Auflage ist, dass die heterosexuellen Eltern verheiratet sind und eine Bestätigung ihrer Unfruchtbarkeit vorliegt.

Tetiana Shulzhynska, die in Chernihiv als Busfahrerin arbeitet, suchte 2013 die Leihmutter Klinik *BioTexCom* auf. Sie hatte viele Schulden. Man musste ihr eine Fahrkarte nach Kiev senden. Sie trug ein Kind für ein italienisches

Ehepaar aus. Doch nach zwei Monaten merkte sie, mit vier Kindern schwanger zu sein. Der biologische Vater bestand darauf, drei der Kinder im Mutterleib abzutöten. Im Mai 2014 brachte Shulzhynska eine Tochter für ihre Auftragseltern in die Welt. Sieben Monate später, wurde bei Tetiana Zervikalkrebkrebs diagnostiziert. Es dauerte fast ein Jahr, um das Geld für eine Operation aufzubringen. Kurz danach planten die Ärzte ihr linkes Bein zu amputieren, welches bereits vom Krebs angegriffen war.

Tetjana warnt nicht nur Frauen vor einer Leihmutterschaft, sie führt mittlerweile mit einigen anderen Frauen ein Prozess gegen *BioTexCom*. Die 38-Jährige ist der Überzeugung, dass viele Frauen am Ende mehr Unkosten haben werden. «In dem Vertag beschützen sie nur die Babys. Sie kümmern sich nicht um Deine Gesundheit oder gar um Dich persönlich.»

Albert Tochilovsky, der Eigentümer von *BioTexCom,* kann im Hotel Venice angetroffen werden. Er bestreitet keineswegs die Pannen, welche seine Firma hat. «Ich glaube nicht, dass wir die Einzigen sind, die diese Probleme aufweisen. Jetzt, wo es Gentests gibt, werden wahrscheinlich noch mehr Eltern herausfinden, dass Ihr Kind nicht mit Ihnen verwand ist.» Für Albert liegt die Schuld bei der relative wenigen Erfahrung, die er hatte, als die Klinik noch in ihren «Kinderschuhen» steckte. So können durchaus Embryos vertauscht werden, erklärt er.

Hinzu kommen Elternpaare, die ihre Babys nicht annehmen wollen, weil sie Gesundheitsprobleme hatten. Bridget, die Tochter eines amerikanischen Paares, wurde 2016 geboren und lebt nun in einem Weisen-Heim in Zaporizhia, im Osten der Ukraine.

«Es war eine Tragödie für uns», sagt der Direktor. Auf der Webseite seiner Leihmutter Klinik steht, «Wir haben die besten Leihmütter». Er verleugnet die Misshandlung von Frauen und weiß auch nichts von Shulzhynska's Krebs. Dennoch bezeichnet er ihre Behauptung als «schwachsinnig», weil seine Klinik ihre Vertragspartner bestens schützt. «Bei uns passiert ihnen nichts. Wir sind nur für die den Embryotransfer zuständig. Wobei wir diesbezüglich die besten Reproduktionstechnologien anwenden.»

An Gesundheitsprobleme sind die Entbindungskliniken schuld, die eventuell die Gebärmutter entnehmen müssen. Darauf haben wir keinen Einfluss. Doch selbst wenn das geschehen sollte, zahlen wir eine Kompensation», rechtfertigt sich Albert.

## 1. Phytomäre

Vielleicht trifft es besser zu, dass sich der Direktor die Lage schönredet und weltfremd nur auf seinen Profit aus ist. Ansonsten müsste er von all den Nebenwirkungen einer Leihmutterschaft wissen. Sie endet ja nicht damit, wenn das Auftragskind gegen ein Entgelt, von dem er das Meiste für sich behält, in die Arme der Eltern gelegt wird.

Momentan bangen Schwangere, ob es den Auftragseltern überhaupt möglich sein wird, ihre Babys abzuholen. Die 26-jährige Olga aus dem Nordosten der Ukraine kam mit ihrem Sohn und Mann nach Kiev, um dort Zwillinge für chinesische Auftragsgeber zu entbinden. Sie wartet in einer kleinen Wohnung, nahe des Entbindungszentrums, auf die Geburt. Es gehe ihr gut. Manchmal trifft sie sich mit anderen Leihmüttern der Agentur.

Für die 17.000 Euro, die sie bekommen wird, will sie ein kleines Café aufmachen. Vielleicht wird es auch ein Blumenladen. Sie ist sich darüber noch im Unklaren. Olga bemerkt: «Ich habe keinen umgebracht, oder gestohlen. Ich habe mir das Geld auf ehrliche Weise verdient.»

Ihr Sohn sitzt neben der Mutter. Er nennt die zu erwartenden Babys «Kirusha und Kirusha». Die einzige Sorge, die Olga hat, ist die, ob die Eltern vor der Geburt anreisen können. Ansonsten wird es ihr überlassen, für die Babys zu sorgen, bis die Eltern ankommen. Während der Pandemie kann es sich dabei um mehrere Monate handeln. Eine Mutter adoptierte am Ende das Auftragskind, weil die Eltern es nicht mehr haben wollten.

Um die Situation zu überbrücken, warten die Babys, die täglich zunehmen, in einer provisorischen Neugeborenen-Station im Hotel Venice. Einige argentinische- und spanische Ehepaare hatten es noch vor dem Lockdown geschafft, in die Ukraine zu reisen. Glücklich wurden sie mit ihren Auftragskindern vereint.

Wann sich der Grenzverkehr in die Ukraine wieder normalisiert, weiß keiner. Rafael Aires verbringt bereits Monate damit, seine Tochter Marta im Hotel Venice zu sehen. Die einzige Verbindung zu seiner Frau in Spanien ist über sein Mobil-Telefon. Die Eltern hatten acht Jahre versucht ein Kind zu bekommen. «Und nun», sagt er, «ta-dam».[31]

Das Geschäft mit Kinderfabriken «floriert» nicht nur in der Ukraine, wobei es dort noch am «humansten» betrieben wird. Im Gegensatz dazu werden in Babyfabriken im afrikanischen Lagos Schwangere wie gefangene gehalten, denen die Kinder nach der Geburt entgeltlos entwendet werden. 2019 wurde nicht nur ein einwöchiges Baby von der Polizei gefunden, sondern kurz darauf 19 Schwangere. Die unterernährten 15-28 Jahre alten Frauen, wurden an vier verschiedenen Orten Nigerias in Isheri-Osum und Ikotun festgehalten. Nach der Geburt nahm man ihnen die Kinder weg und verkaufte sie für - je nach dem Geschlecht unterschiedlichen Preisen - von umgerechnet 800-1300 Euro.

Die Polizeieinheit *Ministry of Women Affairs* hatte bereits zuvor in Igando eine illegale betriebene «Kinderfabrik» gestürmt. Während einige der Mütter wussten, dass die Kinder verkauft werden, wurden andere mit dem Versprechen nach Arbeit in die Hauptstadt gelockt. Die von der Polizei gesammelten Informationen offenbarten, dass viele der Frauen entführt wurden, um in Lagos sexuell ausgenutzt zu werden.

Wenn diese Art der Babyfabriken nicht auf den biotechnologischen Errungenschaften moderner Reproduktionsmedizin aufbaut, handelt es sich dennoch um eine moderne Art der Ausbeutung von Entwicklungsländern, die eventuell der Ausbeutung alter Kolonialherrschaften in nichts nachsteht.[32]

Allen Babyfabriken und auch Reproduktionstechniken gemeinsam ist, dass Frauen nicht nur dehumanisiert werden, sondern sich ihr Wert nach ihren Eizellen, ihrer Gebärmutter usw. richtet. Ganz abgesehen von den psychischen und physischen Tragödien, die sich hinter der Kulisse für Mütter und deren Kindern abspielen. Es handelt sich um ein oft verschwiegenes Dilemma, das nicht erst durch eine Coronapandemie in 2020 heraufbeschworen wurde.

## 1.5. Reproduktionsmedizin im Wandel der Zeit

Ganz abgeshen von modernen Biotechnologien, die von Eizellen abhängen, scheint es heut so, dass es ein ganz selbstverständlicher Trend der modernen Reporduktionsmedizin ist, Eizellen für persönliche Zwecke einzufrieren.

Der Wandel moderner Reproduktionstechniken, macht dies nicht nur zu einer Art «Boutique-Erfahrung», sondern gibt Frauen Macht über ihre Zukunft.

## 1. Phytomäre

Die in den 80iger Jahren entwickelte Methode der *Oozyte cryopreservation* war anfänglich dazu gedacht, kranken Frauen eine Möglichkeit der Behandlung zu geben, ohne ihre Fruchtbarkeit zu beeinträchtigen. Sie legten buchstäblich ihre Eizellen auf Eis.

Bereits im Jahre 2012 hat die *Amerikanische Gesellschaft für Reproduktive Medizin* ein ursprünglich experimentelles Verfahren der breiten Öffentlichkeit zugänglich gemacht. Damit wurde der Weg zu einer Art «Makeover» geebnet, der in der Gesellschaft einen starken Einklang fand. Es befreite nicht nur Frauen von ihrer tickenden biologischen Uhr, sondern machte es gleichsam zu einer alltäglichen Notwendigkeit, die fast schon zum guten Ton gehört.

Die beteiligten Pharmafirmen *Kindbody, Prelude Fertility, Ova* usw. haben das Einfrieren von Eizellen von einem strikt medizinischen Eingriff, der an ein klinisches Umfeld gebunden war, zu einem Boutique-Erlebnis gemacht. Es wird nicht nur bequem, sondern bietet vor allem Komfort. Darüber hinaus können Frauen nun – so die Werbung – endlich selbst bestimmen, wann und mit wem sie ihren Nachwuchs haben wollen. Notfalls shoppen sie einen begehrten Samenspender, den sie im Internet ohne weiteres finden können.

Die Vermarktung des Einfrierens von Eizellen findet in Happy-Hour-Infoveranstaltungen, exklusiven Büros bis hin zu Instagram-Anzeigen statt. Es wird das Gefühl vermittelt, dass es sich bei der Reproduktionstechnologie nicht um eine große Sache handelt. Sie sei keineswegs beängstigend und fällt nunmehr unter die Rubrik der Selbstverwirklichung und des Wellness (Wohlfühlens).[33]

Diese Reklame einer New Yorker Fruchtbarkeitsklinik verglich die Kosten des «Prozedere» mit dem Sparen auf eine Maniküre oder eine gefrorene Acaischale. In ihrer Werbung heißt es: Entweder gibst Du einige Dollars am Tag für eine Eisschale aus oder sparst für das Einfrieren deiner Eizellen.[34]

Andere Anbieter locken Frauen damit, dass sie die «Zukunft besitzen», wenn sie ihre Eizellen einfrieren.

Als Valerie Landis ihre Eizellen 2015 einfrieren ließ, war sie mit 33 Jahren die Jüngste. Die vielbeschäftigte Frau, deren letzte ernsthafte Beziehung schon ein paar Jahre zurück lag, wollte sich mit dem Kinderbekommen etwas Zeit kaufen. Damals waren die Frauen mindestens 37 Jahre alt, die sich dieser «Behandlung» unterzogen. Heute ist das ganz anders. Man kann durchaus 25-

Jährige unter der Klientel finden. Es ist dies eine neue Welle der Feministinnen. Ein Trend, der auf die Unabhängigkeit von Frauen verweist.

Gina Bartasi, die Geschäftsführerin von *Kindbody*, bemerkt: «So viele Gebiete in der Wellness und der eigenen Gesundheitsvorsorge sind proaktiv. Wir denken an ein ausgewogenes Essen; auf unseren Cholesteringehalt zu achten und genug Fitness zu betreiben. Dabei lassen wir unsere Fruchtbarkeit aus und warten so lange, bis das Kinderkriegen zum Problem wird.»

Die Eizellen einzufrieren erscheint als eine Art von Selbstvorsorge.

Diese Aussagte steht im Gegensatz zu dem, was Fruchtbarkeitsspezialisten darüber denken. Sie wollen nicht, dass sich junge Frauen grundlos der Prozedur unterziehen. Weder Angst noch Verharmlosung sei angebracht. Es ist zudem falsch, eine Art Hoffnung zu vermittelt, welche diese Art der Reproduktionsmedizin ganz nach dem Willen der Frau und ihrem «Zeitfenster» ermöglichen würde.

«Ich nenne es ganz unkonventionell DAS ABGREIFEN», sagt Paul Lin, Geburtshelfer und Gynäkologe sowie Leiter der Gesellschaft für Reproduktionstechnologie. Es klinge ganz so wie: «Hey, du bist eine unabhängige Frau. Schnapp dir deine Fruchtbarkeit und mache es einfach.» – Und all das geschieht mit dem Hintergedanken, dass diese lockere Art der «Reklame» bestimmt Patienten «einbringt».

Aber eigentlich sind es ja keine Patienten, sondern Kunden. Denn Frauen, die ihre Fruchtbarkeit auf diese Weise hinauszögern, sind nicht krank!

Eizellen für eine spätere erfolgreiche Schwangerschaft einfrieren zu lassen, hängt zudem von vielen Faktoren ab. Je mehr Eizellen gespendet werden, desto höher die Chancen einer späteren Schwangerschaft. Gerade dieser Vorgang ist jedoch nicht so einfach. Am Ende überleben nicht mal alle Eizellen den Einfriervorgang. Die «Qualität» der Eizellen nimmt mit der Lagerung ab, und je älter sie werden, desto wahrscheinlicher haben sie genetische Anomalitäten.

«Alter ist überall der limitierende Faktor für jemanden, der schwanger werden will», sagt Dr. Josh Klein, Gründer von *Extend Fertility*. «Der Zusammenhang war für mich immer klar. Eizellen von jüngeren Frauen sind von Vorteil.»

2017 ließen sich 23-mal so viele Frauen ihre Eizellen einfrieren wie noch 2009. Firmen in Silicon Valley wie Facebook und Google bieten «egg freezing» als eine Sozialleistung für ihre Mitarbeiter an. Das Attraktive dabei ist, Zeit «stehlen» zu können, bis man den richtigen Partner findet; mit seiner Ausbildung fertig ist oder das finanzielle Umfeld stimmt.

Der Hauptgrund liegt laut Yale darin, keinen Partner zu haben. «Ein bisschen kommt auch ein gewisser sozialer Druck und Gruppenzwang dazu», sagt Dr. Pasquale Patrizio, Leiter des *Yale Fertility Center* und des *Fertility Präservation Programm's*. «Deshalb müssen wir sehr vorsichtig sein, wie wir das Einfrieren von Eizellen anbieten.» Auch er betont: «Wir dürfen das Geschäft nicht auf Ängsten aufbauen und mit dem einzigen Hintergedanken, schnell an Geld zu kommen.»

Bartasi von *Kindbody* widerspricht dieser Ansicht. Es sei nichts Falsches daran, Frauen zu ermutigen, eher früher als später über ihre Fruchtbarkeit nachzudenken:

«Wir wollen einfach keine Optionen vorenthalten. Frauen sollten aufgeklärt und ermutigt werden, ihre eigene Fruchtbarkeit proaktiv zu verstehen, wenn sie noch die meisten verfügbaren Optionen haben», sagt Bartasi. «Sobald sie diese Information haben, liegt die Wahl bei ihnen.»

Was für Gründe Frauen auch immer haben, das Einfrieren der Eizellen ist nicht gerade billig. Alles inclusive kostet es zwischen 15.000 bis 20.000 US-Dollars.

Die Erfolgsrate hängt davon ab, wieviel Eizellen man einfriert und wie alt die Frauen sind. Bei 15 eingefrorenen Eizellen liegt die Chance bei 85 Prozent, eine spätere Schwangerschaft zu haben, sofern die Frauen 35 Jahre oder jünger sind. Bei zehn Eizellen liegt die «Rate» bei 61% und bei fünf Eizellen sind wir bei 15 %, sagen die Mediziner.

«Was für ein schreckliches Investment», beschwert sich die Photographin und Filmproduzentin Gwen Schroeder. «Du musst $15.000 hinlegen, um später eine 15% Chance zu haben, ein Kind zu bekommen.»

Sie hat ihre Eizellen eingefroren, als sie 35 Jahre alt war. Sie hatte das Geld erst durch das Erbe ihres Vaters bekommen. Sechs Monate später traf sie jemanden und nun haben sie eine Tochter. Ihre entnommenen Eizellen liegen immer noch auf Eis. «Dieses Investment gibt mir ein bisschen Sicherheit», sagt sie. «Ich will sie auf jeden Fall behalten, man weiß ja nicht, was das Leben einem noch so bietet.»

Die meisten Frauen, die sich der Prozedur unterzogen haben, werden diese Eizellen dennoch nicht nutzen. Aktuell sind es nur 3–9% der Frauen, die wirklich auf sie zurückgreifen.

Die ganze Angelegenheit ist alles andere als einfach, denn je jünger die Frauen sind, desto besser sind zwar die Eizellen, aber umso weniger der davon machen von ihnen Gebrauch. Je älter die Frauen wiederum sind, desto mehr greifen sie auf ihre gefrorenen Eizellen zurück, je geringer ist bei ihnen jedoch die Wahrscheinlichkeit, ein Kind zuzutragen.

Nach Dr. Patrizios Ansicht sollten Frauen ihre Eizellen zwischen 33 bis 35 Jahren einfrieren. Ein schwieriges Unterfangen, wenn man kein Geld hat und nicht jeder eine GoFundMe-Kampagne auf dem Internet starten will, was einige der Frauen durchaus tun.

Was bleibt, ist die ethische Frage dieser Prozedur, die Frage, wer der Erzeuger des Lebens ist. Denn allzuoft geben wir diese Rolle an die Reproduktionsmedizin ab. Grob vereinfacht wird ein Embryo durch In-Vitro-Fertilisation erzeugt. Meist ist es aber nicht ein Embryo, sondern man befruchtet wahrscheinlich alle Eizellen und selektiert am Ende die «Besten Embryos» heraus, um eine Schwangerschaft zu induzieren.

Was ist, wenn Frauen ihre Eizellen nicht benutzen? Ihre Lagerung muss bezahlt werden. Sicher ist es einfacher, wenn es sich um eine Eizelle handelt als um einen Embryo. Dennoch stellt sich die Frage: würde man nichtbenutzte Eizellen der Forschung weitergeben? Diese könnten Embryos schaffen, um an ihnen zu experimentieren! Es ist schwer genug, an menschliche Eizellen zu kommen – und wie gesagt, in vielen Ländern sind Eizellen für Forschungszwecke begehrt.[35]

Unweigerlich stellt sich die Frage, wieso wir überhaupt so weit gekommen sind? Um eine Antwort zu finden, müssen wir sehr weit zurück gehen.

# 2. KLONEN-- ES GEHT UM DIE WURST ODER DOCH UM SCHOKOLOADE?

## 2.1. Reif für die Insel

Die Insel des Dr. Moreau[36] ist eine spannende Geschichte aus dem Jahre 1896. Ein Mann, der auf einer Insel strandet und dort zwei Wissenschaftler antrifft, die sich diesen Ort für ihre Experimente ausgesucht haben, erlebt einen Albtraum. Dr. Moreau und ein zweiter Wissenschaftler haben Tiermenschen geklont (griechisch bedeutet «Klon»: Zweig, Schößling). Menschen-Schweine und Menschen-Hunde sowie Menschen-Bären besiedeln nun die Insel. Leider werden Dr. Moreau und sein Kollege von den eigenen Kreaturen verspeist. Daraufhin verwandeln sich die Chimären wieder in ihre ursprüngliche Tierart zurück.

Die Geschichte endet damit, dass die Schafe auf der Insel selbs an Scrapie erkranken.

Scrapie wird auf deutsch auch «Traberkrankheit» genannt, weil der Gang der erkrankten Tiere schwankend, trabend wirkt.[37] Der Ausgang der Geschichte ist sehr interessant, denn Scrapie wird heute als Ursache für die Bovine-Spongioforme-Enzephalopathie (BSE) (übertragbare schwammartige Gehirnerkrankung) betrachtet. Scrapie ist eine seit 1732 bekannte Schafs- oder Ziegenkrankheit, die durch Prionen verursacht wird. Die Tiere leiden unter einem starken Juckreiz, der bewirkt, dass sie sich so stark kratzen, dass ihre Haut verletzt wird (engl. «to scrape»: schaben, verkratzen).

Prionen sind Proteinpartikel (Eiweißteilchen), die noch kleiner sind als Viren. Prionen findet man hauptsächlich im Gehirn und Nervengewebe. Auch der gesunde Organismus besitzt Prionen, die nach neuesten Erkenntnissen eine wichtige Schutzfunktion für die Nervenzellen ausüben. Infektiöse Prionen sind anders gefaltet. Die Ansammlung von falsch gefalteten Prionen-Proteinen im Hirngewebe wird für die langsame Zerstörung von Nervenzellen verantwortlich gemacht. Wobei dies zu einer spongioformen (schwammartigen) Hirnerkrankung führt. Durch die Verformung werden Prionen hochansteckend und offensichtlich giftig für die Nervenzellen.

Diese Degenerationskrankheit des Gehirns, deren Inkubationszeit Jahre bis Jahrzehnte chronisch progressiv verläuft und damit einhergehende schwere histopathologische Veränderungen des Gehirns aufweist, führt unweigerlich zum Tod.

## 2.1.1. Transmissible Spongioforme Enzephalopathie

Krankheiten, die durch Prionen hervorgerufen werden, gehören zum Formenkreis der Spongioformen Enzephalopathien TSE (transmissible spongioform encephalopathies). Diese Hirnerkrankungen, welche mit zentralnervösen Störungen einhergehen, treten beim Menschen sowie bei einer Vielzahl von Säugetieren auf.[38]

Kuru ist eine epidemisch übertragbare Prionenerkrankung des Menschen. Es handelt sich um eine 1957 in Papua-Neuguinea entdeckte TSE-Erkrankung, verursacht durch rituelle kannibalistische Praktiken.[39] Auch bei einer bislang unbekannten tödlichen Hirnkrankheit, die kürzlich von US-Forschern entdeckt wurde,[40] handelt es sich um ein degeneratives Nervenleiden, bei dem Prionen eine Rolle spielen.

1985/86 kam es zum Ausbruch der BSE (Bovine spongioform encephalopathy) -Epidemie. Die Rinder erkranken in der Regel im Alter von vier bis fünf Jahren an BSE und verenden innerhalb weniger Monate. Die immer noch am meisten favorisierte Lehrmeinung zur Ursache dieser TSE-Erkrankung von Rindern ist, dass man Schafe, die an Scrapie erkrankt waren, zu Fleischmehl verarbeitet und dieses dann an Pflanzenfresser wie Rinder verfüttert hatte. Sind also skrupellose britische Produktionsmethoden schuld? Und ist somit BSE eine von Menschenhand gemachte Krankheit?

Es konnte nachgewiesen werden, dass der Zeitpunkt des ersten BSE-

Ausbruchs mit einer Umstellung des Herstellungsverfahrens für Tierkörpermehl in England und Wales korrelierte.[41/42] Verfahrensparameter wie Temperatur, Druck und Verweilzeit wurden reduziert. Daneben wurden andere chemische Kompatibilitaten, wie das sonst gebräuchliche Lösungsmittel weggelassen. Durch den neuen Herstellungsprozess wurde der TSE-Erreger nicht mehr vollständig inaktiviert und gelangte in die Futtermittelkette. Eine Maßnahme zur Kosteneindämmung hatte demnach eine verheerende Wirkung. Als es zum Ausbruch der BSE-Epidemie kam, wurde die Tiermehlfütterung europaweit sukzessive verboten.

Ein weiteres potentielles Risiko wird darin gesehen, dass eine Bioverfügbarkeit des Erregers in kontaminierten Böden vorhanden ist. Man beobachtete, dass sich Schafe immer wieder auf Weiden infizierten, auf denen zuvor Scrapie-infizierte Schafe geweidet hatten. Zudem wurden infizierte Rinderkadaver, beispielsweise in Großbritannien und Südkorea, in großem Maßstab vergraben, womit die Erreger im Boden stabil blieben.[43]

## 2.1.2. Hypothesen zur Entstehung der BSE-Erkrankung

Der britische Biologe und Biobauer Mark Purdey vertritt die Theorie, dass ein Missverhältnis von Kupfer und Mangan im Tierkörper als Auslöser für BSE anzusehen ist. Mangan soll die tödliche Konformationsänderung des so genannten Prionproteins im Tier bewirken. So wurden in Gegenden mit spongioformen Krankheiten hohe Mangangehalte und geringe Kupfergehalte im Boden gefunden.[44] Purdey vermutet, dass Chemikalien wie Östrogen und Steroide die Absorption von Mangan im Hirn beschleunigen. Er untersuchte deren Vorkommen bei der Creutzfeld-Jakob-Krankheit und bei anderen Formen von Demenz bei Bodybuildern.[45]

Eine andere Hypothese ist, dass Tierärzte in Großbritannien Wachstumshormone der Hirnanhangsdrüse Zuchtrindern verabreichten, um so eine bessere Fleisch- und Milchleistung zu erzielen. Man vermutet, dass diese infizierten Hypophysen-Präparate bei den behandelten Tieren und deren Nachkommen die Krankheit verursacht haben.[46]

Desweiteren wird argumentiert, dass in Frankreich zwergwüchsige Kinder, die verunreinigte tierische Hypophysenpräparate verabreicht bekamen, an der neuen Variante von Creutzfeldt-Jakob erkrankten, welches die menschliche Variante von BSE ist.[47] Allerdings ist diese Behauptung nicht bewiesen, da Hunderte von Kindern in Paris und Rotterdam zwischen 1973 und 1987 mit einem menschlichen Wachstumshormon behandelt worden sind. Dies war, bevor es synthetische Wachstumshormone gab. Es war allerdings unmöglich zurückzuverfolgen, woher das menschliche «growth hormon» stammte. Es wurde Toten entnommen, die jedoch meist an einer ansteckenden Erkrankung oder an Demenz gelitten hatten.[48] Die pathologische Erscheinungsform der durch den Arzt herbeigeführten Creutzfeld-Jakob-Krankheit ähnelte der Kuru-Krankheit.[49]

Zwanzig Jahre nachdem BSE in Säugetieren identifiziert wurde und eine neue Variante der Creutzfeld-Jakob-Krankheit bei jungen Menschen aufgetreten ist, gilt es immer noch als erwiesen, dass das infektiöse Prion durch den Konsum von Rindfleisch von der Kuh zum Menschen gelangt.[50] Schon vor zehn Jahren gab es keinen wissenschaftlichen Zweifel mehr daran, dass es sich bei der beim Menschen auftretenden neuen Variante der Creutzfeld-Jakob-Krankheit (vCJD), um die humane Form von BSE handelt.[51/52]

Kann man von der Geschichte «Die Insel des Dr. Moreau» schließen, was passieren kann, wenn die Wissenschaft versucht, in die Natur einzugreifen? Oder ist es nur eine unbewusste Metapher?

## 2.2. Die Kulturrevolution im Reich der Tiere

Erstaunlicherweise werden viele Dinge angewandt, über deren pharmakologische oder pharmakokinetisch/dynamische Auswirkungen wir sehr geringe Kenntnisse haben.

Jeden Tag werden Menschen und Tiere in Narkose gelegt, obwohl man eigentlich gar nicht so genau erklären kann, wie sie wirkt. Und wenn dann ein Pferd das seltene Phänomen einer paradoxen Narkosewirkung zeigt und sich keinesfalls beruhigt, damit man ihm die Zähne abschleifen kann, und man fünf Bauern braucht, die das Tier am Boden zu halten versuchen und sein Maul aufreißen, dann gibt man eben auf. Dann bekommt das arme Geschöpf eben keine Zahnpflege. Das heißt, sein Schicksal ist damit fast besiegelt, denn wenn es nicht zulässt, dass man ihm die Zähne abfeilt, kann es eben nicht mehr genügend Futter aufnehmen und endet somit, bevor es ganz verhungert ist, im Schlachthof. Als Trost kann durchaus gelten, dass Pferdefleisch sehr gesund sein soll, vor allem für Tuberkulosekranke (die Tuberkulose nimmt nach Angaben der Weltgesundheitsorganisation WHO wieder weltweit zu).

Zumindest kann man keinem die Schuld geben; der Tierarzt hat nur seine Pflicht getan und nach allen Regeln der tierärztlichen Kunst gehandelt –

genauso, wie er Schweinen Hormone zur Anregung der vermehrten Eizellenbildung (Superovulation) geben würde. Ein Mutterschwein hat 14 Zitzen, d.h. es kann maximal 14 Ferkel ernähren, falls es nicht seine Ferkel erdrückt, wenn es sich niederlegt, was gelegentlich vorkommt. Vielleicht kommt daher der Begriff von einem dummen Schwein. Es nützt daher auch nichts, Schweine züchten zu wollen, die möglichst noch mehr Ferkel bekommen.

## 2.2.1. Zuchtmanagement durch Embryotransfer

Die züchterische Bearbeitung von Tierrassen wird schon lange für den Zuchtfortschritt angewandt. Die gezielte Anpaarung von Tieren orientiert sich nach den Zuchtzielen, die da sind: vermehrte Milch bei Kühen; mehr Eier bei Hühnern; Pferde, die belastbarer und schneller sind; oder die optische Veränderung von Hunden und Katzen. Graf Johann XVI. von Oldenburg (1573-1603) etablierte viele Gestüte mit dem einzigen Ziel, Pferde zu züchten, die für seine vielen Kriege geeignet waren. Zuchtziele haben sich im Laufe der Zeit geändert und so sind heute Dressur- oder Springpferde sehr beliebt.[53] Durch Embryotransfer wird erreicht, dass eine besondere Leistungskuh gleich mehrere Nachkommen erzeugt, die von Leihkühen ausgetragen werden. 1890 wurde der erste Embryotransfer bei Hasen vollzogen. Dadurch wurde festgestellt, dass das Muttertier einen genetisch fremden Embryo toleriert und nicht abstößt. 1930 wurde der erste Bovine Embryo isoliert und 1951 fand der erste Embryotransfer bei einer Kuh statt. Die Rinderzucht gewann dadurch enorme Vorteile, weil ein genetisch dominantes Tier auf diese Weise in kurzer Zeit viele Nachkommen erzeugen konnte. Deckkrankheiten wurden ausgeschaltet, Unfruchtbarkeit der Rinder war kein Hindernis mehr, um Hochleistungstiere zu erzeugen. Die Embryonen konnten im- und exportiert werden, man war in der Lage, den Embryo im frühen Stadium zu splitten, um Zwillingstiere zu erhalten. 1983 wurde zum ersten Mal eine In-Vitro-Fertilisation (Reagenzglasbefruchtung) beim Rind durchgeführt. Allerdings stellen die neuen Methoden Ansprüche an das Management. Die Profittauglichkeit muss geprüft werden und speziell geschulte Fachkräfte sind notwendig. Außerdem sollte man sich bewusst sein, dass ein relativ kleiner Genpool schnell dominant wird.[54] Wenn allerdings besondere Merkmale herausselektiert werden, wird damit der Genpool manipuliert. Das heißt, die unterschiedlichen Eigenschaften der Population werden kleiner. In vielen Zuchten ist das Ergebnis Inzucht, weil die genetische Varianz nicht mehr vorhanden ist.

## 2.2.2. Künstliche Befruchtung – eine der größten Errungenschaften

Neben all dem ist die künstliche Besamung nicht mehr aus dem Zuchtgeschäft wegzudenken. Bullensamen, tiefgefroren in flüssigem Stickstoff, erlauben dem Landwirt, jenes Besamungstier herauszusuchen, das ihm am profitabelsten erscheint. Das genetische Potential von Hochleistungsbullen wurde auf diese Weise theoretisch der ganzen Welt zugänglich gemacht. Künstliche Besamung wird als eine der größten Errungenschaften der modernen Biotechnologien angesehen, die der Reproduktion und Gentechnik bei der Rinderzucht am meisten weiterhalfen.

Die erste Insemination führte Spallanzani 1784 bei seiner Hündin durch. Spallanzani war eigentlich Priester, bekam jedoch im Alter von 25 Jahren den Lehrstuhl der Naturwissenschaften an der Universität von Pavia. Die Natur

## 2. Klonen - es geht um die Wurst

kennt die Helfer der künstlichen Befruchtung – Bienen und fliegende Insekten – schon lange; sie spielen bei Pflanzen eine bedeutende Rolle. Die Anwendung auf das Tier ist eine menschliche Erfindung von enormer Auswirkung.

Fortpflanzungsphysiologen, Biotechniker, ein ganzes Heer von Wissenschaftlern galten als Pioniere. Der Wert der Gefrierlagerung, die Brunstsynchronisation, die Embryonengewinnung, das Sexen (Bestimmen des Geschlechts) von Embryos, die Kultivierung und die Embryonenübertragung und schließlich das Klonen von Tieren, wurde entwickelt. Deckkrankheiten wurden kontrollierbar und letztendlich hatte man eine Plattform, um genetische Manipulationen vorzunehmen.[55] Gentechnologie spielt auch für den Nachweis der Abstammung sowie zur Diagnose von Krankheiten eine Rolle. Es gibt sogar Vorschriften für Besamungskontrollen. Unter anderem wird bei Zuchtstieren, die in den künstlichen Besamungseinsatz gelangen, die Abstammung mittels einer DNA-Probe, die aus Haar, Sperma oder Blutproben genommen wird, kontrolliert (Schweizer Braunviehzuchtverband, 2006). Die Kosten für eine künstliche Besamung bei der Kuh hängt vom Samengrundpreis (inklusive Prüfpreis ab 4,90 Euro) ab. Es existieren Embryonen-Börsen von Hochleistungskühen, z.B. aus Bayern. Je nach Rasse variiert der Preis.[56] Zum Vergleich: für normale Freizeitpferde beträgt die Decktaxe 300 bis 800 Euro. In der Pferdezucht werden Samen benutzt, die nicht älter als 48 Stunden sind. Eingefrorene Samen haben sich als untauglich erwiesen. Die künstliche Befruchtung bei Pferden spielte schon 1899 in Russland eine Rolle, weil Militärpferde benötigt wurden.

Nach dem Zweiten Weltkrieg waren Pferde knapp und es war nur bestimmten Zuchtstationen erlaubt, künstliche Befruchtung anzuwenden. Heute ist künstliche Befruchtung ein gängiges Verfahren für alle Nutz- und Haustiere, sowie für Tiere, die vom Aussterben bedroht sind. Die Bevölkerung betrachtete die neuen Zuchtmethoden zuerst recht skeptisch. Man fürchtete, diese Methoden würden zu einem abnormalen Tierbestand führen und die Rinderherden zerstören. Erst Fakten konnten davon überzeugen, dass diese Methoden dem Fortschritt in der Tierzucht förderlich sind.[57]

## 2.3. Frankenfoods, etwas für Madame Tussauds
### 2.3.1. Profil eines Klons

Züchter sehen in der Methode des Klonens eine Möglichkeit, wertvolles genetisches Material zu erhalten. Dolly, das zweite Klonschaf, wurde am 5. Juli 1996 geboren (mündliche Mitteilung von Professor Ian Wilmut bei einem Vortrag in Madison, Wisconsin, USA, 2007). Durch das so genannte «reproduktive Klonen» erzeugt man in vitro ein genetisch identisches Lebewesen.

Als Nuklear-Transfer bezeichnet man die folgende biotechnische Methode: Der haploide Zellkern einer Eizelle, der normalerweise in vivo mit dem haploiden Zellkern einer Samenzelle verschmelzen würde, wird aus der Eizelle entfernt. An seine Stelle tritt der diploide Zellkern einer Körperzelle von dem Tier, das man klonen will.

Bei diesem Verfahren wird die Möglichkeit der Kombinationen, die normalerweise bei der Befruchtung stattfinden, ausgeschaltet. Das Erbmaterial ist damit mit dem des adulten Spendertieres identisch.

Man wartet, bis der Embryo das Acht-Zellenstadium am dritten Tag erreicht, weil hier noch jede Zelle omni- oder totipotent ist. Würde man die Zellen in acht Einzelzellen zerlegen, könnte theoretisch aus jeder ein Embryo entstehen. Das heißt, die Zellen können embryonales und extraembryonales Gewebe bilden. Extraembryonales Gewebe ist die Plazenta. In diesem Acht-

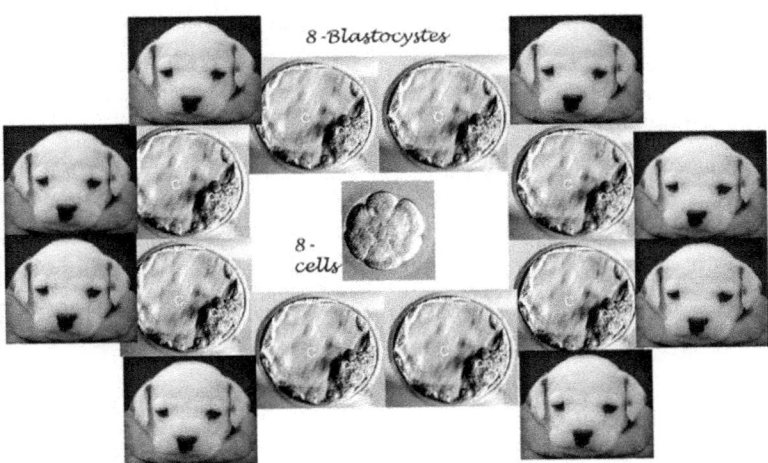

Omnipotenz im Acht-Zellstadium

Zellstadium wird der Embryo in die Gebärmutter des auf eine Trächtigkeit vorbereiteten Muttertieres eingebracht. Die Einnistung in die Gebärmutterschleimhaut hängt von der Tierart ab. Dies ist ein allgemeiner Vorgang, der bei jedem Embryotransfer stattfindet. Der Embryo muss das Blastozystenstadium erreichen, bevor er sich einnisten kann.

Die Blastozyste sieht aus wie ein Siegelring. Die Siegelringstruktur stellt den Embryoblasten dar, welcher sich zum jeweiligen Säugetier entwickelt. Aus der Ringstruktur, dem Trophoblast, bilden sich die Plazenta und die Eihäute. Der Trophoblast dringt in die durch Hormone vorbereitete Uteruswand ein: Zellproliferation, Uterusdrüsenbildung, Gefäßneusprossung sind auf Hochtouren, um die Einnistung des Embryos zu gewährleisten. Beim Menschen oder Primaten würde die Einnistung zwischen dem 7. bis 9,5 Tag erfolgen.[58] Die Trächtigkeitsdauer hängt von der Tierart ab. Ein Gendouble könnte als Ersatz für ein Hochleistungstier herhalten. Spring- und Rennpferde werden, damit sie leichter zu handhaben sind, kastriert. Und so hätte man ein Double für Zuchtzwecke. Am 25.2.2005 wurde der erste Hengst ET Cryozootech Stallion geklont.[59] Allerdings leben Klontiere nicht lange und sie haben sehr viele gesundheitliche Probleme.

## 2.3.2. Trend zum perfekten Schlachttier?

Es wird erwartet, dass bald Nahrungsmittel wie Milch, Eier und Fleischprodukte aus Klontieren produziert werden. Aber wahrscheinlich ist es doch einfacher, auf die natürliche Produktion zurückzugreifen, wenn man sieht, dass 277 Zellklone von Wissenschaftlern des Roslin Institutes bei Edinburgh benutzt werden mussten, um ein einziges Klontier zu erzeugen. Denn nur Dolly ist in dem Leihmutterschaftstier herangereift.

Allerdings soll das Klontier nicht selbst verwertet, sondern nur als Zuchttier gehalten werden. Das würde bedeuten, dass die Vielfalt der Gene, die vorhanden sind, stark eingeschränkt würden und ein ganz kleiner Genpool übrig bliebe. Das Vorhaben, immer bessere Tiere zu züchten, bevorzugt jene, welche die gewünschten Qualitäten aufweisen.

Andere Rassen würden vom Aussterben bedroht sein und man würde die besonderen Merkmale dieser Rasse verlieren. Zum Beispiel: eine nicht so hohe Anfälligkeit für Krankheiten oder eine optimalere Adaption an ein Klima. Dazu kommt, dass Hochleistungstiere arbeits- und kostenintensiver sind. Vorbeugende Maßnahmen zur Betreuung der Herdentiere werden unabdinglich. Spezielle Impfungen, die Behandlung gegen Viren und Parasiten.... und, und, und.

Fremde Menschen dürften den Stall nicht betreten. Durch sie besteht die Gefahr, Keime zu übertragen. Desinfektionsvorrichtungen für das Stallpersonal müssten vorhanden sein. Selbst Weidehaltung dürfte problematisch sein, weil der Kontakt zu Wildtieren besteht und damit die Möglichkeit gegeben wird, dass sich Keime übertragen. In diesem Fall wäre Stallhaltung angebracht. Allerdings müsste dieser Stall dann besondere ionisierende, UV-absondernde Lichtquellen haben, damit der Kalziumhaushalt, der durch Vitamin D und UV-Licht beeinflusst wird, nicht durcheinander kommt.

Gerade bei Milchkühen erlebt man es so oft, dass sie wegen einer Hypokalziämie um die Geburt herum festliegen (d.h. sie sind nicht mehr zum Aufstehen zu bewegen). Die Milch, die sie nun erzeugen, hat ihre Kalziumreserven ausgebeutet.

Freilufthaltung im Milchland Wisconsin, USA

## 2. Klonen - es geht um die Wurst

Auch Hunde und Hofkatzen sind ein Keimreservoir. Jede Ratte, Fliege oder Kakerlake kann zur Bakterienschleuder werden. Selbst der Wind könnte Infektionskrankheiten verbreiten. Vielleicht weiß man in Zukunft gar nicht mehr, ob man sich in einem Kuhstall oder in einem Operationssaal befindet.

Die Anlagen wären nun erfolgreich vererbt, aber damit sie zum Tragen kommen, müsste ein entsprechendes Umfeld vorhanden sein. So wie man einem Pferd Training zukommen lässt, muss z.B. die Kuh, um optimale Leistungen zu vollbringen, bei einer Temperatur zwischen 9° und 29° Celsius gehalten werden.

Sie braucht Klauenpflege – zu lange Klauen bedeuten Stress und beeinflussen die Milchleistung. Sie muss gebürstet werden, bzw. sollten automatisch rotierende Bürsten im Stall vorhanden sein, damit die Tiere etwas Abhilfe gegen Ektoparasiten (Chorioptes-Räude, Psoroptes-Räude, Sarkoptes-Räude und Demodex-Räude) haben. Auch muss ein besser ausgewogenes Futter angeboten werden mit Mineralstoffen, Zusatzstoffen wie z.B. Biertreber, Ölkuchen, Pülpe (der bei der Kartoffelstärke-Fabrikation nach dem Auswaschen der Stärke anfallende Rückstand).

Die Tiere müssen genügend an den Menschen gewöhnt sein, wenn sie nun vielen Prozeduren unterworfen werden. Das heißt, allzu groß dürfte der Viehbestand gar nicht sein. Summa summarum hieße das: viel mehr Arbeit. Für die herkömmliche Haltung in den USA wäre dies das Ende.

Selbst Hochleistungs-Zuchtbullen sehen aus wie Bovine Bodybuilder und das ganz ohne Steroide. Selektive Tierzucht verdeutlicht, wie die Wissenschaft benutzt wird, um die Natur zu kontrollieren. Bei der Selektion geht es im Grunde um die erfolgreiche Manipulation von Bullen-Spermien – eine Wissenschaft, die biotechnologisch Spermienmaschinen herstellt. Es wird durch diese Methode sichergestellt, dass die Gene, die für Muskelwachstum verantwortlich sind, auf die Nachkommen vererbt werden. Extrem-Tierzucht und eine viel zu teure Tierhaltung lassen Muskelprotzbullen, die fast aus «Frankensteins Kabinett» kommen könnten, das Licht der Welt erblicken. In den USA ist die Rede von «Frankenfood» als Anspielung auf geklonte Tierprodukte.

## 2.3.3. Klonfleisch im Debakel der Ethikdebatte

Die US-Behörde für Lebensmittelrecht (FDA) hat keine Bedenken, das Klonen von Tieren für die Lebensmittelproduktion ethisch zu rechtfertigen, und so dürfen Lebensmittel aus geklonten Tieren auf den Markt.

Viele lehnen Produkte aus geklonten Tieren ab, weil man überhaupt keine Erfahrungswerte über mögliche gesundheitliche Schäden besitzt. Solche Tiere unterliegen nicht der Kennzeichnungspflicht, wie es bei uns in Deutschland der Fall ist.

Die Kennzeichnungspflicht gibt z.B. darüber Auskunft, woher das Tier stammt. Viele Verbraucher hatten Monate nach der BSE-Epidemie Bedenken, Rindfleisch aus England zu kaufen, selbst als das Ausfuhrverbot schon lange aufgehoben war. Vielleicht hatte man auch zu viel von verbotenen Umetikettierungen gehört und war sich nicht mal sicher, keinen Etikettenschwindel im Warenkorb zu haben. In Sioux Falls/South Dakota, USA, hat die biotechnologische Firma *Hematech* 2007 verkündet, durch Gentechniken ein geklontes BSE-resistentes Rind erzeugt zu haben, welches keine Prionen besitzt.[60]

Die Europäische Bioethik-Gruppe ist der Meinung, dass gegenwärtig keine überzeugenden Argumente gegeben sind, welche die Herstellung von Nahrungsmitteln aus Klonen und ihren Nachkommen rechtfertigen. Diese Aussage steht im Widerspruch zur Europäischen Behörde für Lebensmittelsicherheit, die den Verzehr von Klonen als unbedenklich einstuft.[61]

Kurz vor der Zulassung für Produkte aus Klontieren durch die US-Gesundheitsbehörde FDA im Januar 2008 lehnten viele Konsumenten die Freigabe ab und forderten weitere Studien. Man fürchtete, dass, sobald tierische Klonprodukte zugelassen würden, es kein Zurück mehr geben würde. Das Milchland der USA, Wisconsin, verzichtet auf den Milchverkauf von geklonten Tieren. Die einzigen, die Klontiere momentan «erzeugen» sind Biotech-Firmen, die preisgekrönte Hochleistungskühe genetisch duplizieren. Die Herstellungskosten pro Tier betragen 20.000 US$.[62]

Allerdings gehen solche hochspezialisierten Firmen schnell bankrott, weil sich keiner für ihre Produkte interessiert. Nicht mal der Bedarf, Hunde oder Katzen zu klonen, schien vorhanden zu sein, was eigentlich nur schwer zu

## 2. Klonen - es geht um die Wurst

**Soll man Hunde klonen?**

verstehen ist, weil Menschen doch so sehr an ihren Tieren hängen.[63]

Seinen geklonten und auf diese Weise ewig lebenden Fifi neben sich zu haben, ist doch etwas Besseres, als ihn jeden Tag auf dem Hundefriedhof zu besuchen.

Eine Meldung vom Januar 2009 sorgte eher für großes Erstaunen. Ein Hundebesitzer aus Kalifornien bezahlte die stolze Summe von 150.000 US$, um seinen sterbenden Hund zu klonen. Eine Tat, die so schnell wohl keiner nachvollziehen kann.

Die einzigen Interessenten am Klonvorgang sind Pharmafirmen, die genetisch identische Tiere erzeugen wollen, damit bestimmte Medikamente oder Organe produziert werden, von denen man meint, man könnte sie in ferner Zukunft Menschen einpflanzen. Klonen ist eine rare biotechnische Nische, dessen limitierender Faktor unter anderem das Kosten-Nutzenverhältnis ist.

Die ewige Debatte der Hormonzugabe zur Mast erregt schon die Gemüter. Die EU verbietet generell hormonale Wachstumsförderer in der Tiermast. In den USA ist die Verwendung synthetischer Hormone gesetzlich erlaubt. Deswegen hat die EU den Import von Hormonfleisch aus den USA seit 1989 verboten.[64] So geht man davon aus, dass Klonen von Milchkühen nicht zur Anwendung kommen wird, weil man deren Produkte nicht verkaufen kann.[65] Die Hormone, die im Fleisch vorhanden sind, spielten schon immer eine Rolle. Selbst noch beim Schlachtvorgang kann es durch zu viel Stress der Tiere zu einer Hormonanreicherung kommen. Tiere, die mit Antibiotika behandelt wurden, welche nicht für Menschen zugelassen sind, damit sich keine Resistenzen bilden, unterliegen für eine gewisse Zeitspanne einem Schlachtverbot.

Hormone sind aber doch fast überall zu finden, selbst im Trinkwasser, neben Nitraten, die durch Überdüngung von Pflanzen über das Grundwasser ins

Trinkwasser gelangen. Die Menschen befürchten, dass ihnen die Nahrung zur Erkrankungsquelle werden könnte.

Genmanipulierte transgene Pflanzen sind den meisten Leuten ein Dorn im Auge. Sonst wären Bioprodukte nicht so stark im Trend. Dass die Gentechnik nun in das Reich der Tiere übergegangen ist, davon möchte man am liebsten gar nichts wissen. Genhühnchenimport aus den USA nach Europa oder der Import von US-Rindfleisch in Süd-Korea in 2008 bewirkten ja fast einen Bürgerkrieg.

Henry Kissinger sagte schon 1970: «*Control oil and you control nations; control food and you control the people.*» (Beherrsche die Energie und du beherrschst die Nationen. Beherrsche die Nahrung und du beherrschst die Menschen.)

Was passiert jedoch, wenn jemand Missstände aufdeckt, wie zum Beispiel beim genmanipulierten Mais, der auf Druck von Regierungen und Agrarkonzernen und deren fraglichen Interessen angebaut wird? So jemand wird einfach verleumdet, er wird als inkompetent hingestellt und verliert seine Stelle. Ohne Versicherungen, Rente und Krankenkasse wird er von heute auf morgen auf die Straße gesetzt, nur weil er für die Wahrheit einstand. Der einzige Trost wäre: «don't worry, ist der Ruf erst ruiniert, lebt sich's gänzlich ungeniert.»

Laut Engdahl werden Nahrungsmittel, die Risikofaktoren für die Gesundheit beinhalten, nicht vom Markt genommen, nicht gekennzeichnet und es werden Tatsachen verschwiegen, damit kein Konflikt entsteht, der den erhofften Profit gefährden könnte.[66]

## 2.3.4. Designerfleisch

Tieren bestimmte Eigenschaften mit traditioneller Züchtung zu übertragen, bleibt eine Herausforderung. Eine Möglichkeit einer gesteuerten Beeinflussung besteht darin, Erbanlagen mittels gentechnischer Methoden gezielt zu verändern. Der so genannte «Gentechnisch Modifizierte Organismus (GMO)» besitzt meist ein arteigenes oder artfremdes Gen, welches in sein Erbgut übertragen wird.

Diese «hightech-Methode» der Abschaltung und gezielten Veränderung eines bestimmten Gens wurde in einem Tierexperiment erstmals im Juli 2000 erfolgreich angewendet. So entstand ein Organismus mit einem genetisch veränderten Material, welches unter natürlichen Bedingungen durch Kreuzen oder natürliche Rekombination nicht vorkommt. Wünschenswerte Eigenschaften im Tier werden so mittels Gentechnik realisiert. Wissenschaftler manipulieren die DNA in einem sehr frühen Stadium der Embryonalentwicklung, damit sie ganz in den neu zu entstehenden Organismus integriert wird. Die Veränderungen im Erbgut weisen auch die Nachkommen des genetisch manipulierten Organismus auf. Transgene Tiere sind in den USA noch nicht in die Lebensmittelkette aufgenommen worden, um verkauft zu werden.

Die Lebensmittel- und Arzneimittelbehörde Amerikas (FDA) war sich damals noch nicht über die Regulierungen des Inverkehrbringens von Produkten mit gentechnisch veränderten Organismen einig. Vorstellbar war, dass in den Supermärkten der USA in wenigen Jahren (was 2015 passierte) Fische wie Zuchtlachse oder Schweinefleisch, die mehr Omega 3-Fettsäuren enthalten, zu finden sein werden, weil diese Produkte letztendlich der Herzgesundheit dienen.

Am 15. Januar 2009 entschied die FDA, solche genetisch veränderten Organismen, die in Lebensmittelfarmen erzeugt wurden, als «animal drugs» (genetisch veränderte tierische Lebensmittel) zu kategorisieren. Das Arzneimittel ist die manipulierte DNA des Tieres. So entstandene Produkte können als Nahrungsmittel oder als Medizin verkauft werden. Die Stallungen, in denen sich derartige Zuchttiere befinden, sollen sich nicht von denen ihrer Artgenossen unterscheiden, die mit Antibiotika oder Hormonen zur Leistungssteigerung behandelt wurden.

Die Nutzung der Gentechnik für viele pflanzliche Lebensmittel, wie zum Beispiel Mais, Sojabohnen, Kartoffeln, Tomaten, und ihre Unbedenklichkeit sowie Freigabe für den menschlichen Konsum ist in den USA seit Jahren gewährleistet. Eine besondere Etikettierung oder Kennzeichnungspflicht für Produkte aus gentechnisch veränderten Pflanzen besteht nicht.

Die Vorteile der Methoden, die auf den Kenntnissen der Molekularbiologie und Genetik aufbauen und so einen gezielten Eingriff in das Erbgut und damit in die biochemischen Steuerungsvorgänge ermöglichen, sind vielversprechend. Der von Wissenschaftlern ausgeklügelte künstliche genetische Code und damit die Neuzusammensetzung von DNA-Sequenzen bedingt eine zielgerichtete Verbesserung des Produkts. Lachse entwickeln sich in freier Natur nur sehr langsam, vor allem wenn es zu kalt ist. Aqua Bounty «designte» eine schnell wachsende, gentechnisch veränderte Lachsart. Ein bestimmtes Wachstumsgen wurde zielgerichtet genau an der Stelle eingeschleust, wo sich vorher das natürliche, langsam wachsende Gen befand. Diese Methode bezeichnet man als «targeted gene insertion». Das biotechnologisch veränderte «Ersatzgen» arbeitet immer, auch wenn es kalt ist. Der auf diesem Wege neu entwickelte «Transgene Fisch» zeichnet sich durch eine sehr schnelle Gewichtszunahme aus.

«Die Vorteile einer solchen Zuchtmethode müssen herausgearbeitet werden», untermauert Siobhan DeLancey, Pressesprecherin der FDA. «Der Verbraucher wird es zu schätzen wissen, dass auf diese Weise gesündere und schneller zu erzeugende Lebensmittel hergestellt werden können. Natürlich bedarf es noch einer umfassenden Aufklärung, um zu beweisen, dass genetisch manipulierte Tiere oder Tierfutter, gewonnen aus GMO, sicher im Verbrauch sind. Das veränderte Erbgut wird unweigerlich an die Nachkommen weitergegeben. Es muss bei solchen Experimenten gewährleistet sein, dass genmanipulierte Tiere nicht in die freie Natur gelangen, damit es zu keiner Vermischung der Populationen kommt», verdeutlichte Siobhan DeLancey.

«Derartige gentechnische Versuche finden natürlich unter Ausschluss der Öffentlichkeit statt. Im wörtlichen Sinne hinter verschlossenen Türen», berichtete Gregory Jaffe. Er ist Anwalt der Verbraucherorganisation am Centrum for Science in the Public Interest, ein Institut, dessen Sitz in Washington DC ist. Jaffe ist überzeugt, dass dieses Verhalten Verbraucher, die mehr Transparenz für neue Methoden in der Lebensmittelherstellung wünschen, eher abschreckt. Siobhan DeLancy (FDA) ist sich jedoch sicher, dass derartig erzeugte Lebensmittel, die zudem noch nahrhafter und gesundheitsbewusster hergestellt werden, das Konsumverhalten eher anregen. «Um diese Ware verkaufbar zu machen, sollte man sie lieber nicht kennzeichnen».[67]

Seit dem 18. April 2004 besteht innerhalb der Europäischen Union Kennzeichnungspflicht für alle gentechnisch veränderten Produkte. Auch dann, wenn die Veränderung im Endprodukt nicht mehr nachweisbar ist.

Ausgenommen von der Kennzeichnungspflicht sind Lebensmittelprodukte von Tieren, die mit genetisch veränderten Pflanzen gefüttert wurden.

In Deutschland wurden 1990 Gesetze zur Regelung der Gentechnik (GenTG) erlassen. Sie gehen einher mit der Gentechnik-Sicherheitsverordnung, welche gentechnische Arbeiten in gentechnischen Anlagen und die Freisetzung von GMOs regeln. Man will damit einen rechtlich-ethischen Rahmen für die Forschung, Entwicklung und Erprobung der Gentechnik bieten. Das Gesetz soll auch Gefahren vorbeugen, die von Gentechniken ausgehen. Somit schützt man Leben und Gesundheit. Allerding wird der Einsatz von genetisch veränderten Organismen am Menschen nicht von dem Gesetz erfasst. In der Medizin werden also rechtlich nur nichtmenschliche Organismen als GMOs angesehen, was ja auch logisch ist. Welcher Patient, der sich einer Gentherapie unterzieht, möchte rein rechtlich für den Rest seines Daseins als GM-Organismus behandelt werden! Komischerweise ist die Definition «Mensch» in diesem Zusammenhang nicht auf den menschlichen Embryo ausgeweitet. Folglich sind auch im allgemeinen keinerlei Bedenken vorhanden, einen am Anfang seiner Entwicklung stehenden Menschen als gentechnisches Versuchsobjekt auszubeuten.

Grasgefütterte Tiere ein Urgeschmack für Gourmets

## Verheißungen der neuesten Biotechnologien

In der heutigen Zeit, in der man viel von Überpopulation und Nahrungsmittelknappheit spricht, ist die effiziente Steigerung der Lebensmittelproduktion unser Hauptanliegen. In den 1950er und 1960er Jahren waren Landwirte darauf fokussiert, einen größtmöglichen Fleischzuwachs und eine Steigerung der Milchmenge pro Tier zu erzielen. Damals waren Futtermittel günstig und Grassweideland stand zur Genüge zur Verfügung. Keiner dachte an tiergerechte leistungssteigernde Futtersorten, vielleicht noch importiert aus fernen Ländern, wie z.B. die Pflanze Tapioka (Kassava), deren Anpflanzungen großflächige Regenwaldabholzungen z. B. in Thailand notwendig machen. In der Futtermittelherstellung ist Tapioka eine wichtige kohlehydratliefernde Komponente.

Betritt man heutzutage einen der großen, boomenden Whole Foods Market (Vollwertkost-Lebensmittelmarkt), ist man erstaunt über die bunte Palette, die Fleischprodukte von Gras gefütterten Rindern anpreisen.

Ein Trend, der sich bald auch in Europa breitmachen wird, da diese Art der landwirtschaftlichen Bewirtschaftung einleuchtend scheint.

Noch erstaunter wird man sein, dass die Tierzucht auf diesem Feld bereits erfolgreich war. Es gibt Mini-Herfords- und Mini-Angus-Herden. Zugegeben, wenn man das erste Mal mit diesen kompakten halben Portionen von Rindern konfrontiert wird, ist es leicht, sich nach Legoland versetzt zu fühlen oder Sympathien für Gullivers Reisen zu entdecken.

Aber «half size minicows» haben durchaus ihre Vorteile, da sie weniger fressen – genaugenommen gerade mal die Hälfte der Portionen, die ihre ausgewachsenen Artgenossen verschlingen. Ihre Fleischausschlachtung kann sich sehen lassen; sie beträgt 50-75% gegenüber den herkömmlichen Riesen. Rippchen und saftige Filets bleiben also weitgehend erhalten.

Bereits im 18. Jahrhundert wurden kleinere Rinderrassen von Europa nach Amerika gebracht. Diese dienten Professor Ron Lemenager vom *Animal Science Institute* der Purdue Universität in West Lafayette, USA, als Ausgangstiere. Mit Hilfe selektierender Zucht schuf er die wohlbekannten weißköpfigen Herefords in Miniausgabe. Sie wiegen 250-350 kg, herkömmliche Mastrinder wiegen 500-700 kg und mehr. Die kleineren Tiere sind durchaus mit einer Grasdiät abgesättigt, was ja auch dem Zuchtzweck entspricht. Bedingt durch ihre kleinere Statur erreichen sie ihr Endgewicht früher und kommen schneller auf den Markt. Damit orientierte sich die Zucht an budgetbewussten Landwirten und versuchte, ihnen eine Alternative zur ineffizienten Fleischproduktion anzubieten.

Jersey-Kühe, eine reine Milchrasse von großer Schönheit, haben weltweit den höchsten Fettgehalt der Milch. Ihre Miniausgabe gibt pro Tag immerhin 8-12 Liter Milch. Vielleicht sind sie als Lilliputs noch bestaunenswerter, denn ihr Besitzer muss vor den Tieren knien, damit er ihr Euter erreichen kann. Trotz dieser Unannehmlichkeiten boomt in den letzten Jahren das Geschäft mit solchen Herden. Das Landwirtschaftsministerium der USA berichtet von steigenden Zahlen: 2002 waren 580.000 Betriebe gemeldet, 2007 gab es bereits 700.0000 registrierte Miniherden.[68]

Es scheint die ganze Genmanipulation vergessen; moderne Biotechnologien fallen unter den Tisch, wenn es um ökonomische Fragen geht. Gras als Futter für unsere Milchlieferanten bleibt nach wie vor die beste Menüwahl. Entpuppt sich der vermeintliche Fortschritt letztendlich als ein Rückschritt? Nach langen, aufwendigen Experimenten und unüberlegten Eingriffen in die Natur wie bei BSE scheint uns das wieder ins Gedächtnis zu rücken.

Die Analyse dieses Unterfangens könnte nicht treffender charakterisiert werden als mit den Worten, die Konrad Adenauer benutzte: «Dem lieben Gott ist bei der Schöpfung ein Fehler unterlaufen: Er hat zwar der Intelligenz Grenzen gesetzt, aber der Dummheit nicht.»

Dennoch, ein Beispiel für einen Fortschritt, der zum Rückschritt wurde, sehen wir in Beefalos. Es sind fertile Nachkommen einer Kreuzung, die prozentual aus 3/8 Bisons und 5/8 domestizierter Hausrinder bestehen. In der Tierzucht finden wir gewöhnlich Bisons als Muttertiere. Das Zuchtziel besteht darin, den Charakteren beider Rassen für die Rindfleischproduktion zu nutzen. Phänotypisch ähnelt der Beefalo dem Aussehen eines Rindes. Wenn das Tier mehr als 37,5% Bison-Gene in sich trägt, nennt man die Nachkommen *bison hybrids*.

Bereits 1749 hatte man während der Kolonialisierung der amerikanischen Südstaaten eine eher zufällige Kreuzung beider Tierarten entdeckt, welche man Mitte des 19. Jahrhunderts absichtlich weiterführte.

Nachdem 1886 tausende von Rindern während eines Blizzards verendeten, hatte Charles «Buffalo» Jones, ein Mitbegründer der im U.S.-Staat Kansas

## Verheißungen der neuesten Biotechnologien

liegenden Garden City, daran gearbeitet, Rinder und Bisons auf seiner nahe des Grand-Canyon-National-Parks liegenden Farm zu züchten. Er hoffte, die Tiere würden besser die kalten Winter überleben.

Die kanadische Regierung führte die Versuche nach dem Tot von Charles in 1914 weiter. Der unansehnliche Erfolg lag 1936 bei 30 Tieren. Damals hatte man als männliches Tier das nordamerikanische Wildrind gewählt. Sobald man die sich zu deckenden Tierarten vertauschte, hatte man Erfolg mit den neu entstandenen Cattalos. Allerdings waren die männlichen Nachkommen nicht sehr fruchtbar. Um mit der Zucht voranzukommen, brauchte man nun eine weibliche Büffelherde, die keineswegs domestiziert und schwer zu bändigen war.

Jim Brunett in Montana konnte 1965 männliche Nachkommen züchten, die uneingeschränkt fortpflanzungsfähig waren. Der Züchtung von Beefalos stand nichts mehr im Weg. Beefalos wurden ab 1970 in Kalifornien gezüchtet. Sie waren ideal, weil sie die Fleischqualität eines Bisons hatten und trotzdem Milch gaben.

Unglücklicherweise sind einige der Tiere ausgebrochen. Heute gibt es eine wilde Herde von etwa 600 Beefalos an der Nordseite des Grand-Canyons, die zunehmend zum Problem wird. Sie verschwendet nicht nur die wichtigen Wasserressourcen des Colorado Rivers, sondern vertreibet mit ihrem äußerst aggressiven Verhalten die Touristen und ansässigen Indianer.[69]

Der 2333 km lange Colorado ist der größte und wichtigste Fluss in Nordamerikas Südwesten. Das Wasserregime seines Einzugsgebietes von 635.000 km² ist für die Landwirtschaft, Trinkwasser- und Elektrizitätsversorgung im Südwesten der USA und Teilen von Kalifornien verantwortlich. Oberhalb seines Mündungsbereiches wird nicht nur sehr viel Wasser entnommen, es verdunstet zudem im Wüstenklima oder versickert letztendlich im sandigen Boden. Letztendlich erreicht es unterirdisch den Golf von Kalifornien. Eine Herde von Beefalos kann der Landwirtschaft zu schaffen machen, die zudem durch mehrmonatige Trockenheit und hohen Temperaturen sowieso schon Umsatzeinbußen davontragen.

# 3. GENETISCH MANIPULIERTE ORGANISMEN

## 3.1. Verstümmelung des Bauplans (Blueprint) unserer Pflanzen für den guten Zweck

Ziel der gentechnischen Veränderung ist die Übertragung von Genen zwischen verschiedenen Arten, um so Tieren und Pflanzen bestimmte Eigenschaften zu vermitteln, die mit traditioneller Züchtung nicht zu erreichen sind.

Man stelle sich ein Hühnchen vor, in dem nur die Eigenschaften vorhanden sind, die man braucht, damit es sich optimal vermarkten lässt. Unsere landläufig eingeprägten Charakteristiken eines Huhnes sind alle verschwunden. Es besitzt keine Federn, keine Flügel, die Ständer sind nicht mehr vorhanden und auch die Skelettformation ist dahin. Ob es gackern kann, weiß auch keiner mehr so recht. Sein Dasein ist letztendlich nur durch seine Struktur, das heißt möglichst viel Muskelfleisch, gerechtfertigt. Eine Schöpfung, zusammengebastelt aus Genen und nur entstanden aus Profitgier.

Derweil hat der wirkliche Schöpfer ganz andere Gedanken im Kopf gehabt, als er ein Huhn und einen Hahn schuf. Aber einen Hahn zum Wecken brauchen wir schon lange nicht mehr, denn wir haben ja die Smartwatch, welche selbst unsere Schlafphase aufzeichnet. Und Landeier bergen nur die Gefahr von Salmonellen – von Federbetten, die Allergien auslösen, ganz zu schweigen. Auf die sehr wohlgemeinte Schöpfung, darauf können wir, da wir uns ja jetzt selber das Wissen um die Biogenetik angeeignet haben, getrost verzichten. Man muss nur die profitbringendsten Gene kombinieren, egal ob

## Verheißungen der neuesten Biotechnologien

bei Tier oder Pflanze.

Der Zweck der Genmaiszucht liegt in seiner Resistenz gegen den Maiszünsler. Denn bei einem Befall durch diesen Parasiten geht das Pflanzenwachstum zurück, die Korngröße schrumpft und es kommt zu Ernteverlusten. In den Bt-Mais ist ein Gen des Bacillus thuringiensis eingeschleust worden. Durch diese gentechnische Veränderung sollen die braungelben Larven des Maiszünslers bekämpft werden, die in den USA und Europa Maisfelder großflächig schädigen.

Genmais der ersten Generation ist seit 1995 auf dem Markt. 2009 besetzte Genmais weltweit eine Anbaufläche von 114 Millionen Hektar. Die weltweiten Anbauflächen von Bt-Mais und Bt-Baumwolle belaufen sich auf 162 Millionen Hektar. Hauptanbaugebiete sind zurzeit die USA, Argentinien, Kanada, Brasilien, China und Südafrika. In den USA werden auf 60 Millionen Hektar genmanipulierte Pflanzen (Genetically Engineered Crops) angebaut. Hierzu gehören insektenresistente Bt-Sorten, herbizidtolerante HT-Sorten und die «Stacked gene varieties», die sowohl eine Insektenresistenz als auch eine Herbizidtoleranz aufweisen. 2009 waren bereits mehr als 100 Patente auf verschiedene gentechnische Varianten der manipulierten Pflanzen angemeldet worden. In den USA wurde bereits damals argumentiert, dass die US-Farmer jährlich 20.000 Tonnen Pflanzenschutzmittel beim Anbau von gentechnisch verändertem Mais, Soja, Raps und Baumwolle sparen. Es wird allerdings berichtet, dass zumindest in zwei Baumwollanbaugebieten der USA, in Mississippi und Arkansas, die Empfindlichkeit des Baumwollkapselbohrers gegen das Bt-Toxin abnimmt und erste Resistenzen auftreten. Auch bei anderen Genpflanzen müssen wieder Insektizide eingesetzt werden, weil Schädlinge resistent werden.

Unerwarteten genetischen Effekten, die beim Anbau dieser neuen genmanipulierten Pflanzen auftreten können, wurde keine besondere Bedeutung beigemessen, da man vermutete, dass die gleichen Effekte auch bei normaler Hybridzucht vorhanden wären. So wurden die GMO-Sorten nicht besonders gekennzeichnet und Toxizitätsstudien, die normalerweise beim Einsatz von Pestiziden vorgenommen werden müssen, fanden weder damals noch 2020 kaum statt.

### 3. Genetisch Manipulierte Organismen

**Genmais-Sortenprüfung im Mittleren Westen der USA**

Nach wie vor herrscht eine große Unkenntnis über mögliche Auswirkungen, die GE-Mais (Resistenz gegen Insekten und Herbizide, deutlich weniger Pilzgifte), GE-Reis (Provitamin A-, Eisen-Anreicherung), GE-Sojabohnen (Herbizidtoleranz/Insekten-Toxine, modifiziertes Öl), GE-Raps (Herbizidtoleranz, Vitamin E-Anreicherung), GE-Zuckerrüben (Herbizidtoleranz), GE-Flachs (Herbizidtoleranz), GE-Baumwolle (Insekten-Gifte, Herbizidtoleranz), GE-Tomaten (Insekten-Gifte, Beta-Karotin-, Lykopen-Anreicherung, modifizierte Fruchtreife) GE-Kartoffeln (Insekten-Gifte) GE-Kürbisse (Virus-Resistenz), GE-Papaya (Virus-Resistenz), GE-koffeinfreie Kaffeebohnen u.a.m. auf die Gesundheit des Konsumenten haben. Die gentechnische Pflanzen-Innovation schädigt gemäß einiger Studien nicht nur das Bodenleben (Bt-Toxin-Anreicherung in Pflanzen und Böden, Nitratanreicherung im Grundwasser wegen notwendiger höherer Stickstoffdüngung, erhöhter Wasserverbrauch) und beinahe alle Insektenarten (Bienen), sondern auch Säugetiere. Es ist z.B. nicht geklärt, warum in 2021 so viele Seekühe in Florida starben.[70]

In Deutschland und in den USA wird immer häufiger über ein mysteriöses Bienensterben berichtet. Fast 70% der Bienenpopulation wurden vernichtet. Wissenschaftler sprechen von einer Colony Collapse Disorder, die einer Katastrophe gleichkommt, da die Bienen zum Bestäuben der Pflanzen benötigt werden. Fraglich ist nach wie vor, welche Ursache zum Tod der Insekten führt, weil so etwas noch nie vorgekommen ist. Es wird vermutet, dass genetisch manipulierte, insektenresistente Pflanzen damit etwas zu tun haben.[71] Das Verwaltungsgericht Augsburg verurteilte 2007 einen Imker dazu, seinen ganzen Jahres-Honig-Ertrag auf der Müllanlage zu entsorgen, da der Honig Blütenpollen des gentechnisch veränderten Mais MON 810 enthielt und so nicht verkehrsfähig war. Genetisch verunreinigter Honig ist nicht für den Verzehr geeignet. Blütenpollen von Bt-Mais sind nicht als Lebensmittel zugelassen.[72]

Bei transgenen Maissorten besteht die Gefahr der Vermischung des Genmaterials mit anderen konventionellen Maissorten, die dann nicht mehr als gentechnikfrei verkauft werden können. Berichte über die Gefährdung der Artenvielfalt (Biodiversität), Kontamination des Ökosystems durch horizontalen Gentransfer sowie gravierende Auswirkungen auf die tierische und menschliche Gesundheit (vermehrte Antibiotikaresistenzen, neurologische, respiratorische, gastrointestinale und hämatologische Erkrankungen sowie Geburtsfehler bei Menschen und Säugetieren) liegen bereits vor.

In Frankreich, Österreich, Polen, Griechenland und Ungarn ist der Anbau der Genmais-Sorte MON 810 verboten, weil er eine Gefahr für die Umwelt darstellt. 2008 wurde in Deutschland auf 4.000 Hektar Genmais angebaut. In Deutschland lehnen große Teile der Bevölkerung die so genannte «Grüne Gentechnik» ab. In Europa unterliegt der Anbau von genveränderten Pflanzen strengen Auflagen.

Mehrere Studien des Forschungszentrums für Umweltwissenschaften in Peking zeigen, dass Reis und Reisprodukte wie Reiskleie, die in Bioläden verkauft werden, extrem hohe krebsverursachende Mengen von Arsen (400 Mikrogramm pro Kilogramm) enthalten. Reispflanzen nehmen vor allem beim Nassreisanbau das von Mikroorganismen freigesetzte Arsen auf.

Bei genetisch veränderten Reispflanzen wird versucht, ein Bakterien-Enzym einzuschleusen, das das anorganische Arsen in eine flüchtige Verbindung umbauen soll. Diesbezügliche Feldversuche haben in China begonnen. Für drei Milliarden Menschen ist Reis das Grundnahrungsmittel.[73]

Neben Weizen und Reis gehört Mais zu den wichtigsten Nahrungsmitteln der Welt. Aus Mittelamerika wurde am Ende des 15. Jahrhunderts die erste

## 3. Genetisch Manipulierte Organismen

Maispflanze (Zea mays) nach Europa eingeführt. Mais enthält wichtige Mengen an Stärke, Eiweiß und Öl. Aus Mais werden zum Beispiel aus ganzen Körnern Popcorn, aus Maisgrieß Cornflakes oder aus Maismehl Backwaren hergestellt. In Entwicklungsländern wird Maismehl häufig zur Herstellung von Brot, Fladen und Teig verwendet. Der größte Teil des geernteten Maises wird als Tierfutter genutzt. Der andere Teil der Maisernte wird in seine Bestandteile Stärkebrei, Maiskeime, Eiweiß und Fasern aufgeteilt. Mit den Maiskeimen wird Maiskeimöl hergestellt. Teile des Eiweißes werden für die Maismehlproduktion verwendet. Der Rest und die Fasern dienen als Tierfutter.

"Euer himmlischer Vater nährt sie", Mt 6,26

Eine große Rolle spielt die Maisstärke. Neben Kartoffeln und Weizen gehört Mais zu den wichtigsten stärkeliefernden Pflanzen. Die Stärkeindustrie verwendet Maisstärke für die Lebensmittelherstellung, aber auch für die Papier-, Chemie- und Kosmetikindustrie. Neuerdings wird auf riesigen Ackerflächen der USA vor allem Körnermais zur Herstellung von staatlich subventioniertem Bioethanol angebaut. Laut Schätzungen der Weltbank sind 30-70% der gegenwärtigen Preissteigerungen für Nahrungsmittel auf den verstärkten Anbau und die Verwendung von Pflanzen zur Herstellung von Bioethanol (Kraftstoffen) zurückzuführen.

Rund ein Drittel der gesamten Maisernte in den USA enthält per Gentransfer eingeschleuste Bt-Toxine mit dem bakteriellen Insektengift Cry9c. Schon 2007 wurden Menschen als Versuchskaninchen für neue, total ungetestete und höchstwahrscheinlich gesundheitsgefährdende Produkte aus Genmais

## Verheißungen der neuesten Biotechnologien

und aus anderen genmanipulierten Pflanzen hergestellten Nahrungsmittel missbraucht. Gentechnisch veränderte Lebensmittel bergen französischen Wissenschaftlern zufolge Gesundheitsrisiken. Bei Fütterungsversuchen von Ratten mit einer mittlerweile zugelassenen genetisch manipulierten Gen-Mais-Sorte wurden Veränderungen in Niere und Leber festgestellt. Man fordert vermehrte Versuche, die gesundheitlichen Konsequenzen aufzudecken, auch bei anderen Säugetieren.[74]

Durch den Balkankrieg in den 1990er Jahren sind vermutlich sehr gefährliche Mais-Schädlinge nach Frankreich und Italien eingeschleppt worden. Mit dem Schädling Diabrotica virgifera virgifera will man nicht einmal im Labor arbeiten, weil keine chemischen Mittel bekannt sind, die ihn ausrotten können. Die US-Amerikanische Agrarfirma *Monsanto* (Juni 2018 von Bayer gekauft) versucht, diesen Schädling mit Hilfe einer gentechnisch veränderten Maissorte zu bekämpfen (MON 863 GM). Studien, die über eine Wirkung auf die Gesundheit von Menschen und Tieren aufklären sollen, wurden von der Firma zwar durchgeführt, sind aber sehr zweifelhaft, weil der Zugang zu den Studien nicht gewährleistet wurde und sie zu Gunsten des Agrargeschäftes ausgefallen sind.

Die Öffentlichkeit ist dadurch sehr verunsichert, denn wie will man den Vorteil von moderner Biotechnologie plausibel machen, wenn keine klaren Ergebnisse auf dem Tisch liegen. Man erwartet schließlich, dass die Menschen, ob jung oder alt, von der Gefahrlosigkeit des Verzehrs überzeugt sind. Man verlangt, dass zumindest die neunzigtägigen Experimente mit Ratten unter den Augen unabhängiger Wissenschaftler wiederholt werden.[75] Dies ist wohl der einzige Fall, in dem Greenpeace Tierversuchen zustimmt. Allerdings fordert Greenpeace auch einen Stopp der Zulassung und des Anbaus von Gen-Pflanzen in der gesamten Europäischen Union. Seit dem Jahr 2000 ist in den EU-Staaten die Kennzeichnung genmanipulierter Lebensmittel Pflicht. Allerdings können nur extrem aufwendige Analysen von importierten Nahrungsmitteln aus Staaten, in denen die grüne Gentechnik erlaubt ist, garantieren, dass diese EU-Bestimmungen eingehalten werden.

Wenn der Mensch aus Profitgier und mit Unkenntnis behaftet, einseitig in ein sehr diffizil aufeinander abgestimmte Ökosystem eingreift und dieses manipuliert, ist es offensichtlich, dass dies nicht ohne Folgen bleiben kann. Was mag jedoch passieren, wenn der momentane Erfolg dazu führt, dass die umstrittenen genetisch veränderten Futterpflanzen eine Monopolstellung erhalten, so dass andere Tiernahrung nicht mehr zur Verfügung steht? 2008 prophezeite Engdahl, dass schon bald rätselhafte Krankheiten für Mensch und Tier auftreten werden. «Tiere werden viel eher sterben, haben schwerwiegende Infektionen und einige können nicht laufen».[76]

Vielleicht ist die Vermutung von Engdahl nicht an den Haaren herbeigezogen, denn Anfang des 21 Jahrhunderts ist eine mysteriöses Kälbersterben in Bayern verzeichnet worden. Die Jungtiere verbluteten einfach. Wissenschaftler tappten total im Dunkeln über die Ursachen des Kälberblutens. Bis März 2009 sind nach Angaben des Bayerischen Landesamtes für Gesundheit (LGL) 110 Fälle bekannt gewesen. Es wurde jedoch mit einer viel höheren Dunkelziffer gerechnet, weil die rätselhafte Krankheit nicht meldepflichtig war und keine Infektiosität nachweisbar war. Bereits im Frühjahr 2007 waren erste Fälle aufgetreten.

«Das Blut tritt oft nach Einziehen der Ohrmarken aus, mit denen die Tiere kurz nach der Geburt markiert werden. Es kommt zu einem unstillbaren Nachbluten und die Tiere verenden innerhalb von Stunden, ohne dass man ihnen helfen kann. Betroffene Tiere bluten an verschiedenen Körperstellen, zum Teil aus unversehrt erscheinender Haut», sagt Professor Klee von der Klinik für Wiederkäuer der Universität München in Oberschleißheim. Blutungen in den Schleimhäuten hat er beobachtet. Sogar unter der weißen Augenhaut sammelt sich das Blut. Aus kleinsten Verletzungen sickert es rot. Die Tiere fiebern und gehen alsbald zugrunde. Manche Tiere bluten auch aus Körperöffnungen und in ihre Eingeweide. «Es ist, als würden die Tiere Blut schwitzen», beschreibt ein Bauer die Symptome der Krankheit.

Tiermediziner suchen verzweifelt nach den Ursachen oder irgend einer Behandlungsmethode. «Eine Infektion mit einem bekannten Erreger kann derzeit ausgeschlossen werden», sagt der Chef-Virologe Mathias Büttner vom LGL (Bayerisches Landesamt für Gesundheit und Lebensmittelsicherheit). Bislang war die Fahndung nach Viren oder Bakterien erfolglos. Gegen eine Infektionskrankheit spricht auch, dass es keinen Hinweis auf eine Übertragung zwischen Kälbern gibt. Das Knochenmark der Tiere, in dem normalerweise Blutzellen und Gerinnungsfaktoren gebildet werden, sei «komplett leer» gewesen, sagt Büttner. Die Experten rätseln, ob nicht eventuell die erste Muttermilch, das so genannte Kolostrum, einen Antikörper enthält, der sich gegen das Knochenmark der Kälber richtet.

Vielleicht könnte ein Impfstoff oder ein Medikament die Muttertiere, die ein sehr empfindliches genetisches Erbgut besitzen, dazu bringen, Abwehrstoffe zu bilden.

Die Krankheit verlangt dringend nach Aufklärung. Doch kaum einen wundert die Meinung von Öko-Bauern! Sie äußern die Vermutung, die Krankheit könnte durch gentechnisch verändertes Soja-Schrot im Tierfutter ausgelöst worden sein. Auch im Internet wird die Hypothese diskutiert, dass gegen Fraßinsekten resistent gemachtes Mais-Futter eine Immunreaktion beim Muttertier hervorruft. Demzufolge produziert die Kuh daraufhin Abwehrstoffe, welche das Knochenmark der Kälber zerstören.

Die Landwirte sind zutiefst verunsichert. Internet-Portale wie das «Bäuerinnentreff» werden mehr denn je besucht. Aus ihnen kann man Theorien vernehmen wie: «Jahrzehntelange tierquälerische Hochzüchterei zahlt sich nun aus.» Da die Bauern kaum Hoffnung haben, dass Wissenschaftler dem Rätsel der Krankheit auf die Spur kommen und das Schicksal ihrer Tiere ihnen doch sehr am Herzen liegt, riefen sie zu einer «Bauernwallfahrt» zur Schwarzen Madonna von Altötting auf. «Heilige Maria, hilf uns in unserer großen Not», hallte es über den Kapellenplatz. 600 Bauern bitten für ihre «Blut weinenden Kälber», wie sie die Krankheit bezeichnen. «Da offenbar von keiner weltlichen Stelle irgend eine Hilfe zu erwarten ist, wollen wir mit dieser Wallfahrt bei Maria, der Schutzpatronin Bayerns, um Schutz und Hilfe bitten», heißt es in der Einladung.[77]

## 3.2. GMO, das Manna der Moderne

Gibt es wirklich keinen anderen Ausweg aus der gegenwärtigen Nahrungsmittelkrise, als genetisch veränderte Pflanzen anzubauen? Mais ist eine der wichtigsten Nahrungs- und Futterpflanzen. Pflanzenkrankheiten und Schädlinge verursachen jedes Jahr enorme Ernteschäden. Man bringt sogar das Bienensterben mit einem Pflanzenschutzmittel in Verbindung, das zur gleichen Zeit auf den Mais oder Raps aufgebracht wurde und durch Pollen auf andere in Blüte stehende Pflanzen übertragen wurde. GMO-Pflanzen produzieren ihr Bt-Gift in den Pollen. Insekten sterben daran, wenn sie diese fressen, da die Pollen meistens auf den Blättern landen. Das Ziel ist, die Insekten zu schwächen, damit sie keinen weiteren Schaden anrichten können.

Allerdings können auch andere Insekten an dem Gift sterben. Langzeiteffekte und die Kumulation im Insektenorganismus sind noch nicht erforscht. Der Pollenflug ist zwar hauptsächlich auf das Maisfeld konzentriert, aber Pollenflug und Niedrigkonzentrationen sowie chronische Effekte des Bt-Giftes erfassen alle Insekten, auch die im weiteren Umfeld. Das Bt-Gift kann so vernichtende Auswirkungen auf viele Insektenpopulationen haben. Bienen und Hummeln, die als Blütenbestäuber unabdinglich sind, würden so unweigerlich ausgerottet werden.[78] Auf den Verlust der Imker, den diese durch das Bienensterben haben, wird zunehmend aufmerksam gemacht. Gesunde Bienenpopulationen garantieren letztendlich eine gute Ernte, so dass Bt-Toxine und andere Insektizide, wie z.B. Clothianidin, nicht dazu beitragen sollten, sie auszurotten.[79]

Seit 1980 wird beobachtet, dass Bt-Toxine Resistenzen in Insekten fördern. Damit müssen mehr chemische Insektenschutzmittel eingesetzt werden. Unter dem selektiven Druck, dem die Insekten ausgesetzt sind, erhöhen sie sogar ihre Resistenzfaktoren. Larven, die nie mit dem Gift in Berührung kamen, wiesen einen enorm erhöhten Resistenzspiegel auf. Selbst in der 15. Generation war die Resistenz 170 Mal größer als die der Kontrollgruppen.[80]

Bei all diesen Werten muss bedacht werden, dass die molekulare Biologie und Gentechnik immer noch in ihren Kinderschuhen stecken. Um die wirklichen Gefahren, die von Pflanzen ausgehen, in welche Gene eingeschleust wurden, die Insektizide herstellen, weiß momentan kein Mensch. Zumindest verändert sich durch Wind und die Insekten selbst die Lokalität des Toxins ständig. So konnte man in verwandten Wildpopulationen von Pflanzen und Insekten dramatische Veränderungen feststellen. Man entdeckte ein supergroßes Unkraut. Andere Insekten bildeten Resistenzen. Nicht selten entstehen beim Kontakt mit dem Menschen heftige Abwehrreaktionen. Den Bodenorganismen wird durch das Genprodukt geschadet. Man beobachtet vermehrt allergische Reaktionen und Vergiftungen bei Säugetieren.

Sekundär geschädigte Tiere sind Vögel oder Reptilien bzw. Fische. Zuletzt nimmt auch noch die Anfälligkeit für Krankheiten bei Pflanzen zu. Selbst die Agrarpflanzen verhalten sich andersartig und all das ist erst der Beginn der Gentechnologie.[81]

Steinbrecher folgert in einem Kapitel in dem Buch «Redesigning life», dass uns Gentechnologie für die Nahrungsmittelversorgung nicht weiterhilft. Im Gegenteil, den Anbau von Monokulturpflanzen kann man nicht als Fortschritt betrachten. Echter Fortschritt kann nur erzielt werden, wenn wir wissen, was wir tun, und dieses Wissen auch im Umgang mit der Natur anwenden.[82]

Bei der konventionellen Züchtung von Hybridmaissorten hatte man vor allem einen hohen Ertrag angestrebt und dabei den natürlichen Abwehrmechanismus gegen Schädlinge zurückgestellt.

GMO's der Goldstandard

Die Pflanze hatte einen natürlichen Schutzstoff gegen einen Hauptschädling, die Schmetterlingsraupe, der durch die Sortenzucht verlorengegangen ist. Die Resistenz gegen Schmetterlingsraupen ist genetisch zwar noch vorhanden, aber nur bei Jungpflanzen, und so verlieren ältere Maispflanzen ihre Standfestigkeit im Laufe der Reife. Wissenschaftlern unter der Leitung von Professor Gierl vom Institut für Genetik des Wissenschaftszentrums Weihenstephan ist es nun gelungen, dass die Pflanze ihren natürlichen Schutzstoff, das Benzoxazinoid DIMBOA länger herstellt. Somit will man sich den natürlichen Abwehrmechanismus zunutze machen, ohne dass toxische Abbauprodukte im Tier selbst bzw. im Konsumenten von Tierprodukten erzeugt werden. Ein Hindernis ist nur noch, dass die Maissorten, deren natürlicher Abwehrmechanismus hoch ist, nicht so ertragreich sind. So will man beide Merkmale kreuzen und, da man genau weiß, auf welchen Genen die Merkmalsträger sind, dürfte deren Rekombination nicht allzulange dauern. Man bezeichnet diese neue Art von eigentlich selektiver Züchtung als «smart breeding».

Forscher des US-Nahrungsmittelkonzerns Simplot verwenden bei gentechnischen Veränderungen ausschließlich arteigene Gene. Im Gegensatz zu den bisherigen transgenen Varianten mit eingeschleusten artfremden Genen aus Bakterien oder sogar Fischen, bezeichnen sie die neuartigen Pflanzen als «cisgen». Bei cisgenen Pflanzen werden nur Gene aus der Pflanze selbst oder aus verwandten Pflanzen übertragen. Cisgene Kartoffeln werden z.B. so verändert, dass sie kein Asparagin mehr bilden. Pommes frites, die daraus hergestellt werden, enthalten kein als krebserregend verdächtigtes Acrylamid mehr, das sich bei Hitze aus dem Eiweißbaustein Asparagin bildet.

Im Agrarforschungszentrum Wageningen in Holland und an der Technischen Hochschule in Zürich arbeiten Forscher daran, mit der neuen cisgenetischen Methode Apfelbäume resistent gegen Apfelschorf zu machen. Mit der schorf-resistenten Apfelsorte könnten rund acht Spritzgänge pro Jahr mit Kupferlösungen eingespart werden. Kupferlösungen wirken wie Fungizide, können sich aber auch im Boden als Schwermetalle gesundheitsschädigend anreichern.

Mit Hilfe der Cisgenetik, so hoffen die beteiligten Forscher, könnten die Risiken der umstrittenen grünen Gentechnik ausgeschaltet werden. Umweltschutzorganisationen fordern allerdings, dass für cisgene Pflanzen die gleichen Sicherheitsregeln gelten sollten wie für transgene Pflanzen, denn Cisgenetik und Transgenetik unterscheiden sich nicht in der Technik. Künstlich übertragene Gene können je nach ihrer Position in der DNA auch das Verhalten cisgener Pflanzen in unvorhersehbarer Weise verändern.

Können Wissenschaftler es sich erlauben, die Umwelt zu verändern, indem sie diese letztendlich zerstören? Die Geschichte gibt uns Beispiele dafür, wie biotechnologische Errungenschaften Pate standen, um die Natur zu unseren Gunsten zu verbessern. In Trockengebieten der ehemaligen Sowjetunion, in Zentralasien, wollte man die Baumwollproduktion durch übermäßige Bewässerung steigern. Diese Maßnahmen führten zu einer totalen Versalzung der Böden und schadeten so in unvorstellbarem Ausmaß Menschen, Pflanzen und Tieren.[83]

## 3.3. Die «Gesundheit» der Umwelt

Biogenetische Forschung bietet uns enorme Möglichkeiten bezüglich genetischer Manipulation von Pflanzen, Tieren und Menschen. Trotz allem kann sie uns, unverantwortlich und skrupellos eingesetzt, auch zerstören, wenn fundamentale ethische Normen missachtet werden. Der britische Thronfolger Prinz Charles hat im «Daily Telegraph» vom 13. August 2008 vor der durch genmanipulierte Lebensmittel verursachten größten Umweltkatastrophe aller Zeiten gewarnt. Mit dem Anbau genetisch veränderter Pflanzen sei ein gigantisches Experiment mit der Natur und der gesamten Menschheit gestartet worden, das bereits damals z.B. in Nordindien und Westaustralien den Wasserhaushalt stark gefährde.

Die «Cornwall Deklaration» ist eine Erklärung, die darüber Aufschluss gibt, dass der Mensch Verwalter der Schöpfung und damit der Umwelt im Allgemeinen ist. Die interreligiöse Vereinigung von Juden und Christen beruft sich auf die religiöse Tradition und möchte zur Klärung der moralischen Verantwortung des Umweltschutzes beitragen.[84] Grundlagenforschung, Wissenschaft und moderne Technologien sollen und müssen auch weiterhin der Menschheit dienen, sie sind par excellence Ausdruck der menschlichen Herrschaft über die Natur. Man kann jedoch nicht den Anspruch erheben, dass durch die Forschung alle Fragen der Menschheit zu lösen seien. Es zeigt sich, dass wir von unseren Ressourcen abhängig sind. Es wäre also angebracht, ökologische Aspekte in unser Handeln einzubeziehen.

Die Würde des einzelnen Angestellten hat Vorrang vor dem Produktinteresse. Das Leben der Mitmenschen muss respektiert werden. Durch Umweltverschmutzung darf es nicht in Mitleidenschaft gezogen werden. Ein verantwortungsvoller Gebrauch im Umgang mit den Ressourcen, der über Ländergrenzen hinweg gilt, sollte Vorrang haben. In der Natur sehen wir eine Ordnung, eine Harmonie, eine Regelmäßigkeit, einen Kreislauf, den wir leider in Unkenntnis der Folgen durchbrochen haben und immer wieder durchbrechen. Einseitiger Eingriff und die Ausbeutung des Ökosystems, ohne auf die Zusammenhänge zu achten, hat die Konsequenz, dass andere Naturkreisläufe in Mitleidenschaft gezogen werden.

## 3. Genetisch Manipulierte Organismen

Letztendlich leiden am meisten unsere Nachfahren unter unserem unverantwortlichen Handeln, wenn dadurch ein irreversibler Schaden angerichtet wird. Wir haben eine moralische Verantwortung gegenüber einer delikaten Umwelt. Unkontrollierte Zerstörung von Böden, Pflanzen, Tieren oder rücksichtslose Ausbeutung der Natur kann nicht im Namen des Fortschrittes geschehen oder als zum Wohle der Menschheit dienlich gerechtfertigt werden.[85]

**Waldbrand wütet in Kalifornien**

Das letzte Jahrtausend brachte unvorstellbaren Wohlstand und verbesserte die Lebenserwartungen. Es ist erstrebenswert, diese Errungenschaften allen Bewohnern der Erde zukommen zu lassen. Leider sind jedoch viele besorgt, dass Freiheit, Wissenschaft und Technologie eher der Natur und der Menschheit schaden. Das unausgesprochene Dilemma besteht darin, dass der Mensch meint, er müsse die Natur kontrollieren, um seine Lebensqualität zu verbessern; dadurch besteht aber die Gefahr, dass die Natur und die Mitmenschen ausgebeutet werden. Von moralischen Grundgesetzen ist der Mensch nicht suspendiert.[86]

# 4. GENETISCH MANIPULIERTE MENSCHEN

## 4.1. Chimären – «smart breeding» des Homo sapiens?

Die Natur des Menschen entspricht der eines politischen Tieres, behauptete Aristoteles.[87] Für ihn haben Menschen wie Tiere Wünsche und Bedürfnisse, vor allem das nach Geselligkeit. Darüber hinaus grenzen sich Menschen letztendlich vom Tier durch Intellekt und freien Willen ab. Im 17. und 18. Jahrhundert beschreiben Jean-Jacques Rousseau und Thomas Hobbes, die Gründer des moralischen Positivismus, den Naturzustand des Menschen:

Es soll sich um einen Einzelgänger gehandelt haben, der seinen Gefühlen nachgegangen ist, da er noch keine Vernunft besaß. Diese Menschen seien von der Selbstliebe bestimmt gewesen, die nichts mit Egoismus zu tun gehabt hätte. Aus der Selbstliebe sei das Mitleid entsprungen. Einfache Gesellschaften hätten auf diesem Naturzustand aufgebaut; es soll in ihnen Freiheit und Gleichheit geherrscht haben. Leider habe die Entwicklung von Sprache, Kunst und Wissenschaft diese edlen Menschen ausgerottet, was man als bedauernswert ansieht.

Der Mensch sei von Natur aus gut und werde nur durch Kultur, Vernunft und Gesellschaft verdorben. Rousseau strebte danach, zu dieser Natur zurückzukehren. Auch habe laut Rousseau im Naturzustand allgemeine Gesundheit geherrscht, da das Schwache sich von selbst eliminiert habe.

Leider hat dieser Naturzustand nie real existiert, er ist Wunschvorstellung geblieben. Theodor Adorno sagte: «Nicht existierende Konstrukte, die im

## 4. Genetsich Manipulierte Menschen

Gegensatz zur Realität stehen, verbessern die Welt nicht, im Gegenteil sie verschlechtern sie».[88] So wie Spekulationen, die als wissenschaftliche Wahrheiten ausgegeben werden, oft ernste Konsequenzen haben, wenn man sie auf den Menschen und die Gesellschaft anwendet.[89]

Jede Kreatur hat ein Recht auf ein Leben als Chimäre

Jürgen Habermas, der berühmte deutsche Philosoph und Soziologe, unterstreicht: «Wahrheit wird in den Naturwissenschaften abgewertet. Man ist heutzutage lediglich nur noch einem technischen Erkenntnisinteresse verpflichtet».[90]

Josh Hill beschreibt in einem Artikel, dass Wissenschaftler des Linden Labors in San Francisco erfolgreich eine Mensch-Bär-Schwein-Chimäre (manbearpig) ins Leben gerufen haben. Hautzellen von Menschen und Bären wurden reprogrammiert. Damit ethische Diskussionen erspart blieben, wurden «induced pluripotent stem cells» (iPS) benutzt. Diese iPS-Zellen wurden dann in eine Schweineblastozyste eingepflanzt und in ein scheinträchtiges Schwein eingebracht, das als Hostmutter (Leihmutter) diente. Dr. Eli Vance, die Projektleiterin, gab sich in einem Interview sehr zufrieden mit dem Resultat. Sie ist überzeugt, dies sei nicht die erste Chimäre gewesen, denn jeder hat ihrer Ansicht nach ein Recht dazu, diese Lebensform zu wählen.

Dieser Artikel erschien in dem relativ unbekannten Onlinemagazin «*Nature*

## Verheißungen der neuesten Biotechnologien

*Gold*». Der Autor hat diesen an einem 1. April publiziert. So sieht man, dass er es mit der Wahrheit nicht so ernst nimmt. Leider verfügt er nicht einmal über die technischen Kenntnisse in dieser Aprilscherz-Persiflage. Aber damit steht der junge Journalist seinen Kollegen in nichts nach. Wen interessiert, ob es der Wahrheit entspricht. Das Thema an sich muss doch packen, damit man es verkaufen kann. Sonst verliert man am Ende noch seinen Job.

Durchleuchtet man den Artikel rein wissenschaftlich, sieht man sofort, dass der Autor hier keine biotechnische Errungenschaft erläutert. Was sollte das Labor kreiert haben? Ein Wesen, dessen Erbgut sich aus drei verschiedenen Spezies zusammensetzen soll? So wie man in der Pflanzenzüchtung vor dem «smart breeding» einfach Erbgut verschiedener Arten und Organismen vermischt hat? Handelt es sich um einen Menschen oder um ein Tier oder gar um das von Rousseau beschriebene Naturwesen, das es einst gegeben haben soll?

Die ethische Diskussion umgeht er mit seinem «neu geklonten Mensch-Bär-Wesen» auch nicht. Denn in dem beschriebenen Vorgang wird eine «induced pluripotent stem cell» (iPS) noch weiter als zur Blastozyste, nämlich bis zum haploiden Zellsatz zurückgezüchtet. Es wird behauptet, dass jeweils eine Hautzelle von einem Menschen und einem Bären reprogrammiert wurde. Hautzellen sind ausgereift und diploid. Mit der neuen induzierten pluripotenten Methode wird die Entwicklung zurückgedreht. In dem von Hill beschriebenen Fall drehte man die Zeituhr im Zellkern einer Hautzelle zurück. Soweit, dass sie wieder haploid wurde, d.h. so haploid wie der Kern einer Ei- und Samenzelle, die man auch Keimvorläuferzellen nennt. Die gewonnene haploide Menschen-Kernzelle wurde, laut dem Bericht von Josh Hill, mit einer haploiden Bären-Kernzelle verschmolzen. Die so entstandene, nun diploide, Zelle wurde angeblich in eine entkernte Schweineeizelle verpflanzt. So ist letztendlich auch die Behauptung falsch, dass das Labor den Nukleus in eine Blastozyste eines scheinträchtigen Schweins injizierte. Das Tier ist nicht trächtig, denn die Blastozyste, die sich erst aus dieser angeblichen Mensch-Bär-Zygote entwickeln muss, hat sich ja noch nicht in den Uterus eingenistet, somit ist das Tier noch nicht tragend und erst recht nicht scheintragend. Das Tier ist nur hormonell auf eine Trächtigkeit vorbereitet.

Wie man diese total utopische Methode klassifizieren soll, ist sehr fraglich. Dafür gibt es wohl keine Definition, zumindest kann sie nicht unter die

## 4. Genetsich Manipulierte Menschen

Rubrik des therapeutischen oder reproduktiven Klonens fallen und erst recht nicht als iPS-Methode bezeichnet werden. Denn Ziel der Reprogrammierungsmethode ist, dass man eine Hautzelle soweit zurückzüchtet, bis sie das Stadium erreicht hat, pluripotent zu sein. Das heißt, bis sie einer embryonalen Stammzelle gleicht, die man normalerweise der Blastozyste entnimmt, wobei allerding der Embryo selbst zerstört wird. Auch ist es nicht eine rein wissenschaftliche Angelegenheit, wenn menschliche Embryonen zum Zweck der Forschung zerstört werden. Es ist vielmehr eine moralische und rechtliche Frage des angemessenen Gebrauchs sowie der Grenzen und Ansprüche der Biotechnologien gegenüber den zur Verfügung stehenden Ressourcen.[91]

Es wird angenommen, dass «induzierte pluripotente Stammzellen» mit natürlichen pluripotenten embryonalen Stammzellen identisch sind. Um «induced pluripotent stem cells (iPS)» zu gewinnen, bedient man sich einer nicht pluripotenten Zelle. In der Regel ist das eine Hautzelle oder eine andere Körperzelle, die ausdifferenziert ist. Sie stammen von einem Patienten, der schon älter ist, und seine DNA weist Mutationen auf, die, falls man die Uhr der Entwicklung sozusagen zurückzüchtet, in jeder Zelle vorhanden sind. Haut- und Bindegewebszellen in Stammzellen umzuprogrammieren, gelang Forschern im November 2007.

Unabhängig voneinander arbeiteten James Thomson aus Madison (USA) und Shinya Yamanaka von der Kyoto Universität daran, ganz bestimmter Steuerungsgene in die Ausgangszelle einzuschleusen. Bei der so genannten Reprogrammierung verwendeten die Forscher vier Gene, die mithilfe von Viren in eine Körperzelle eingeschleust wurden. Diese Gene kodieren Proteine, Transkriptionsfaktoren genannt, die inaktive Bereiche des Erbgutes reaktivieren und somit die Zelle in den Anfangszustand der Entwicklung zurückführen.

Bei diesem Vorgang können jedoch wichtige Gene der Zelle entarten und so besteht die Gefahr an Krebs zu erkranken. Zudem bergen die als Vehikel benutzen Retroviren die Gefahr, dass sie ihr eigenes Erbgut einbauen. Eine therapeutische Anwendung am Menschen war damals noch in weiter Ferne.

Im Februar 2009 präsentierte der Münsteraner Professor Hans Schöler iPS-Zellen von Mäusen, die er nur mit Hilfe eines Kontrollgens aus Nervenstammzellen gewonnen hatte. Erst ein halbes Jahr zuvor wurde die

## Verheißungen der neuesten Biotechnologien

Zahl der benötigten Gene von vier auf zwei gesenkt. Jetzt braucht man nur noch das Gen Oct4. Schöler und sein Team reprogrammierten nicht irgendwelche Körperzellen, sondern adulte Stammzellen aus dem Gehirn der Maus. «In diesen Zellen sind die restlichen Gene schon stark präsent», sagte Schöler. So konnte nun das Krebsgen c-Myc ausgeschaltet werden. Leider ist die Verwendung von Nervenzellen zur Reprogrammierung aus dem Gehirn unpraktisch, da die Zellen aufwendig entnommen werden müssen. Auch muss sich die Methode mit menschlichen Zellen bewähren.

Im März 2009 gelang James Thomson und Junying Yu vom Morgridge Institute for Research in Madison im US-Bundesstaat Wisconsin eine Reprogrammierung ohne Viren und mit einer anschließenden Entfernung der Gene. Man muss jedoch bedenken, dass in der zu reprogrammierenden Körperzelle der Hauptteil des Erbgutes inaktiviert ist, da die Zelle ja selbst ausdifferenziert ist und so die ausgewählte Funktion dieser Zelle nur während der frühen Embryonalentwicklung benötigt wurde. Zudem lagern sich Methylketten auf die DNA.[92]

Ein entscheidender, wenn nicht sogar der limitierende Faktor der Reprogrammierung besteht darin, dass die DNA erst wieder aufgeschlossen werden muss. Dies geschieht durch eine Demethylierungsreaktion, die jedoch völlig unbekannt ist und so schnell auch nicht dem Genie der Forscher zugänglich sein wird. Somit entpuppt sich die Methode als ein eigentlich unmögliches Unterfangen. Die Erbinformation oder der sogenannte Pathway (Syntheseweg) der Differenzierung einer Zelle in eine der 220 spezifisch verschiedenen Organzellen des Organismus liegt nur in der embryonalen Zelle frei. Bei einer Reprogrammierung bleibt diese Erbinformation geblockt, womit eine spätere Anwendbarkeit von iPS-Zellen fraglich wird. Auch die geringe Ausbeute der zurückgezüchteten iPS-Zellen könnte damit erklärt werden. Alexander Meissner, Professor der Harvard Universität in Boston, USA, musste feststellen, dass nur einige wenige pluripotente Zellen bei der Rückzüchtung von mehreren hunderttausend Versuchen entstehen.[93]

Die Herstellung der iPS oder seit April 2009 der sogenannten «proteininduzierten pluripotenten Stammzellen (piPS)», die nur durch Zugabe von Molekülen und ohne Veränderung des Erbgutes entstanden sind, ist damit erschreckend gering. Thomson-Yus Methode erzielte aus einer Million eingesetzter Hautzellen nur drei bis sechs Stammzellkolonien. Auch

## 4. Genetsich Manipulierte Menschen

Professor Keisuke Kaji von der Universität in Edinburgh, Großbritannien, bestätigt folgendes: «Die Effizienz ist noch gering. Zudem ist nicht klar, ob die Methode auf alle Zellen – beispielsweise auf die von alten Menschen – anwendbar ist.»

Schöler vom Max-Planck-Institut für Biomedizin stimmt dem zu: «Die Ausbeute, alte Zellen in den embryonalen Urzustand zurückzuführen, ist höchstwahrscheinlich noch geringer.» Proteininduzierte pluripotente Stammzellen (piPS) bergen ebenfalls Nachteile. Die eingeschleusten Proteine sind zu groß und werden nur in geringem Maße von den Zellen aufgenommen. Lanzas Team musste die Behandlung mehrere Male wiederholen, bis die Reprogrammierung gelang. Letzten Endes wurden aber nur 0,001 Prozent der eingesetzten Zellen in Stammzellen verwandelt, berichten die Forscher. Außerdem dauerte der gesamte Vorgang acht Wochen.

Es scheint, dass natürliche pluripotente embryonale Stammzellen in dieser Hinsicht im Vorteil gegenüber den induzierten pluripotenten Stammzellen sind. Wie auch immer pluripotente Stammzellen gewonnen werden, die Hauptforschungsarbeiten fangen nun erst an, weil man diese Zellen dazu bringen muss, sich zu einer von den über 220 Zellen des Körpers zu differenzieren. Denn nur rein theoretisch können sich pluripotente Stammzellen in jede Zellart des Körpers entwickeln. Vorausgesetzt man gelangt zu der Erkenntnis, welches Milieu und welche Wachstumsfaktoren dazu benötigt werden.

Forscher injizierten iPS-Zellen, gewonnen mit einem Oct4 Reprogrammier-Gen, in Mäuse-Embryos, welche sich daraufhin in das Genom integrierten. Kurz darauf konnte man die mit Oct4 reprogrammierten Zellen im Embryogewebe genau nachverfolgen, weil das Gen mit einem Fluoreszenz-Gen markiert war und die Zellen unter dem Mikroskop leuchteten. Sie bildeten in den Embryos: Magen-, Nieren-, Bauchspeicheldrüsen- und Lippengewebe aus. In geborenen und erwachsenen Mäusen fanden die Forscher die Gene sogar im Hoden.[94] Wenn demnach bei der zur Verfügung stehenden Methode eine Differenzierung darin besteht, pluripotente Zellen einem Mäuseembryo einzupflanzen, ist dies genau genommen keine Eigenleistung der Wissenschaft.

Die Kalifornische Uniklinik berichtete am 6. Februar 2020 in *Cell Reports* über eine Studie, die helfen könnte, Ei- und Samenzellen im Labor zu züchten. Erstautor Adam Clark geht es vor allem darum, unfruchtbaren Paaren zu verhelfen biologische Kinder zu bekommen. Clark ist Mitglied des Eli und *Edythe Board Centers* für *Regenerative Medizin und Stammzellforschung* der *Kalifornischen Universität von Los Angeles*. «Wir wollen, dass Stammzellen Keimzellen entwicklen. Wenn wir dazu ausserhalb des Körpers in der Lage sind, kann man Unfruchtbarkeit behandeln.» Bisher braucht man einen Eizell- bzw. Samenzellspender. Damit war das Kind nur mit einem Elternteil verwandt. Die Forscher arbeiten daran iPS Zellen in embryonal ähnliche Stammzellen zu reprogrammieren. Dann wollen sie diese Zellen mit Eierstocksgewebe oder Hodengewebe umgeben und hoffen, dass diese Botenstoffe für die Umwandlung in Ei- und Spermzellen liefern. Wenn das gelingt, könnte man Hautzellen der Eltern in Keimzellen umwandeln.[95]

Dies klingt fast so, wie im oben stehenden Bericht. Hier wurde behauptet, aus induzierten Stammzellen Keimzellvorläufer-Zellen herzustellen, die man zur «Bildung» eines neuen Embryos benutzen kann. Damit dienen iPS-Zellen als nichts anderes als eine Ei- und Samenzell «Ressource». Die sich nach der Befruchtung bildende Blastozysten könnte für die Gewinnung neuer embryonaler Stammzelllinien behilflich sein. Von einem ethischen Standpunkt betrachtet, wäre dieser Weg, wenn man ihn mit menschlichen iPS-Zellen beschreitet, keineswegs unbedenklich. Wenn die Wissenschaft einen Embryo zerstört, spielt es keine Rolle, ob dieser nun aus iPS-Keimvorläuferzellen oder von einem gespendeten Embryo (Zygote) aus Fertilisationskliniken entstanden ist.

Momentan sehen Forscher ihre Aufgabe alleerdings darin, die iPS-Methode sicher für den Einsatz am Menschen zu machen und sie mit der herkömmlichen embryonalen Stammzellenmethode zu vergleichen. Noch viele ungeklärte Fragen stehen aus. Zum Beispiel sieht man einen Nachteil dieser Methode darin, dass iPS-Zellen, wenn sie in den Körper zurückgespritzt werden, Krebs auslösen können.[96]

In dem oben aufgeführten utopischen Beispiel des Mensch-Bär-Schwein-Wesens erklärt man schon damals, dass man die Körperzellen so weit reprogrammiert hat, dass sie wieder einen haploiden Zellsatz haben, d.h. Gametenzellen sind. Aus haploidem menschlichem und haploidem tierischem Erbgut hatte man einen diploiden Kern erzeugt, den man in eine von ihrem eigenen Kern befreite (denukleierte) tierische Eizelle des Schweins einpflanzen konnte. Die Schweinezelle diente als Vehikel für das Klonen dieser höchst eigenartigen Chimäre. Am dritten Tag oder im Acht-Zellenstadium, wo noch alle Zellen dieses Wesens omnipotent sind, wurde es in die Gebärmutter eines Leihmutterschweins eingepflanzt.

Man möchte fast mit Sokrates sagen: «Ich bin lieber ein unglücklicher Sokrates als ein zufriedenes Schwein.» Goethe würde wohl auf so eine Bemerkung erwidern: «Wer fertig ist, dem ist nichts recht zu machen; ein Werdender wird immer dankbar sein.»

Dennoch, die Praktiken von Mendel, der gewünschte züchterische Eigenschaften durch das klassische Zuchtmanagement bewältigte, sind einer biogenetischen Forschung und deren genetischen Manipulationen gewichen.

Seit fünf Dekaden steht die messenger RNA im Focus der Forschung. Egal ob Pflanze, Tier oder Mensch, wenn man etwas verändern will, muss man sich mit den zentralen Molekülen des Lebens befassen, die fast alle Aspekte der Zellbiologie regulieren.

Die Möglichkeit einer gesteuerten Beeinflussung der Erbanlagen mittels genetisch modifizierter Organismen bzw. die gezielte Veränderung mithilfe high-tech-Methoden, welche arteigene/artfremde Gene in ein Erbgut übertragen, diese ein- oder ausschalten usw., lässt Leben neu erfinden und designen.[97] Fast meint man, dass uns anhand von cutting-edge-Gen-editing Techniken und allen anderen biotechnologischen Entdeckungen nichts mehr im Wege steht, uns selbst «neu» zu Erfinden und unsere Umwelt nach unseren Vorstellungen zu gestalten.

Seit den 90iger Jahren des vorherigen Jahrhunderts macht man sich das Potenzial der mRNA zunutze. Gerade deshalb, weil es die Aufgabe der RNA ist, den genetischen Code der DNA in Proteine umzuwandeln, faszinierte es, eine synthetisch produzierte, optimierte mRNA zu kodieren, um sie therapeutisch zu nutzen. Viren bieten ein entsprechendes Vehikel, um z.B. durch eine entsprechende mRNA das Immunsystem des Patienten zu stimulieren. Viren bestehen aus eine RNA – im Gegensatz zu Bakterien, deren Erbgut die zweisträngige Kette der DNA bildet. Ein mRNA Strang war von Interesse, weil dieser 2007 bei der Herstellung von induzierten pluripotenten Stammzellen eine entscheidende Rolle spielte.

Allerdings bietet die Grundlage des Prinzips, eine mRNA zu koordinieren, die wiederum Proteine in den Körperzellen aufbaut, eine enorme Technologieplattform aller möglichen Produkte. Durch die Kombination von therapeutischen mRNA konnten im Jahr 2020 Impfstoffe schneller und günstiger produziert werden.

2017 wertet die Deutsche Pharmafirma *CureVac* Ergebnisse ihrer Phase-I-Studie eines Tollwut-Impfstoffes aus. Es war weltweit der erste prophylaktische m-RNA Impfstoff, der eine gut verträgliche und hohen virale Antigen-Erzeugung hervorrief. Seit 2018 forschen sie auch an Grippe-Impfstoffen. Zusammen mit der Bill &Melinda Gates Fundation arbeitete man an wirksamen Impfstoffen für Entwicklungsländer, die den Vorteil haben, schnell hergestellt zu werden. Der Konzern kollaboriert mit *CRISPR Therapeutics INC.*, um die Innovationen der Biotechnologie - mRNA und CRISPR-cas 9/Gen-Editierung zu kombinieren. Man hat das Ziel, völlig neue Therapien zur Behandlung von Lebererkrankungen herzustellen. Bei molekularen Therapien wird keine Immunreaktionen ausgelöst. Im Gegenteil, der Körper produziert das gewünschte Protein.

Den verschiedenen Anwendungsgebieten ist gemeinsam, dass sie alle auf einer Technologieplattform mit identischen Ausgangsstoffen gefertigt werden, deren «synthetische» mRNA fast nach Bedarf ausgetaucht werden kann.[98] Doch wie schon damals bei der Herstellung von induzierten Stammzellen mRNA dienten sowie bei allen genetischen Manipulationen warnt die Bevölkerung vor unerwünschten Nebenwirkungen, die keiner kennen oder beurteilen kann. Und eigentlich fing die Skepsis schon bei der herkömmlichen Tier- und Pflanzenzucht an, die alle innovativen Biotechnologien hinterfragten.

Auffallend ist dennoch, dass wir den Einsatz von mRNA preisen, wenn es sozusagen genehm ist, wie z.B. bei der Herstellung von iPS Zellen. Wir merkten so erst jetzt, mit den neuen mRNA-Impfstoffen, eventuell zu Versuchskaninchen geworden zu sein, obwohl wir das schon lange mit GMO Lebensmitteln…waren. Alle die Warnungen derjenigen, die uns vor genetischen Errungenschaften abgeraten haben, wurden stattdessen in den Wind geschlagen.

## 4.2. Kreative Forschung

*D*ass der Mensch fähig ist, selber Leben zu schaffen, scheint ein Uranliegen zu sein. Wie sagte schon die Schlange im Paradies: «Wenn ihr von dem Baum der Erkenntnis esst, werdet ihr sein wie Gott.» Einige Stammzellenforscher lieben diesen Vergleich. Sie bringen ihn in jedem Vortrag, den sie über ihre Forschung halten. Sie werfen Diabilder an die Wand mit diesem Baum der Erkenntnis. Die Früchte, erklären sie, sind Stammzellen. Die unreifen seien diejenigen, die noch nicht differenziert sind, d.h. sie sind noch pluripotent und verfügen damit über das Potential, sich in alle Organe zu differenzieren, die man haben will. Je mehr man in der Forschung voranschreitet, desto mehr gelangt man zu der Erkenntnis, wie man reife Früchte ernten kann, das heißt wie der «Pathway der Differenzierung» ist. Genießt man dann die reifen Früchte, würde man die Schlüssel zum ewigen Leben besitzen (1st annual stem cell meeting 2006 in Madison, WI).

Leider scheint diesen Stammzellenforschern entgangen zu sein, was Adam und Eva passierten, als sie von der Frucht des Baumes der Erkenntnis aßen. War es nicht so, dass, als Eva im Ungehorsam von den Früchten aß, sie uns allen das ewige Leben verspielte und so durch sie der Tod zu uns kam? Oder fasziniert Stammzellenforscher, dass sie sein werden wie Gott, also selber Leben erschaffen können? Stammzellenforscher sind also gar keine «Urknall-Verfechter», sie kennen sogar das Buch Genesis. Ihre Kenntnis der Bibel reicht sogar so weit, dass sie wissen, dass Gott der Schöpfer aller Dinge ist. Vertraut scheint ihnen eventuell auch der Satz Gottes «seid fruchtbar und mehret euch».

Der Schöpfungsauftrag Gottes bezog sich jedoch, um authentisch zu bleiben, auf die Ehe. In ihr soll und darf der Mensch mit Gott kooperieren, um eine neue menschliche Person zu erzeugen.[99] Die Grundlage dieser Aussage ist, wie schon dargelegt, im ersten Buch der Bibel, Genesis, zu finden. Gott hat Eva für Adam aus dessen Rippe erschaffen. Adam war von Eva so hingerissen, dass er unweigerlich zu der Erkenntnis kam: «Deshalb wird der Mann Vater und Mutter verlassen und seiner Frau anhängen, damit beide zu einem Fleische werden.» Hier wird fast eine Art Gebrauchsanweisung für den Satz «seid fruchtbar und mehret euch» geliefert. Somit wird der eheliche Akt von der Kirche nicht nur als Vollzug des biologischen Fortpflanzungsinstinktes gesehen, bemerkte bereits Papst Johannes Paul II. 1983.[100]

Darf der Mensch als Krone der Schöpfung selber Leben kreieren, noch dazu im Labor? Handelt es sich also nur um eine Auslegung oder die richtige Interpretation des Mitwirkens am göttlichen Schöpfungsauftrag? Die Ehe als Ansprechpartner in diesem Punkt, das war vor dem embryonalen Stammzellenforschungszeitalter. Wir haben nun ohne Zweifel eine neue Ära in der Medizin.

Sicher, es ist eine fragliche Lebensform, die der Forscher da schafft. Und als Entschuldigung gilt, dass seine Schöpfung nur solange am Leben zu erhalten ist, bis sie das Blastozystenstadium erreicht hat. Und somit degradiert der Forscher die Entstehung des Lebens zu einem biologischen Akt, die Verschmelzung von Ei- und Samenzelle, vollzogen nun «in vitro». Auch bezweifelt er, dass das, was er schafft, vom Zeitpunkt der Befruchtung an ein humanes personales Wesen ist. Wenn das Ganze «in vivo» passiert, handelt es sich zwar schon ab dem Zeitpunkt der Befruchtung um ein menschliches Wesen. Wann erhält – so nach Ansicht des Forschers – eine «in vitro» geschaffene Person ihre Würde und die ihr eigene Identität? Entscheidend für die Argumentation Mensch versus Nichtmensch scheint also zu sein, wer sein Schöpfer ist. Der Streit, wann das Leben beginnt, beschäftigt uns sehr. Einige Wissenschaftler sind zweifellos davon überzeugt, dass ihr persönliches Leben mit seiner Würde nach der Arbeit beginnt.

## 4.3. Pioniere des Genoms

Aus der Forschung mit humanen embryonalen Stammzellen erhofft man sich viele therapeutische Möglichkeiten, beispielsweise die Erzeugung von Ersatzgewebe oder gar Ersatzorganen zur Transplantation.

Eric Lander vom Massachusetts Institute of Technology, der maßgeblich an der Entschlüsselung des menschlichen Genoms beteiligt war, hat auf dem internationalen Kongress für Genetik, der 2008 in Berlin stattfand, verkündet, dass ein dramatischer Durchbruch in der somatischen Gentherapie, z.B. bei Krebs und Morbus Crohn, in den nächsten fünf bis zehn Jahren absehbar ist. Allerdings setzte er hinzu, dass die gegenwärtigen Forschungsarbeiten «die Oberfläche kaum anritzen».

Trotz Verzögerungen und Rückschlägen sind heute viele Menschen von den Perspektiven einer Medizin fasziniert, die therapeutisch in die Tiefenstruktur des menschlichen Genoms eingreifen kann.[101] Diese Utopie charakterisiert nicht nur die boomende Stammzellenforschung, sie bestimmt auch die moralischen Diskurse über die Genetik.

Wissenschaftler hatten 2001 in England geraten, humane embryonale Stammzellenforschung zu erlauben, damit die britische Forschung nicht in diesem, wie sie sagen, vielversprechenden Bereich zurückstehe und als biotechnologischer Standort uninteressant werde, obwohl in einem offenen Brief christliche, islamische und jüdische Geistliche sowie Vertreter der Sikh forderten, davon abzusehen. Der Vizegesundheitsminister Lord Hunt hatte während der Debatte davor gewarnt, die Entscheidung weiter hinauszuzögern. Embryonen zu zerstören und ihnen das Anrecht auf Leben zu verweigern, sei für ihn ein notwendiges Opfer, das man für eine lebenswichtige Forschung vollbringen muss.

Man solle die Achtung vor dem menschlichen Embryo in ein angemessenes Gleichgewicht mit der Achtung von Millionen von meist alten Menschen bringen, die mit zerstörerischen Krankheiten leben oder sie noch bekommen werden. Gegner des Gesetzes vertraten die Auffassung, dass die Forschung nicht ernsthaft überwacht wird und man somit dem Abgrund zum Klonen des ganzen Menschen schnell näherkomme. Verboten war damals noch die Verbindung von menschlichen somatischen Zellen mit Eiern von Tierarten, also das Klonen von Mischwesen.

Seit 1990 durfte bereits im Kontext der Fertilitätsforschung mit bis zu 14 Tage alten menschlichen Embryos experimentiert werden. Verwendet werden durften allerdings nur gespendete Embryos, die bei der In-Vitro-Fertilisation übriggeblieben waren und ansonsten vernichtet worden wären. In England wurden mehr Embryos erzeugt als eigentlich gebraucht wurden. Der Anspruch der Wissenschaftler entzündete eine enorme bioethische Debatte.

Seit 2001 durften zusätzlich Stammzellen von Abtreibungen gewonnen werden.[102] Das waren die Anfänge der Stammzellenforschung. Man fragte sich, wie das ganze 2010 aussieht; wie viel Erfolg man neun Jahre später verzeichnen kann? An Geldern und Befürwortern mangelt es nicht. Unterstützt werden alle Aktivitäten im Stammzellenmusterland England von der UK Stem Cell Foundation. Diese ist eine eingetragene Wohltätigkeitsorganisation, die sich zum Ziel gesetzt hat, die

Finanzierungskluft zwischen Pionierforschung und klinischer Umsetzung zu überbrücken. Man finanziert Forschungseinrichtungen, die ein einzigartiges Umfeld für eine Stammzellenforschung der Weltklasse bieten. Eine progressive Gesetzgebung brachte Großbritannien an die Spitze der Stammzellenwissenschaft.

Eigentlich müsste man bei einem so positiven Ambiente doch schon Erfolge zu verzeichnen haben. Stattdessen wird man vertröstet, dass es Zeit brauchen wird, um das Stammzellenversprechen in zugelassene Therapien umzusetzen.

Englands Politiker hatten sich nachdrücklich für eine Ausweitung der gesetzlichen Grundlagen zur Stammzellenforschung ausgesprochen. Heftige Debatten erwirkten letztendlich die Wende in der Geschichte der Stammzellenforschung, diese offiziell zu legalisieren. Obwohl vielversprechende Alternativen zur Verfügung stehen, gingen 2008 Englands Politiker wie Lord Hunt immer noch davon aus, dass man nur mit humanen embryonalen Stammzellen unheilbare Krankheiten wie Parkinson oder Alzheimer und Diabetes heilen könne. «Stammzellen sind im wahrsten Sinne des Wortes ‹todsicher› und entpuppen sich immer noch als das Gold der Mediziner», erklärte Richard Murphy, Direktor des *Kalifornischen Instituts für Regenerative Medizin*.[103]

Immer wieder liest man, dass humane embryonale Stammzellen viel flexibler seien und ein größeres Potential besäßen, sich zu differenzieren, als alle anderen Zellen. Ob diese Information durch mangelnde medizinische Kenntnisse von Journalisten zu erklären ist, weiß keiner richtig zu beantworten. Dadurch geraten die Forscher unter Druck, die Zahl der Embryonen, mit denen sie arbeiten wollen, ständig ansteigen zu lassen, weil sie *ja* bisher keinen Erfolg hatten. So war es fast vorhersehbar, dass England über kurz oder lang alle Hürden zur Herstellung von Chimären nehmen würde.

Im November 2008 ist dann auch die Begrenzung der Herstellung von Hybrid-Embryonen aus menschlichem und tierischem Material aufgehoben worden. Damit wurde die Einführung von notwendigen Schranken abgelehnt. Bereits 2001 sah es Lord Hunt als problematisch an, dass es Alternativen zur embryonalen Stammzellenforschung gibt. In seinem «1990 Act» gibt er zu bedenken, was passieren würde, wenn die Forschung mit adulten Stammzellen besser wäre. Er sorgte sich sehr, dass dann die embryonale Stammzellenforschung eingestellt würde. Lord Alton ist überhaupt nicht der Meinung von Hunt. Im Gegenteil, Alton zitiert mit allem Nachdruck wissenschaftliche Studien, die eindeutig Beweise und Argumente gegen die Nutzung von humanen embryonalen Stammzellen enthalten. «Wir müssen nicht mal einen besonderen ethischen oder moralischen Aspekt heranziehen, um plausibel zu machen, dass adulte Stammzellen die Vorreiter-Rolle in den modernen Biotechnologien übernehmen», erläuterte Lord Alton 2008. Weiterhin unterrichtet er über reale Therapieerfolge, die in den letzten 70 Jahren durch adulte Stammzellen erzielt wurden.

Lord Alton ist überzeugt, dass adulte Stammzellen im Einsatz der Biomedizin als genauso vielversprechend angesehen werden können wie humane embryonale Stammzellen. Im Gegenteil – es bestehen größere, ja fast unüberwindbare biotechnische Schwierigkeiten, humane embryonale Stammzellen als Therapeutikum einzusetzen; nicht mal in der entferntesten Zukunft sei real daran zu denken. Als ein Beispiel seien immunologische Abwehrreaktionen genannt oder ein vorhandenes Potential zur Tumorbildung.

Alton weiß, dass er mit dieser Sichtweise nicht alleine dasteht; im Gegenteil, er teilt sie mit vielen. Selbst wenn man überhaupt keine ethische Wertvorstellung in Anspruch nimmt und meint, dass alles machbar sei, muss man sich doch eingestehen, dass es nicht von Vorteil ist, humane embryonale Stammzellenforschung zu unterstützen, erklärt Lord Alton. «Wir vertun nur Unmengen an Steuergeldern, Zeit und Energie, wenn wir uns weiterhin in humane embryonale Stammzellenforschung hineinknien. Währenddessen hat die adulte Stammzellenforschung schon längst ihre Effizienz unter Beweis gestellt».[104]

Aktienberater scheinen der humanen embryonalen Stammzellenforschung auch nüchterner gegenüberzustehen. So kann man bei einer x-beliebigen Investmentberatung im Internet folgendes über immortalisierte, d.h. unsterbliche, Zelllinien bzw. Stammzellenforschungsaktien von US-Biotech-Unternehmen erfahren: Vorteile: Enorme Zukunftschance: Nachteile: Riskantes Investment. Was ist so riskant? Gesetze wurden geändert, man macht alles, um diese Forschung vorwärtszutreiben.

Es ist nun zur Gewinnung embryonaler Stammzellen die Herstellung von Mensch-Tier-Embryonen erlaubt. Somit werden echte Chimären, also

Mischwesen aus Menschen und Tieren, hergestellt. Dafür wird eine tierische embryonale Zelle einem menschlichen Embryo hinzugefügt. Es können transgene menschliche Embryos erzeugt werden, die ein tierisches Gen oder mehrere besitzen. Und es dürfen hybride Embryos durch Befruchtung einer tierischen Eizelle mit einem menschlichen Spermium oder umgekehrt geschaffen werden. Bei den Kreuzungsversuchen zwischen Menschen und Affen, die der sowjetische Genetiker Ivanov in der Affenzuchtfarm in Suchumi am Schwarzen Meer durchgeführt hat, hatte man noch Parallelen zur nationalsozialistischen Praxis von Menschenversuchen gesehen.

In England war es einigen Wissenschaftlern schon vor dem Gesetz von 2008 erlaubt, mit tierischen und menschlichen Zellen zu experimentieren. Es ist ihnen gelungen, in eine entkernte Eizelle von einer Kuh einen menschlichen Zellkern einzufügen. In China hat man Haseneizellen als geeigneten Vektor angesehen. Der Direktor des North East England Stem Cell Institute berichtete davon 2007 in Vorträgen, die er in Wisconsin, USA, hielt. Man hatte damals bereits 270 hybride Embryos durch das Einfügen einer menschlichen DNA in Eizellen von Kühen hergestellt und damit könnte man die Forschung mit Stammzellen beschleunigen.

Es herrscht dennoch ein Mangel an menschlichen Eizellen. Mehr als 200 tierische Eizellen kann man hingegen täglich vom Schlachthof bekommen. Man kann sie dem Tier bis vier Stunden nach dem Schlachten entnehmen. Im Gegensatz dazu stehen acht bis zehn menschliche Eizellen, die man pro Monat bekommen kann. Die Embryonen stellen das Wachstum nach zwei bis drei Tagen ein. Nach dem Gesetz dürfen sie 14 Tage leben. Die Forscher unterbinden die Möglichkeit, dass sich eine lebensechte Chimäre entwickelt.[105]

Mit Frankenfood duldet man schon genug Experimentierfreudigkeit und sollte damit eigentlich abgesättigt sein. Hoffentlich wurden die Tiere, die zwecks Eizellen ausgeschlachtet werden, nicht mit Genmais gefüttert! Sonst könnten zumindest in diesem Bereich Folgen auftreten, die nicht bedacht wurden. Die Frage ist, wozu man die geklonten Chimären benutzt. Ziel ist es, Zellkulturen zu schaffen, damit man in vitro, d.h. im Labor, Medikamente, Impfstoffe usw. testen kann. Sie werden also quasi als Versuchstiere benutzt. Menschlich-tierische Mischwesen – man meint fast, sie seien der neue Ersatz für Laborratten oder allgemein ausgedrückt ein Ersatz für Versuchstiere. Allerdings, reine Zellkulturen zu erzeugen ist schwer, weil die Frage aufkommt, welche embryonalen Elemente und welche tierischen Elemente vorhanden sind. Unerwünschte Gewebetypen könnten nach einer später erfolgten Transplantation schlimme Nebenwirkungen hervorrufen. «Man weiß nie, was in zehn Jahren passiert.» Es sei alles andere als einfach, embryonale Stammzellen zum Wachsen zu bringen. «Um dies zu lernen, brauchen wir Zeit.» Das sei alles erst Grundlagenforschung. «Es wird noch sehr lange dauern, bis Therapien entwickelt werden können», wurde 2008 festgestellt.[106]

Stammzelllinien hatten schon immer die Problematik der Verunreinigung. Derzeit werden die Zellen mit Hilfe von lebenden Tierzellen (Mauszellen) gezüchtet. Ein Verfahren, das das Risiko einer Verunreinigung mit Viren und anderen schädlichen Einflüssen in sich trägt. Bei einem späteren Einsatz würde das Immunsystem des Patienten embryonale Stammzellen als körperfremd bekämpfen. Somit wird der Einsatz von ihnen in der Therapie hinfällig. Es bestehen Bestrebungen, dieser Verunreinigung Herr zu werden. Es verwundert, wieso man bei der Bildung von Mischwesen aus Menschen und Tieren keine Bedenken hat, dass Hilfszellen in die Stammzellen selber gelangen können.

Die ganze Debatte über die Stichtagsverlegung in Deutschland ging hauptsächlich um sehr verunreinigt alte Linien, die für die Forschung nicht mehr zu gebrauchen seien. Man argumentierte, dass es mit den bis zum Stichtag vom 1. Januar 2002 hergestellten Zelllinien nicht mehr möglich sei zu arbeiten. Somit war die Wettbewerbsfähigkeit biomedizinischer Forschung in Deutschland beeinträchtigt. Der Bundestag hatte daraufhin ein neues Gesetz verabschiedet und den Stichtag auf den 1. Mai 2007 verschoben. In der Diskussion ging es nur um den Import von Zelllinien, die im Ausland hergestellt wurden. Die Herstellung neuer Stammzelllinien ist in Deutschland verboten.

Präsident Obama hob am 9. März 2009 ein Gesetz seines Vorgängers auf, welches in den letzten acht Jahren Mittel aus Bundesgeldern für humane embryonale Stammzellenforschung nicht vorsah. Nur die Stammzelllinien, die vor dem 9. August 2001 erzeugt worden sind, wurden von US-Amerikanischen Bundesgeldern gefördert. Mit Aufhebung dieser Beschränkung wird die umstrittene Forschung erleichtert. Zuvor standen nur private Fonds zur Verfügung, die dazu dienten, neue Stammzelllinien zu erzeugen. Dr. Gorg Daley vom *Harvard Stem Cell Insitute* des Children

Hospitals in Boston, USA, beantragte unter anderem die Änderung der Gesetzeslage. Der führende Stammzellenforscher sieht humane embryonale Stammzellen als die optimale und ultimative Grundlage an, um Heilungsmethoden zu studieren. Er ist der Ansicht, dass Politiker den Wünschen der Forscher nachkommen und sie großzügig mit Geldern unterstützen sollten.

Politiker und Journalisten sowie Befürworter der Stammzellenforschung vertreten die Auffassung, dass durch die Forschung mit menschlichen embryonalen Stammzellen adulte Stammzellen profitieren, was mittelfristig zu einer Alternative aufgebaut werden könnte.[107] Im Hin und Her zwischen Politik und Wissenschaft vernimmt man immer wieder das Argument, dass die Forschungen an humanen embryonalen Stammzelllinien unabdingbar seien, um die Möglichkeiten adulter oder reprogrammierter Zellen (iPS) richtig einschätzen und vergleichen zu können.

«Embryonale Stammzelllinien stellen quasi den Goldstandard für derartige Untersuchungen dar», erklärte der Vizepräsident der Deutschen Forschungsgemeinschaft.[108] Stammzellenforscher vertreten die Meinung, dass es nicht am Alter der Stammzellen liegt, denn Shinya Yamanaka (der das *Know-How* hatte, iPS-Zellen zu reproduzieren) benutzte in seinem Labor ausschließlich embryonale Stammzelllinien, die er selber 1998 hergestellt hatte.

Der Düsseldorfer Kardiologe Bodo-Eckehard Strauer ist ein Pionier der adulten Stammzellentherapie. 2001 entwickelte er die weltweit erste Herzinfarkttherapie mit adulten Stammzellen aus Knochenmark, die bisher an über tausend Patienten erfolgreich angewandt wurde. Heilungsversprechen durch embryonale Stammzellen hält er für Wunschdenken. Alles, was bisher bewiesen wurde war, dass humane embryonale Stammzellen Tumorzellen sind und die meisten davon bösartig.

Die verborgene Natur der embryonalen Stammzellen werde uns weisen, ob diese Forschung ihre Prämissen erfüllt. Der Gebrauch von embryonalen Stammzellen in der Tumortherapie selber ist sehr fraglich. Tumoren und Stammzellen haben die Eigenschaft, sehr schnell zu wachsen. Kämen rein fiktiv Stammzellen zur Anwendung, bedeutete dies automatisch ein Aus für Tumorstatica, da damit der Tumor und die Zellen, die als Therapiezweck eingesetzt wären, aufhören würden zu wachsen.

## 5. IN-VITRO-FERTILISATION

Am 25. Juli 2008 wurde das erste Retortenbaby, Louise Joy Brown, 30 Jahre alt. Als Retortenbabys bezeichnet man Kinder, die durch In-Vitro-Fertilisation erzeugt wurden, also außerhalb des weiblichen Körpers. Die Methode wurde am 25. Juli 1978 von Louise Brown, der Mutter des Retortenbabys, in Manchester entwickelt. So steht die Geburt von Louise Joy Brown gleichzeitig Pate für die Technik der künstlichen Befruchtung. In Amerika wurde die künstliche Besamung zum ersten Mal im Jahr 1981 vorgenommen. Das Ergebnis war, dass am 28. Dezember 1981 Elizabeth Carr in Norfolk, Virginia, geboren wurde. Das erste deutsche Retortenbaby kam 1982 in Erlangen zur Welt. Die Anwendung der In-Vitro-Fertilisation bei Menschen war damals sehr umstritten. Es gab ethische Bedenken. Man wusste nicht, ob ein Embryo bleibende Schäden davontragen würde, wenn er sich auch nur wenige Tage außerhalb des Mutterleibes befunden hatte. Man war sich damals bewusst, dass im Moment der Empfängnis menschliches Leben entsteht. So bereitete es den Ärzten Gewissensnöte, mehrere Eizellen zu befruchten und dann die nicht gebrauchten Embryos entsorgen zu müssen.

Bis 2002 kamen in Deutschland 100.000 Retortenbabys zur Welt. 2007 wird die Zahl der Geburten durch künstliche Befruchtung auf über drei Millionen geschätzt. Ungewollt kinderlose Frauen schöpften neue Hoffnung. Die Implikationen sind inzwischen so bedeutend, dass die gesellschaftliche Diskussion, die mit der Geburt des ersten Retortenbabys begonnen hat, dringend fortgesetzt werden muss.

**Retortenbaby**

Die Bestimmung der ovariellen Reserve für die Einschätzung der Prognose und der Durchführbarkeit einer medizinischen Intervention bei Infertilität bzw. Sterilität zeigt, dass ältere Frauen kaum noch befruchtungsfähige Eizellen haben.[109] Ehepaare mit Kinderwunsch, deren weiblicher Partner über 30 Jahre alt ist, können in den USA das Angebot von gespendeten Eizellen nutzen.[110] Eizellspenderinnen werden gut ausgesucht und müssen ein 21-seitiges Formular ausfüllen. Unter anderem, welche Religion sie haben und was für Hobbys oder welchen Berufsabschluss sie besitzen. Erstrebenswert ist, dass Spenderinnen über einen gewissen IQ verfügen. Man vertraut ihnen ja sozusagen seine Kinder an.

Eizellspenderinnen sind meist zwischen 20 und 30 Jahre alt. Allerdings müssen sie eine nicht ganz ungefährliche Prozedur der Superovulation (Hormonbehandlung, die zur Bildung von mehreren Eizellen führt) über sich ergehen lassen, bis man zwölf Eizellen von ihnen entnehmen kann. Spender und Empfänger kennen sich nicht. Spender wollen auch gar nicht wissen, wer und wofür ihre Eizellen benutzt worden sind. Schließlich wollen sie letztendlich im Supermarkt nicht den Leuten begegnen, die ihre Eizellen «gekauft» haben. Das Geschäft mit Eizellen bringt, abhängig vom US-Bundesstaat, mindestens 5.000 US$, was dazu beiträgt, dass sowohl kinderwillige Eltern wie auch Eizellspenderinnen glücklich sind. Es existiert sogar eine Storch-Agentur, die Spenderinnen vermittelt und die ihr Büro in San Diego, Kalifornien und Madison, Wisconsin hat.

Samenzellspender müssen sich mit weniger Geld zufriedengeben. Sie bekommen nur 100 bis 200 US$. Allerdings ist die Hormonbehandlung und

## 5. In-Vitro-Fertilisation

die Gewinnung von Samenzellen leichter als die bei Eizellen.[111] In Deutschland waren nur einige IVF-Behandlungsversuche je Patientin, die unter 40 Jahre alt und außerdem verheiratet sein muss, erlaubt. Die Spende von Eizellen ist in Deutschland verboten.

Seit dem Gesetz zur Stärkung des Wettbewerbs in den gesetzlichen Krankenversicherungen (GKV) aus dem Jahr 2004 ist die In-Vitro-Fertilisation in Deutschland Gegenstand hitziger Diskussionen. Damals wollte die Politik, dass Krankenkassen nicht für so genannte versicherungsfremde Leistungen aufkommen. Gemeint waren Leistungen, die nicht unmittelbar die Krankenversorgung beinhalten. Gynäkologen, die ihr Geld im Reagenzglas verdienen, flogen letztendlich aus dem Leistungskatalog der GKV.[112]

Die ersten vier Zyklen einer reproduktionsmedizinischen Behandlung wurden nur vor 2004 anstandslos erstattet. Den fünften Zyklus mussten gesetzlich krankenversicherte Paare selbst bezahlen. Damit ist seit 2004 das Kinderbekommen für Paare, die die Reproduktionsmedizin beanspruchen, teurer geworden: Paare zahlen somit die Hälfte der Kosten für die ersten drei Zyklen selbst. Ab Zyklus vier gibt es gar keine Erstattung mehr. Konkret zahlte die Krankenkasse vor 2004 für die als sinnvoll angesehenen fünf Zyklen 36.000 Euro. Heute zahlen Paare aus eigener Tasche 48.000 Euro für drei Zyklen, was die Inanspruchnahme verständlicherweise deutlich verringerte. 2004 waren es noch 18.591 In-Vitro-Fertilisationen; doch danach erfolgte ein Knick und man verzeichnete nur noch 10.000 Behandlungen pro Jahr.

Paare, die sich Reproduktionsmedizin leisten können, sind kaum noch zu finden. So überlegen Politiker ganz konkret, ob man mit einem Steuerzuschuss von 50% die Eigenbeteiligung in Zukunft auf 24.000 Euro reduzieren kann. Hypothetisch könnten dann mehr Kinder geboren werden und man würde so im Jahr 2050 Rentenbeiträge für insgesamt 15.000 Rentner finanzieren.[113] Ob die betroffenen Paare diese Kosteneffizienz bedacht haben?

Ohne Eizellen hat man die Rechnung ohne die Patientin gemacht. Frauen, die sich einer Fertilitätsbehandlung unterziehen, wollen entweder ihre Fruchtbarkeit stimulieren oder ihre Eizellen spenden. Die Prozedur, der sie sich unterziehen müssen, ist die gleiche. Sie bekommen über eine Dauer von sieben bis zehn Tagen jeweils eine subkutane Hormoninjektion verabreicht. Reife Eizellen werden mit Hilfe einer speziellen Absaugnadel gewonnen. Dies geschieht mithilfe eines ultraschallüberprüften chirurgischen Eingriffes, der unter Narkose stattfindet. Als gesamte Behandlungsdauer rechnet das Ethische Komitee der Amerikanischen Gesellschaft für Reproduktionsmedizin 56 Stunden. Inbegriffen sind Beratungen, Interviews und medikamentöse Behandlungen sowie Blut- und Hormontests usw.

Es ist wohl bekannt, dass durch diesen chirurgischen Eingriff das Risiko des Entstehens eines Ovarien-Hyperstimulations-Syndroms (Übererregung der Eierstöcke durch Verabreichung von Hormonen) besteht, mit der gesundheitlichen Konsequenz, dass die Frau unfruchtbar werden oder an dem Eingriff sterben kann.[114]

Um die Erfolgsraten der Kinderwunschbehandlung zu erhöhen, setzt man in der Sterilitätstherapie Antiöstrogene und Gonadotropine ein. Diese werden je nach Indikation für eine mono- oder polyfollikuläre Entwicklung im Eierstock appliziert. Seit Beginn der 90er Jahre gibt es Untersuchungen, ob Arzneimittel, die man zur Auslösung des Eisprungs benutzt, auch Eierstockkrebs hervorrufen. Diese Medikamente für die ovarielle Stimulation erhöhen die zirkulierenden Gonadotropine, welche bei der Entstehung von Eierstockkrebs eine Rolle spielen. Anfang der 90er Jahre wurden Fall-, Kontroll- und Kohorten-Studien publiziert, die zeigten, dass die Anwendung von Medikamenten zur ovariellen Stimulation das Risiko für Borderline-Tumore des Ovars und Ovarialkarzinome erhöht.[115/116]

Ein Vorteil dieser Methode war, dass Frauen, die in Fertilitätsbehandlung sind, häufiger gynäkologische Untersuchungen durchführen lassen und so pathologische Veränderungen an den Eierstöcken häufiger entdeckt werden.[117/118]

Unter diesen Umständen ist es erstaunlich, dass Eizellspenderinnen all diese Strapazen auf sich nehmen. Einige tun es nur unter dem Aspekt der finanziellen Entschädigung, andere wollen damit dem medizinischen Fortschritt dienen. Ein Entgelt für Menschen, die als Versuchskaninchen dienen oder die der Wissenschaft, in welcher Form auch immer, Untersuchungsmaterial liefern, ist ein Streitpunkt, weil es sehr feine Grenzen gibt zwischen ethisch akzeptablen Methoden und andererseits Techniken, welche die Menschenrechte verletzten.

## 5. In-Vitro-Fertilisation

### 5.1. Neudefinition der Natur

*F*ür die In-Vitro-Fertilisation bedurfte es anfänglich vieler Versuche. Manchmal wurden Dutzende von Embryos verbraucht, bis ein Erfolg erzielt werden konnte. Im Jahr 2005 stieg die Erfolgsrate um 34% an, wie das Amerikanische *Zentrum für Krankheitskontrolle und Krankheitsvorbeugung* (CDC) verlauten ließ. Das waren 28% mehr als 1996, wobei der prozentuale Anteil bei den unter 35-Jährigen höher und bei den über 40-Jährigen niedriger liegt. Je nach Samenqualität wird eine Befruchtung entweder durch die klassische IVF (In-Vitro-Fertilisation) oder die ICSI (Intra-Cytoplasmatische Spermiuminjektion) vorgenommen.

Bei der klassischen IVF-Methode werden etwa 100.000 bewegliche Samenzellen zu jeder reifen Eizelle gegeben. Das Spermium dringt selbständig durch eigene Bewegung in die Eizelle ein. Bei der ICSI-Methode wird ein einzelnes Spermium per Mikroinjektion in die Eizelle eingebracht. Mehrere reife Eizellen werden so «behandelt». Mit der neuen ICSI-Methode verhält es sich fast so wie in der Pflanzenzüchtung beim «smart breeding», wo man zum gezielten Anpaaren von Genen, die das gewünschte Merkmal tragen, greift.

Diese Methode, die 1992 eingeführt wurde, hat eine größere Erfolgsrate, wenn unter dem Mikroskop eine einzelne Samenzelle direkt in die Eizelle eingespritzt wird. Es kommt so auch zu weniger Missbildungen. Die Kosten betragen für die IVF 12.000 US$. Will man eine ICSI-Methode haben, kommen 1.000 US$ hinzu. Frauen, die ihre eigenen Eizellen spenden, um einer anderen Frau zu helfen, schwanger zu werden, oder neuerdings diese auch für Forschungszwecke spenden, bekommen einen Rabatt für die eigene Behandlung.

Seit 1989 bieten viele Kliniken eine genetische Präimplantationsdiagnostik an. Von einem Embryo im Acht-Zellen-Stadium wird eine Zelle entfernt, die dann auf genetische Abnormitäten untersucht wird. Inzwischen gibt es etliche Marker für Gene, die ein Krankheitsrisiko wie Krebs, Alzheimer, Asthma, Multiple Sklerose und Arthritis anzeigen. Es werden nur Embryos eingepflanzt, die keine Gendefekte aufweisen. Man kann natürlich auch gezielt nach Krankheiten suchen, die in der Familie vorkommen. Es ist zu hoffen, dass die Angaben der Spenderinnen der Eizelle bezüglich ihrer Familienkrankheiten stimmen.

## Verheißungen der neuesten Biotechnologien

2009 brachte in England eine 27-jährige Mutter ein Baby zur Welt, das frei vom Brustkrebsgen war. Ärzte der Universität in London erzeugten mit Hilfe der künstlichen Befruchtung acht Embryos, welche sorgsam untersucht wurden, ob sie nicht Träger des Brustkrebsgenes BRCA1 sind. Durch Präimplantationsdiagnostik ließen sich zwei Embryos ausselektieren, die dann der Mutter eingepflanzt wurden. Mütter, die mit dieser Erbkrankheit behaftet sind, besitzen eine 80%ge Wahrscheinlichkeit, an Brustkrebs zu erkranken, und haben zu 60% das Risiko, Eierstockkrebs zu entwickeln. Im «Englischen Fall» war der Vater seit drei Generationen Träger des Brustkrebsgens und hätte eventuell die Krankheit an eine Tochter weitervererben können. Die Mediziner hoffen nun, dass ihr Baby keinen Brustkrebs ausbilden wird. Jedoch – selbst wenn das Kind das Gen nicht besitzt, ist eine solche Garantie sehr vage, da Krebs multifaktoriell bedingt ist.

Die in England angewandte Methode war von den entsprechenden Stellen abgesegnet worden und somit rechtfertigten Mediziner ihren selektiven Eingriff.[119] Die Prozedur ist trotzdem sehr fragwürdig, weil ein Embryo vernichtet wird, nur weil er ein Gen hat, das vielleicht zur Ausbildung von Brustkrebs führt. Dieses eine Gen ist das Todesurteil für ansonsten gesunde Kinder. Von daher gesehen ist es moralisch und ethisch keinesfalls zu vertreten und vollkommen unangemessen, gesunde Embryos zu vernichten, um ein «Designer-Baby» zu kreieren.

Im November 2008 wurde eine Studie des *US-National-Birth-Defects-Prevention-Center* (NBDPN) veröffentlicht, die ergab, dass in der assistierten künstlichen Befruchtung die Ursache für viele Geburtsdefekte liegt. Von Oktober 1997 bis Dezember 2003 wurden Kinder untersucht, die durch In-Vitro-Fertilisation «kreiert» wurden. Diese wurden mit normal gezeugten Kindern verglichen. Künstliche Befruchtung führte zu Herzdefekten, Hasenscharten, Speiseröhrenverschluss oder Anusverschluss.[120]

Bei der Präimplantationsdiagnostik wird also eine Selektion an einem künstlich befruchteten Embryo durchgeführt, weil man nur gesunde Embryos haben will. Die Methode ist, wie es scheint, selber mit Geburtsfehlern behaftet. So fragt man sich, was die Eltern letztendlich gewonnen haben. Das Ganze ist leider auch noch sehr zwiespältig. Embryos werden, so könnte man sagen, wegen ihrer Erbanlagen diskriminiert. Wunschgeschwister landen im Müll und das aus rein ökonomischen

## 5. In-Vitro-Fertilisation

Überlegungen. Denn wer will denn ein «designetes», behindertes Wunschkind, für das er auch noch viel Geld bezahlen muss. Eine Behinderung wird als «unwertes Leben» angesehen. Man mindert damit den ethischen Wert eines Lebens überhaupt. «Das kann man als Deutscher eigentlich nicht zulassen, da wir doch in diesem Punkt gebrannte Kinder sind», meint ein berühmter Kardiologe. «Wenn man schon einen Embryo, der im befruchteten Stadium ein kleiner Mensch ist, für nicht lebenswert erachtet, weil er nicht denkt und fühlt, dann ist der Schritt, Behinderte zum unwerten Leben zu erklären, auch nicht mehr so weit».[121]

«Wollen wir eine genetisch gesäuberte Zukunft?» So lautet ein Statement, das aus dem Mund des schwer behinderten Bioethikers Dr. Tom Shakespeare kommt. Früher kämpfte Shakespeare für ein Verbot, behinderte Kinder abzutreiben, heute sind wir soweit, dass man froh sein muss, wenn man nicht dafür diskriminiert wird, dass man ein Baby austrägt. Vorgeburtliche Untersuchungen – im späteren Stadium ist diese Untersuchung verbunden mit einer Abtreibung – bezeichnet er als Eugenik, die gleichzusetzen ist mit der Auslöschung «unwerten Lebens». Ein nicht allzu unbekanntes Wort aus der jüngsten deutschen Geschichte.

Der Unterschied zwischen damals und heute ist, dass der Staat damals Zwang ausübte, während man heute (im Rahmen des Gesetzes bei einer Abtreibung) -laut Shakespeare- die freie Entscheidung des Paares akzeptiert. Wer gegen die Geburt eines behinderten Kindes ist, vertritt damit die Meinung, dass es keine behinderten Menschen geben sollte, diese somit kein Existenzrecht haben, weil sie der Gesellschaft zur Last fallen. Auch hat man heute sehr viele Schwierigkeiten damit, im Leiden einen Sinn zu sehen. Man fürchtet sich vor der psychischen und physischen Belastung, ein behindertes Kind zu haben, und auch vor dem Druck der Gesellschaft.

Für den Ethiker John Harris von der University of Manchester gehört die freie Wahl bei allem, was die Fortpflanzung betrifft, zu den Grundrechten in einer Demokratie. «Wenn es nicht falsch ist, dass sich zukünftige Eltern ein hübsches, strammes, braunhaariges Kind wünschen, warum ist es dann plötzlich falsch, diesen Wunsch zu erfüllen, wenn wir die Technik dazu haben? Wünscht sich eine Frau ein Mädchen anstatt eines Jungen oder ein Kind mit einer bestimmten Hautfarbe, dann hätte schließlich niemand Grund, die Geburt dieses Kindes zu beklagen. Und auch das Kind hätte keinen Grund, seinen Eltern etwas vorzuwerfen».[122] Kann man daraus nicht fast schließen: Wenn ich das Anrecht auf ein Wunschkind habe, habe ich auch das Anrecht darauf, ein unerwünschtes Kind, egal wie alt es ist, zu töten?

Eine sehr beachtete Publikation von Professor Dr. Philip Ney bezeichnete es als Faktum, dass Eltern, die ihre Kinder abtreiben, ihre Hemmschwelle der Gewalt gegenüber den geborenen Kindern mehr und mehr verlieren und auch diese nun leichter missbrauchen.[123] Kinder selber entwickeln ein Gespür dafür, was Selektion bedeuten kann. Dieses Phänomen wird auch «Survivor Syndrom» genannt. Dr. Ney und Dr. Sheridan, die diesen Begriff prägten, berichten darüber, dass Kinder normalerweise mitbekommen, wenn die Mutter schwanger ist. Wenn sie bemerken, dass ihr Geschwisterchen nicht mehr da ist, bekommen sie Gewissensbisse. Sie schieben sich die Schuld zu, weil sie ja eigentlich im Familienzuwachs einen Rivalen sehen. Sie meinen einerseits, sie hätten das Ungeborene nur durch ihren Wunsch aus dem Weg geräumt, was schlecht für ihre so genannte «will power» (Willensstärke) ist, oder sie haben Angst, die Mutter könnte genauso mit ihnen verfahren. Auf der anderen Seite fragen sie sich, warum sie selbst überlebt haben. Dieses Verhalten erinnert an die «Survivors» von Katastrophen, die nach der eigentlich irrationalen Schuld suchen, warum sie überlebten.[124]

Ob unter den Embryologen der Fertilisationsklinik, die im gewissen Sinne selektieren, solche Fragen aufkommen, hat noch keiner untersucht. Gründe für die Selektion, die sie treffen, sind: unwertes Leben, das Potential, das in Embryonen vorhanden ist, eine verbrauchende Embryonenforschung (nicht genutzte Embryos aus In-Vitro-Fertilisation). Im Gegensatz dazu steht ein Kommentar von Viktor E. Frankl: «Mit jedem Menschen, der zur Welt kommt, wird ein absolutes Novum ins Sein gesetzt, denn die geistige Existenz ist unübertragbar, ist nicht fortpflanzbar von den Eltern auf das Kind. Was allein fortpflanzbar ist, sind die Bausteine – aber nicht der Baumeister.»

Medizinethiker waren allerdings geschockt, als eine Mutter im Januar 2009 in Los Angeles acht Babys auf die Welt brachte. Der Fertilisationsklinik im berühmten Beverly Hill stand ein Gerichtsverfahren ins Haus, weil sie der jungen Mutter sechs Embryos implantierten. Die kalifornische Gesundheitsbehörde prüfte daraufhin, ob der behandelnde Arzt möglicherweise seine medizinische Fürsorgepflicht verletzt hatte, weil die künstliche Familienplanung normalerweise nur zwei oder drei Embryos, die eingepflanzt werden, vorsieht. Die 33-jährige alleinerziehende Mutter hatte bereits fünf Kinder. Auch diese kamen durch künstliche Befruchtung auf die Welt.

Dieses Mal wollte die Mutter, dass alle ihre durch In-Vitro-Fertilisation erzeugten Embryos eingepflanzt werden. Sie wollte nicht, dass die Ärzte selektieren, wer ihr Kind werden darf und wer nicht. Auch später, als sie erfuhr, dass sie acht Kinder bekommen würde, wollte sie nicht, dass eines ihrer Kinder abgetrieben wird. Schon immer hatte sie den Wunsch gehabt, eine große Familie zu haben, verteidigte sich die werdende Mutter. Sie erachtete es als schmerzlicher, ein Kind durch eine Abtreibung zu verlieren, als alle acht zu gebären. Die Achtlinge, die per Kaiserschnitt zur Welt kamen und die alle überlebten, erregten großes Aufsehen in der Presse. Man redete von Kinderwahn anstatt Kinderwunsch. Unter die gleiche Kategorie zählte man 60- oder 70-jährige werdende Mütter, die Designer-Babys zur Welt bringen, oder Eltern, die ein Kind nur deshalb empfangen, weil sie einen Spender für ein anderes, bereits vorhandenes krankes Kind brauchen. Künstliche Befruchtung macht es möglich, ein Geschwisterkind zu zeugen und auszuwählen, welches sich als Zell- und Organspender eignet.

So betrachtet man die ganze Angelegenheit im Zusammenhang mit den Begebenheiten der jeweiligen Situation und kommt zu der Feststellung, dass nur in einigen Fällen die Moral Vorrang hat vor der «Machbarkeit». In Deutschland würde ein Arzt, der sechs Embryos einpflanzt, vor Gericht landen. Alleinstehende Frauen können sich sowieso keiner Fruchtbarkeitsbehandlung unterziehen. Dass die Mutter der Achtlinge ihre insgesamt 14 Kinder nur mit Hilfe staatlicher Unterstützung aufziehen kann, hat für heftige Empörung gesorgt. Dr. James Gifro, Professor für Gynäkologie und Geburtshilfe der New Yorker Universität, verteidigte sich. Es sei nicht seine Aufgabe, Leuten zu sagen, wie viele Kinder sie bekommen dürfen. Er sei Arzt und nicht Polizist.[125]

Eigentlich hat die Mutter der Achtlinge nur konsequent das getan, was uns die In-Vitro-Fertilisations-Technik bietet. Warum sollte man den Ärzten plötzlich ihre Approbation entziehen, wo sie doch ihren Lebensunterhalt mit diesem für sie tagtäglichen «Geschäft» verdienen? Die Öffentlichkeit war der Meinung, man hätte die Mediziner verpflichten sollen, überzählige ungeborene Kinder abzutreiben. Der Wunsch der Mutter hätte in keinem Fall ausschlaggebend sein dürfen, weil es ja letztendlich auch ein bisschen um das Wohl der einzelnen Babys ging. Die Ansicht, dass weniger Babys eine bessere vorgeburtliche Entwicklung durchlaufen, hätte der Mutter einleuchten müssen, egal, ob es darüber Daten oder nur Theorien gibt. Man solle die Gynäkologen nun regresspflichtig machen, damit sie und nicht die Steuerzahler für den Unterhalt der Achtlinge aufkommen müssen.

Darf ein Arzt einer Mutter ihr Recht auf Reproduktion verweigern? Handelt es sich um einen Skandal, von dem nicht unschuldigen medizinischen Personal heraufbeschworen, wie man meint? Ist unsere Weltanschauung diesbezüglich gespalten und misst man mit zweierlei Maß? Bisher schien es die Öffentlichkeit kaum zu interessieren, dass mit Steuergeldern ganz selbstverständlich Abtreibungen und Stammzellenforschung finanziert werden.

Sind demzufolge Parolen wie: «mein Bauch gehört mir» und die ganze damit verbundene Mentalität nur berechtigt und anerkannt, wenn man seinen Kindern den Platz im Mutterleib nicht vergönnt? Ist der Elternwunsch entscheidend? Bietet die Reproduktionsmedizin Eltern die technische Möglichkeit für ein Designer-Baby und damit indirekt auch eine Rechtfertigung für eine Mutter, ihr schon vorhandenes Kind im Mutterschoß zu töten? Es scheint ein Dilemma zu sein, weil man entweder auf das Wohl der Kinder oder auf das Recht der Eltern schaut. Medizinethiker waren um das Wohlergehen der acht Babys besorgt, man scheint aber nicht betroffen zu sein, wenn Embryos ausselektiert und entsorgt werden, weil ihre Augen blau anstatt braun sind.

Als ein absolutes Novum bot 2009 eine Fruchtbarkeitsklinik in Los Angeles eine Leistung an, nach der Eltern ihre Kinder genau nach Wunsch «bestellen» können. Eltern können so entscheiden, ob ihr Sohn blaue Augen- und blond sein darf, ob seine Hautfarbe dunkel oder weiß sein soll, oder ob sie sich lieber eine schwarzhaarige, grünäugige Tochter wünschen. Kollegen in der Zunft der Reproduktionsmediziner sind entsetzt. Man kann sich nicht die Leistungen und Errungenschaften der Biomedizin im Feld der genetischen Pränataldiagnostik zu Nutze machen, um daraus Kapital zu schlagen, argumentieren sie. Genetiker können zwar genügend DNA aus einer Zelle isolieren, um daraus unzählige Charakteristiken des Embryos vorherzubestimmen. Aber selbst, wenn dank der Wissenschaft und den unglaublichen Fortschritten die Möglichkeiten vorhanden sind, genetisch defekte Embryos auszuselektieren, ist es niemals gerechtfertigt, diese Techniken zu missbrauchen, um Wunscheltern zu befriedigen. Die Klinik in

Los Angeles ist bisher einzigartig mit ihrem Angebot, das Geschlecht der in Auftrag gegebenen Kinder dem Wunsch der Eltern zu überlassen.

Marcy Darnovsky, Direktorin am *Zentrum für Genetik und Gesellschaft*, ist sehr besorgt über diesen Trend der Zeit. Sie ist der Meinung, dass wir eine Gesellschaft aufbauen, in der wir Mitmenschen, die noch nicht mal geboren sind, diskriminieren.

«Heute ist das Kriterium für Wunschkinder die Haar- oder Augenfarbe, morgen wird es der Intelligenzquotient sein».[126] Nur weil die technische Möglichkeit besteht, etwas zu kreieren, bedeutet dies noch lange nicht, dass es ratsam ist, dies auch zu tun. Wenn der Mensch aus reinem Übermut oder aus Stolz hier eingreift, kann dies unvorhersehbare Folgen haben, die erst die nachfolgenden Generationen zu spüren bekommen.

## 5.2. Transgenic Pets

Gentechnologie ist eine hochtechnologische Methode, um eine geniale Kombination aus wünschenswerten Eigenschaften in ein Lebewesen hinein- oder herauszuzüchten. Seine Nachkommen sind somit Träger einer bestimmten Eigenschaft bzw. werden eine unerwünschte Krankheit nicht aufweisen. Ein im Labor zusammengebasteltes Supergen, das allen Ansprüchen entspricht, wird einfach das unerwünschte Gen ersetzten – und alle sind zufrieden, könnte man meinen.

Wie immer steht für alle Neuerungen der Medizin die Tiermedizin Pate. Und so ist es nicht verwunderlich, dass fiktive Berichte über eine angebliche Innovation der so genannten Genpets™ eine ausgesprochen große Verbreitung haben. Hierbei wird über in Plastikbeutel eingepackte, biotechnisch hergestellte atmende genetische Wesen berichtet, die man angeblich mittels «Zygoter Mikroinjektion» (ZMI) erzeugen kann. Dies ist eine breitflächig angewandte, sehr einfache Methode, mit der man Erbgut vermischen und die so entstandene DNA, oder auch Proteine, in das Tier der Wahl eingeben kann. Angeblich wurde diese Methode das erste Mal 1997 benutzt, um eine leuchtende Quallenmaus herzustellen. Es folgten fiktive Berichte über die Produktion von Leuchtschweinen, Leuchtfischen, Leuchtaffen sowie über die Injektion von Spinnen-DNA in Schafe und von menschlicher DNA in Hasen und Schimpansen. Den durchbrechenden

## Verheißungen der neuesten Biotechnologien

Erfolg hatte man den skurrilen Berichten zufolge allerdings erst mit der Schaffung der Genpets™.[127]

Natürlich handelt es sich hierbei nur um eine an den Haaren herbeigezogene Berichterstattung. Dennoch gibt der Inhalt zu denken, da uns einige der genannten Methoden nicht unbekannt sind. Ein Schreiben der Amerikanischen Gesellschaft für Reproduktionsmedizin warnt vor genetischen Technologien, weil sie viele Fragen aufwerfen, und sei es nur die der Selektion der Gene von Kindern. Genpets zeigen uns, dass der Traum, die Natur selber zu definieren und so zu verändern, wie es uns passt, immer noch sehr lebendig ist.

Jede Fertilisationsklinik bietet eine Präimplantationsdiagnostik an. Sie kostet, je nachdem was getestet werden soll, zwischen 2.000 und 5.000 US$. Die Wünsche sind sehr vielseitig, aber alle können erfüllt werden. So kommen oft junge Damen, die ihre Eizellen zwecks späterer Nutzung in flüssigem Stickstoff einfrieren wollen. Oder, weil sie eine Chemotherapie über sich ergehen lassen müssen und die Eizellen darunter nicht leiden sollen. Die Jahresmiete in einem Nitrogentank kostet 440 US$. Dies erlaubt es, eine Mutterschaft in Erwägung zu ziehen, deren Zeitpunkt die Frau fast alleine bestimmt. Was jedoch mit den vielen Embryos passieren soll, die in Nitrogentanks gelagert werden und nicht für eine In-Vitro-Fertilisation bestimmt wurden, ist nicht geklärt.

Nitrogenkinder

Die Kosten für die in flüssigem Stickstoff gehaltenen tiefgefrorenen menschlichen Embryos sind horrend. Letztendlich muss man die menschlichen Embryos «entsorgen». Mitarbeiter der Kliniken, auf die das Los fällt, dies zu tun, gestehen, wie schwer es ihnen fällt, ihren Auftrag auszuführen.[128] Die genetischen Eltern wollen außerdem unter allen Umständen vermeiden, dass ihre tiefgefrorenen Embryos von anderen Eltern ausgetragen und großgezogen werden.

Die Adoption eines Kindes ist doch schon schwierig genug, man stelle sich eine «Adoptions-Agentur für gefrorene Embryos» vor! Vielleicht mit dem Namen «Nitrogenkinder». Heutzutage sind Embryos lästige Überflussware, ja Bioabfall, verbunden mit hohen Kosten. «Die Geister, die ich rief, werde ich nicht mehr los», ein Goethe unseres Zeitalters würde vielleicht sagen: «Embryos, die man schuf, lassen uns nicht mehr los.»

Immanuel Kant, ein Philosoph des 18. Jahrhunderts, versuchte zu erklären, wie es dem Menschen gelingt, glücklich zu werden, indem er die richtigen Entscheidungen trifft. In seinem Buch «Kritik der reinen Vernunft» unterscheidet er eine subjektive und eine objektive Vernunft. Subjektiv sind reine Erkenntnisse, wie z.B. das Essen schmeckt gut, oder das Mädchen ist schön. Diejenigen, die den gleichen Geschmack oder den «sensus communis» haben, stimmen mit der Aussage überein. Das Urteil basiert auf unseren Sinnen.

Ein gutes Urteil ist jedoch eine ethische Entscheidung und basiert auf moralischen Gesetzen, d.h. sie ist objektiv. Eine Sache ist entweder moralisch einwandfrei oder unmoralisch, dazwischen gibt es nichts. Unser freier Wille und so wie wir denken, hängt von den Urteilen ab, die wir treffen. Das Urteilsvermögen selbst basiert auf unserer Intelligenz.

Die Intelligenz hat sich der Mensch nicht selber gegeben. Im 9. Kapitel aus dem Buch der Weisheit heißt es in 2,3: «Gott hat in seiner Weisheit den Menschen erschaffen, damit dieser Herrschaft über die Geschöpfe Gottes hat und sie regiert in Heiligkeit und Gerechtigkeit.» Auch in Psalm 8,6-8 heißt es: «Du hast ihn als Herrscher eingesetzt über das Werk deiner Hände, hast ihm alles zu Füßen gelegt: All die Schafe, Ziegen und Rinder und auch die wilden Tiere, die Vögel des Himmels und die Fische im Meer, alles, was auf den Pfaden der Meere dahinzieht.»

Herrschaft ist aber nichts Absolutes, sondern man hat durch sie eine spezifische Verantwortung gegenüber der Umwelt, der Schöpfung, in welcher wir leben. Werner Pluhar, der Kants Werk «Kritik der reinen Vernunft» in die englische Sprache übersetzt hat, merkte an: «Wir haben hochorganisierte Körper, die, wie es scheint, nach einem bestimmten Konzept und Zweck entwickelt wurden».[129]

Der Mensch hat nicht die Freiheit, die Dinge so zu nutzen, wie es ihm passt. In Genesis 2,17 ist das Verbot beschrieben, vom Baum des Lebens zu essen. Das Handeln des Menschen ist den moralischen Gesetzen und auch den Naturgesetzen unterworfen. Denn die eigentliche Herrschaft über die Welt hat der Schöpfer.[130]

Der Ethikbegriff wurde in Griechenland geprägt. Man verband ihn mit einem guten Leben. Die daraus entstandene Philosophie baut auf der Richtigkeit oder Falschheit von Urteilen auf, so wie sie sich uns aus dem Naturgesetz offenbaren. Für Kant ist Gott die Basis der Ethik.

«Gott ist ein Gott der Wahrheit»,

heißt es in Deuteronomium 32,4-2. Durch Sensation oder mit Gefühlen können wir die Wahrheit letztendlich nicht erkennen. Wahrheit zu erkennen, erfordert eine intellektuelle Entscheidung. Ich muss mit meinem freien Willen das entscheiden und mich zu dem bekennen, was ich als WAHR ansehe, und so Sensationen und Gefühle von der Wahrheit trennen.[131]

In unserer Gesellschaft würde kein Mensch sein Leben riskieren, um aus einer brennenden In-Vitro-Fertilisationsklinik einen Nitrogentank mit tiefgefrorenen Embryos zu retten. Noch dazu, wenn der Feuerwehrmann zeitliche Kalkulationen anzustellen hat und abwägen muss zwischen einer jungen, intelligenten, hübschen Forscherin und einem Nitrogentank mit in sich selbst nicht lebensfähigen menschlichen Embryos. Der Feuerwehrmann muss unter Zeitdruck handeln und kann entweder nur die hübsche Frau oder den Nitrogentank mit Embryos retten. Ein Mitglied der Rettungsmannschaft orientiert seine Handlung an dem, was ihm vertraut ist. Er hat keine Zeit für eine logische Argumentation in einer Krisensituation, wo er eine Sekundenentscheidung treffen muss. Tiefgefrorene Embryos sind unserem Bewusstsein vollkommen fremd. Einen Menschen zu retten scheint gerechtfertigt und plausibel zu sein. Außerdem ist das Fortleben der Embryos fraglich. Selten werden sie in einen Uterus verpflanzt, um dann das Licht der Welt zu erblicken. Es ist eher wahrscheinlich, dass sie von einem Kliniksmitglied einem Wissenschaftler ausgehändigt werden.

Dieses mögliche Szenario entschuldigt allerdings nicht eine verbrauchende Embryonenforschung. Es sagt auch nichts über den Wert oder die Würde eines Embryos aus. Es ist überhaupt falsch, dieses Beispiel als Rechtfertigung für Stammzellenforschung anzuführen.[132]

## 5.3. Die praktische Lösung des Problems

*T*heodor W. Adorno sieht den Menschen in einem ständigen Kampf, vor allem gegen die innere Natur. Er bezeichnet die Natur in der Dialektik der Aufklärung als äußere Bedrohung, die aber nichts sei gegen die total feindliche innere Natur, gegen die sich der Mensch behaupten müsse, weil er sonst nicht überleben könne. Nicht einmal Glück sei dem Menschen gewährt, wenn er diesen Kampf nicht erfolgreich während seines Lebens ausfechte.[133]

Eigentlich wollte man doch nur jungen Paaren das Glück eines Kindes bescheren. Man eröffnete stattdessen mit der künstlichen Befruchtung ein vollkommen neues Kapitel, dessen Folgen Umweltexperten, Mediziner, Bioethiker, Philosophen, Theologen, Juristen, Politiker, ja fast jeder leidenschaftlich diskutiert. In-Vitro-Fertilisation ist ein medizinischer Eingriff, der im Grunde genommen beweist, dass der Embryo ein vollkommen neues, eigenständiges menschliches Lebewesen ist, das außerhalb des weiblichen Körpers geschaffen wurde.

1978 waren Mediziner noch sehr darüber beunruhigt, ob die In-Vitro-Fertilisation dem Embryo im späteren Leben schaden könnte. Das Ungeborene ist für neuen Monate direkt von der Mutter abhängig. Wenn der Embryo nicht schleunigst wieder in den Mutterleib gebracht wird, stirbt er. So, wie jedes Lebewesen stirbt, wenn ihm seine Ernährung verweigert wird. Die Verantwortung am Tod liegt so gesehen bei demjenigen, von dem das Leben des anderen abhängt und der die Verpflichtung hat, sich um dieses zu kümmern.

Wir sind in jeder Beziehung aufeinander angewiesen. Wenn man sich dies nicht eingesteht, ist man gar nicht lebensfähig. Es gibt bestimmte Rechtsprinzipien, die bei der Schöpfung geschaffen wurden. Tiere haben ein rein instinktives Naturgesetz, während der Mensch die Fähigkeit der Selbsterkenntnis hat und sich an seinem Gewissens orientieren kann. Als Gewissen erachtet man die innere Stimme, die sich an den Naturgesetzen ausrichtet, wenn wir eine konkrete Lebenssituation zu meistern haben. Wir haben es uns nicht selbst übergestülpt und bekommen es auch nicht von unseren Eltern oder Politikern aufgezwungen.

Es ist eine «innere Stimme», die zu uns spricht, damit wir unsere

Entscheidungen nicht dem puren Zufall überlassen, sondern uns an logischen und moralischen Gegebenheiten orientieren. Unser Handeln ist damit im Einklang mit den Naturgesetzen, was uns auch Lebensfreude und Zufriedenheit vermittelt.[134] Wenn wir also von der Wahrheit einer Sache überzeugt sind, handeln wir danach.

Die Wissenschaft sah immer ihre Aufgabe darin, die Wahrheit zu ergründen. Aber Wissenschaft kann sich irren, die Wahrheit nicht. Wissenschaftler möchten heutzutage das Milieu des homo sapiens herausfinden, welches er in den ersten neun Monaten braucht, um wachsen und gedeihen zu können. Dieses «Wissen» würde der Forschung verhelfen, embryonale Stammzellen zu differenzieren. Ob das den «Experten» jemals gelingt?

Rein theoretisch gesehen, ist das Projekt einer In-Vitro-Fertilisation, eigentlich ein naturfremder Vorgang. Somit muss sich die Wissenschaft die Frage stellen, wie sie versuchen will, die Natur zu imitieren, wenn ihre Experimente auf einem unnatürlichen Vorgang basieren – ganz abgesehen von der Frage, ob man alles vollbringen darf, nur weil die Techniken und die Ressourcen für einen bestimmten Eingriff vorhanden sind. Sind wir als Menschen Herrscher über das Leben?

Sokrates vertrat die Auffassung, dass es unangemessen für einen Menschen sei, sein Handeln ausschließlich von Konventionen und Traditionen leiten zu lassen. Aristoteles propagierte die Abhängigkeit unseres Handelns von vernünftigen Überlegungen, womit er unsere Reflexionen zum Gegenstand einer philosophischen Disziplin erhob, die als Ethik bezeichnet wird. Ihre Aufgabe ist es, Kriterien für gutes und schlechtes Handeln und die Bewertung seiner Motive und Folgen festzulegen. Das Ziel der Ethik wird darin gesehen, allgemeingültige Ziele und Normen aufzustellen.

Rationale Entscheidungen beantworten die Frage, wie ich handeln soll. Sie lassen uns jedoch im Unklaren, ob meine Motive mit dem moralisch Guten, dem Wohl des anderen übereinstimmen. Ich muss mich also an den allgemeingültigen Normen orientieren, diese auslegen und anwenden. Was entspricht einer gültigen Richtschnur? Die Errungenschaften der Medizin oder des Fortschritts?

Wenn man in die Geschichte schaut, hat man sich bisher immer an der Religion orientiert, da sie, vereinfacht gesagt, auf den Naturgesetzen aufbaut. Wie wir aus dem Buch Genesis wissen, schuf Gott Mann und Frau (Gen

## 5. In-Vitro-Fertilisation

1,31). Diese Zweisamkeit bildet die Grundlage interpersonalen Austausches. Menschen sind von Natur aus soziale Wesen. Wenn wir nicht voneinander abhängen würden, könnten wir uns überhaupt nicht entwickeln. Wir hängen nicht nur voneinander ab, sondern auch von Gott, und um ihn zu erkennen, haben wir das Gewissen, das wir uns nicht selbst gegeben haben.

Der Mensch entdeckt die Stimme des Gewissens, die zu ihm spricht, wenn er im Begriff ist, sich gegen Moral oder Naturgesetze zu verfehlen. Er muss sich so nicht durch den Zufall leiten lassen, sondern kann den Mahnungen sogar sehr harmonisch Folge leisten. Dann hat er den Kampf gegen die innere Natur, von der Adorno spricht, fast schon bestanden.

Eine Religionsgemeinschaft, die sich ohne Kompromisse für das Recht auf Leben einsetzt, ist die katholische Kirche. Interessant ist, dass Papst Paul VI. bereits vor über 40 Jahren, also vor der Legalisierung von Abtreibung und In-Vitro-Techniken, «Humanae Vitae» herausgegeben hat.

Dieses Schreiben über die Weitergabe menschlichen Lebens wurde am 25. Juli 1968 und somit genau auf den Tag zehn Jahre vor der Geburt des ersten Retortenbabys veröffentlicht. In «Humanae Vitae» heißt es unter anderem, dass der Mensch nicht der Herr über die Quelle des Lebens ist, sondern sich vielmehr in den Dienst des auf den Schöpfer zurückgehenden Planes stellen soll.

Wie nämlich der Mensch ganz allgemein keine unbeschränkte Verfügungsmacht über seinen Körper hat, so im Besonderen auch nicht über die Zeugungskräfte als solche, sind doch diese ihrer innersten Natur nach auf die Weckung menschlichen Lebens angelegt, dessen Ursprung Gott ist.

«Das menschliche Leben muss allen etwas Heiliges sein», mahnt Papst

Johannes XXIII.1961, «denn es verlangt von seinem ersten Aufkeimen an das schöpferische Eingreifen Gottes».[135]

Papst Johannes Paul II. erklärte 1988 in seinem Apostolischen Schreiben «Christifideles Laici»: «Die Unantastbarkeit der Person, die Widerschein der absoluten Unantastbarkeit Gottes selbst ist, findet ihren ersten und fundamentalsten Ausdruck in der Unantastbarkeit des menschlichen Lebens. Wenn das Recht auf das Leben nicht als erstes und fundamentales Recht mit größter Entschiedenheit als Bedingung für alle anderen Rechte der Person verteidigt wird, bleibt auch das berechtigte, wiederholte Hinweisen auf die Menschenrechte – auf das Recht auf Gesundheit, Wohnung, Arbeit, Gründung einer Familie, Kultur usw. – trügerisch und illusorisch.»

Unter dem Freiheitsbegriff verstanden die Gründungsväter Amerikas: «Leben, Freiheit und das Streben nach Glückseligkeit», die jedem Amerikaner seit dem Unabhängigkeitstag 1776 mit der Unabhängigkeitserklärung der Vereinigten Staaten von Amerika zustehen. «Alle Menschen sind gleich erschaffen und wurden von ihrem Schöpfer mit diesen unveräußerlichen Rechten begabt.»

Die amerikanische Verfassung gesteht diese Rechte allen Menschen ihres Landes zu, geboren oder ungeboren, da ist kein Unterschied. Somit hat der Staat oder im Falle einer Abtreibung die Mutter des Kindes nicht das Recht, das Leben ihres Kindes zu beenden, weil sie es ja nicht erschaffen hat. Stammzellenforscher meinen jedoch, dass sie selber Leben erschaffen dürfen, und somit kann ihnen keiner das Recht absprechen, es auch wieder auszulöschen, wenn sie es nicht mehr brauchen.

Das kirchliche Dokument «Gaudium et Spes» (Zweites Vatikanisches Konzil: Pastoralkonstitution über die Kirche in der Welt von heute, 1965) spricht davon: «Ohne den Schöpfer, der Leben initiiert, würde Leben an sich ausgerottet werden. Wenn man aber Gott vergisst, wird die Kreatur selbst unbedeutend.» Es ist unabdingbar, dass die Schaffung von Leben von der Moral sowie den Naturgesetzen abhängt und das Wohl der gesamten Menschheitszukunft im Auge behält.

Die Ehemoral hat ihre Grundlage im natürlichen Sittengesetz. Leben weiterzugeben, heißt so, dass Ehepaare keineswegs ihrer Willkür folgen dürfen, gleichsam als hinge die Bestimmung der sittlich gangbaren Wege von ihrem eigenen und freien Ermessen ab. Sie sind vielmehr verpflichtet, ihr

## 5. In-Vitro-Fertilisation

Verhalten auf den göttlichen Schöpfungsplan auszurichten (Gaudium et Spes).

Folgen Forscher, die Leben einzig und allein mit dem Ziel schaffen, Stammzellen zu erzeugen, ihrer Willkür? Sie zerstören das Leben, nachdem sie es geschaffen haben, wissen aber nicht, welche Folgen ihr Eingriff in den Genpool der Menschheit auf das zukünftige Leben unserer Spezies hat. Vielleicht rotten wir es ja dadurch aus?

In der amerikanischen Verfassung heißt es, dass alle Menschen gleich erschaffen worden sind. Dieses Recht ist menschlichen Lebewesen, die im Labor «erzeugt» werden, abgesprochen.

Hans-Magnus Enzensberger, ein deutscher Autor und Poet, hinterfragt neueste Gentechnologien, die etwas Großes und Ganzes verheißen, das sie aus einer pluripotenten Stammzelle hervorzaubern. Bei solchen interpretatorischen Kunststücken wären wohl eher Bescheidenheit und Skepsis angebracht.[136]

Hochtrabende Erkenntnisse werden schnell zunichte gemacht, weil Wissenschaft dem Wandel der Zeit unterliegt. Ergebnisse und Behandlungsmethoden werden korrigiert. Forschungsdaten sind kurzlebig und entsprechen bald nicht mehr dem Standard. So kann man nicht einerseits behaupten, dass nur die Dinge existieren, die man wissenschaftlich beweisen kann. Denn andererseits erklärt man damit nicht nachweisbare Dinge als nicht existent.

Zum Beispiel kann ich subatomische Materie wissenschaftlich nur durch ihre Auswirkungen beweisen. So kann man auch behaupten, dass die unglaublich komplizierte Anordnung der DNA, die nötig ist, um Leben zu erzeugen, darauf hinweist, dass eine Intelligenz beteiligt sein muss, um diese zu schaffen. Die Entstehung des Lebens ist ein Wunder und wir pfuschen mit unserer kurzsichtigen Intelligenz hinein. Unsere technologischen Fortschritte sollten uns noch mehr Macht über die Natur bringen, aber im Grunde tappen wir im Dunkeln darüber, was wir aus purer Unkenntnis und Unwissenheit alles anrichten können, und schaden damit der Menschheit vielleicht mehr als wir ihr helfen, wie es unsere Intention war.

# 6. WUNSCHKINDGENERATION - DAS KLEINERE ÜBEL

**D**er Wunsch, genügend Organe für Transplantationen zur Verfügung zu haben, motiviert nicht nur Stammzellenforscher. Ein Fortschritt wäre es natürlich schon, wenn man Organe tiefgefrieren, d.h. kryokonservieren, könnte. Der Traum der Wiedererweckung von Toten beschäftigt auch Kryoforscher bzw. Menschen, die sich und vielleicht auch ihre Hunde und Katzen oder Hamster nach ihrem Tod auf Eis legen lassen. Sie hegen die Hoffnung, in einem fortgeschrittenen medizinischen Zeitalter wiedererweckt zu werden, um so eines ewigen Lebens auf Erden teilhaftig zu werden. Leider ist die Kryomedizin noch nicht einmal so weit, Organe in flüssigem Stickstoff einzufrieren. Es wäre eine Revolution der Medizin, Organe mit Hilfe von Frostschutzmitteln eiskristallfrei solange auf Eis halten zu können, bis ein Organempfänger gefunden wäre. Leider ist das Gefriermittel zu toxisch oder die Eiskristalle, die sich bilden, zersprengen die Zellen.

Das einzige, was man bisher machen kann ist, Eizellen, Embryos, adulte Stammzellen (blutbildende Zellen) oder Nabelschnurblut einzufrieren. Das alles dient dem Zweck, später ad usum proprium (zum eigenen Gebrauch) genutzt zu werden.[137] Stammzellen werden in flüssigen Stickstoff-Behältern kryokonserviert. Allerdings überleben nur 10% die eisige Lagerung.

Der Düsseldorfer Kardiologe Professor Bodo-Eckehard Strauer wehrt sich gegen die Einstellung: «Mensch, nun nutz doch diese Dinger (gefrorene Embryos, die nicht zur In-Vitro-Fertilisation genutzt wurden, und nun im Nitrogentank auf ihre Entsorgung warten), wenn die sowieso in den Gully oder in den Müll kommen, dann könnt ihr damit wenigstens noch etwas

Gutes tun.» Er empfindet dies als einen Pragmatismus, der alles möglich macht. Embryonale Stammzellenforschung wird so rein naturwissenschaftlich begründet. Mit einer solchen Sichtweise kann man vieles legitimieren. Strauer hat sich vehement gegen eine Verschiebung des Stichtages in Deutschland und für die verstärkte Förderung der adulten Stammzellenforschung ausgesprochen.

Strauer, ein leidenschaftlicher Forscher, prophezeit, dass humane embryonale Stammzellenforschung in die Sackgasse führt, und zwar sowohl ethisch wie wissenschaftlich. Für ihn fängt das Problem schon bei der künstlichen Befruchtung und der Herstellung so genannter «überzähliger Embryos» an. Embryos sind menschliche Wesen und somit ist dies für ihn keine Definitionsfrage. Und wenn man mit ihnen forscht, muss man Leben zerstören. «Es gibt ja auch keine überzähligen Menschen» kontert er. Er kann es nicht hinnehmen, erst recht nicht als Deutscher, dass der «ethische Wert» des Lebens gemindert wird. Er habe sich oft gewundert, dass so viele Behindertenverbände sich gegen humane embryonale Stammzellenforschung aussprechen. Aber das hat mit dem Begriff «unwertes Leben» zu tun: «Wenn man schon einen Embryo, der im befruchteten Stadium ein kleiner Mensch ist, für nicht lebenswert erachtet, weil er nicht denkt und fühlt, dann ist der Schritt, Behinderte zum ‹unwerten Leben› zu erklären, auch nicht mehr weit», fürchtet Strauer.[138]

Robert Spaemann berichtet in einem Artikel in der Frankfurter Allgemeinen Zeitung von 1999 mit dem Titel: «Die schlechte Lehre vom guten Zweck» über zwei Ärzte, die 1952 vom Bundesgerichtshof wegen Beihilfe zum Mord verurteilt worden sind, welche sie im Jahre 1941 geleistet haben sollen. Die Ärzte unterstützten die Durchführung der staatlich angeordneten massenhaften Euthanasie an Geisteskranken. Sie hatten Kranke in Verlegungslisten eingetragen und sie damit für die Tötung freigegeben. Die Ärzte argumentierten damit, dass sie dadurch andere Menschen, die weniger behindert waren, vor dem Tod retten konnten. Es handelte sich um 25%, die durch ihr Handeln vor der Vergasung bewahrt wurden.

Das Gericht hielt die Ärzte trotzdem für schuldig, weil von der christlichen Sittenlehre her bestimmte Kulturanschauungen über Wesen und Persönlichkeit des Menschen diesen nicht als Sachwert einstufen können. Nur für Sachwerte gilt der angemessene Grundsatz des kleineren Übels. Hier ging es jedoch um Menschenleben.

Viele Ärzte der damaligen Zeit beteiligten sich nicht an der Tötung von Geisteskranken und verloren lieber ihre Stellungen als Anstaltsärzte, als bei der Tötung unschuldiger Menschen auch nur in entferntester Weise mitzuwirken.

Die heute herrschende Kulturanschauung wird nicht mehr von der christlichen Sittenlehre, die auch die jüdische, griechische und römische war, bestimmt. Es hat zwar Niemand die Verantwortung für etwas, was ohne sein Zutun geschieht, und das er nur verhindern könnte, wenn er etwas täte, das zu tun dem Menschen nicht zusteht. Ob eine Handlung gut ist, hängt jedoch nicht nur von dem Handlungstypus, sondern auch von den Umständen, den Nebenfolgen, den zur Verfügung stehenden Alternativen und von den Absichten und den Motiven des Handelnden ab. Es gibt also Dinge, die auch für die besten Zwecke nicht zur Disposition stehen.[139]

Selbst in «Humanae Vitae» heißt es: «Es ist Recht und Aufgabe der menschlichen Vernunft, die ihr von der Naturwelt dargebotenen Kräfte zu steuern und auf Ziele auszurichten, die dem Wohl des Menschen entsprechen.» Wissenschaft ist ein Produkt der Ratio. Deshalb dürfen wir die wissenschaftlichen Erkenntnisse im verantwortungsbewussten Umgang mit den Ressourcen der Natur nicht außer Acht lassen. Die Kirche ist die erste, die den Einsatz der menschlichen Vernunft anerkennt. Sie betont aber ebenso, dass man sich dabei an die von Gott gesetzte Ordnung halten muss.[140] Was passiert, wenn der Mensch eingreift und gegen das Anraten von «Humanae Vitae» die Fruchtbarkeit selber in die Hand nimmt, zum Beispiel mit Hilfe von Hormonen, deren Wirkung er zwar studiert hat, aber deren spätere Auswirkungen er nicht einzuschätzen weiß?

Die Wissenschaft macht sich sehr gerne die Wirkung von Hormonen zunutze, um ein begehrenswertes Ziel zu verwirklichen. So kam es immer wieder zum Einsatz von unerlaubten Anabolika, damit eine Goldmedaille gewonnen werden kann. Bzw. dienen Östrogene u.a. einer Verjüngungskur usw.

1921 wurde das erste Grundkonzept für eine orale hormonelle Kontrazeption von dem Innsbrucker Physiologen Ludwig Haberlandt im Tierversuch entworfen. 1951 entwickelte ein Team um George Rosenkranz und Carl Djerassi das erste wirksame Gestagen. Als Gestagene werden synthetisch hergestellte Hormone bezeichnet, die in ihrer Wirkung dem

## 6. Wunschkindgeneration

Schwangerschaftshormon Progesteron ähnlich sind. Gestagene sind Bestandteil vieler Präparate zur Empfängnisverhütung. 1956 konnte das Forschungsteam von Gregory Goodwin Pincus, John Rock und Celso-Ramon Gracia über einen erfolgreichen Einsatz einer Östrogen-Gestagen-Kombinationspille, die drei Jahre in den Slums von San Juan in Puerto Rico getestet wurde, berichten.[141]

Schering AG brachte 1961 das erste Verhütungsmittel, das eine Dosis von 85 mg Östrogen pro Pille aufwies, auf den europäischen Markt. Mit dieser Wirkdosis durfte das neue Medikament nur unter strenger medizinischer Beobachtung eingenommen werden und nicht länger als zwei Jahre.[142] Die Antibabypille war im Nachkriegsdeutschland umstritten und kollidierte mit den allgemeinen Moralvorstellungen. Schering widmete das Präparat um und es wurde als Mittel zur Behebung von Menstruationsstörungen eingesetzt. Außerdem wurde die Pille nur an verheiratete Frauen abgegeben.

Östrogen und Progesteron regeln den normalen Zyklus bei allen weiblichen Wesen. Ein diffiziles, fein abgestimmtes System von Hormonen, die über ein negatives und ein positives Feedback zwischen Hirnanhangsdrüse und Eierstöcken jonglieren, versucht man so zu beeinflussen, dass das System letztendlich seiner Funktion beraubt wird. Ein starkes Eingreifen in den Hormonhaushalt hat massive Nebenwirkungen zur Folge. Thromboembolische Ereignisse wie Lungenembolien, Schlaganfälle und Herzinfarkte, Gebärmutterhalskrebs, mutierte harmlose Hautkeime, die Sterilität hervorrufen, sexuell übertragbare Krankheiten, Depressionen, endokrines Psychosyndrom, fast alles kann man in der langen Liste der Nebenwirkungen finden. Eine langjährige Pilleneinnahme mindert zumindest die Wahrscheinlichkeit, jemals noch einmal fruchtbar zu werden. Selbst dann nicht, wenn man sich eventuell im fortgeschrittenen Alter dazu entscheiden sollte.

Eine Befruchtung der Eizelle bleibt mit der Einnahme der Pille meist nicht aus. Die Pille der ersten Generation konnte mit 7% Wahrscheinlichkeit den Eisprung nicht verhindern. Mit der neuen Mikropille kommt es in 30% bis 50% zu Befruchtungen, weil sie niedriger dosiert ist als die allerersten Pillen. Es kommt in diesen Fällen zu einer Durchbruchsovulation und damit zur Befruchtung.[143]

Der Embryo kann sich nach erfolgter Tubenwanderung, die etwa fünf Tage dauert, nicht in der Uterusschleimhaut einnisten, da diese infolge der Hormongabe nicht auf eine Schwangerschaft vorbereitet ist. Der Embryo im Blastozystenstadium, der sich zwischen dem 7.5 bis 9. Tag beim Menschen einnisten würde, stirbt ab.[144]

Was würde intrauterin nach der normalen Tubenpassage des Embryos passieren? Die Blastozyste sieht aus wie ein Siegelring. Die Siegelringstruktur ist der Embryoblast, aus dem sich der Mensch entwickelt. Der Trophoblast bildet die Plazenta und die Eihäute. Der Trophoblast dringt in die vorbereitete Uteruswand ein. Es kommt zur Zellproliferation, Uterusdrüsenbildung, Gefäßneusprossung, um die Einnistung des Embryos zu gewährleisten.[145] Doch das kann man nach einer Hormonapplikation vergessen.

Kaum einer macht auf diese Zusammenhänge aufmerksam, denn es interessiert nicht. Angesprochen wird nur die hormonelle Seite der Pille. Reproduktionsmediziner sprechen von einem hochpotenten Pharmakon mit vielen unbekannten Nebenwirkungen, welches ohne medizinische Indikation gesunden Menschen verabreicht wird.[146] Die wenigen bekannten schwerwiegenden Nebenwirkungen veranlassen die Pharmaindustrie nicht, den Ovulationshemmer vom Markt zu nehmen.

Fehlende Aufklärung wird nicht als Negativum bewertet. Die Vorteile der ausgelebten Sexualität verdrängen ohne viel Dazutun die Risiken aus dem Bewusstsein. Die Vorteile überwiegen die Nachteile, da die Konsequenzen des Handelns in weiter Ferne liegen und es dauert, bis man sie am eigenen Leibe erfährt. Wir schädigen unseren Körper und die Umwelt, aber das toleriert man, weil man sich die angeblichen Fortschritte der Medizin zunutze machen will und die Selbstdisziplin, die nicht mehr nötig zu sein scheint, einfach ausschaltet, und außerdem, weil es Vergnügen bereitet. Man strebt nach etwas scheinbar Gutem, das durch fortschrittliche Medikamente zur Verfügung steht, obwohl man sich selbst dadurch schadet. Diese Verhütungsmentalität führte zu einem Geburtenrückgang, so dass es letztendlich nur noch Wunschkinder gibt. Wir leben heute fast in einer Wunschkind-Generation, die das totale Gegenteil der Nachkriegsgeneration ist, die noch vom Verzicht geprägt war. Es ist fraglich, ob ein Wunschkind, das alles sofort bekommt, mit schwierigen Lebenserfahrungen umgehen kann.

## 6. Wunschkindgeneration

## 6.1. Hat die Umwelt Rechte?

Das Kondom gilt allgemein als gesundheitlich absolut unschädlich und wird vor allem zum Schutz vor sexuell übertragbaren Krankheiten, insbesondere Aids, propagiert. Kaum einer weiß etwas von einer Studie, die 2006 am Chemischen- und Veterinäruntersuchungsamt Stuttgart durchgeführt wurde. Eine Stunde lang wurden Kondome in Kontakt mit einer künstlichen Schweißlösung gebracht, um zu untersuchen, welche Substanzen dabei freigesetzt werden und in die Flüssigkeit übergehen.

Es zeigte sich, dass 660 Mikrogramm Nitrosamine je Kilogramm Gummi nachgewiesen werden konnten, was dem 66fachen Wert der maximal zugelassenen Werte eines Babyschnullers entsprechen. Kondome sind jedoch nicht deklarationspflichtig für Nitrosamingrenzwerte. Nitrosamine sind krebserregende Stoffe, die sich vor allem in saurem Milieu aus Nitriten und Aminen bilden.[147] Sie sind in einigen Nahrungsmitteln (Schinken mit Käse überbacken) ebenso enthalten wie in Tabak und Gegenständen aus Latex, welches beim Kondom bekannterweise für dessen Elastizität sorgt. Nur mit etwas Ahnung in Physiologie und Anatomie weiß man, dass das Sekret der männlichen Geschlechtsdrüse, der Prostata, saure Phosphatasen bildet. Diese Flüssigkeit stellt die Beweglichkeit der Spermien sicher. Muss die Prostata operativ entfernt werden, resultiert daraus immer die Zeugungsunfähigkeit des Mannes. Zusätzlich ist das Vaginalmilieu sauer mit einem pH-Wert von vier.

Krankhafte Veränderungen der Geschlechtsorgane nehmen immer mehr zu, sie wurden 1993 bereits als doppelt so hoch als noch 30 bis 50 Jahre zuvor angegeben. Hodenkrebs hat in derselben Zeit in Europa und in den USA um das zwei- bis vierfache zugenommen.

Seit 1973 ist die Zahl der Spermien pro Millimeter Sperma bei europäischen Männern um die Hälfte gesunken.[148] Die Ursache dafür sieht man in einer hormonellen Wasserverschmutzung. Kläranlagen sind nicht in der Lage, das mit dem synthetischen Östrogen «Ethinyl Estradiol» verschmutzte Wasser zu reinigen.[149] Somit verunreinigt der Wirkstoff der Antibabypille über die menschlichen Ausscheidungen das diffizile, fein abgestimmte Ökosystem des Wassers.

Die Universität von Pittsburgh veröffentlichte eine Studie, nach der Fische in den regionalen Flüssen feminine Hormone in nicht unerheblichen Mengen aufwiesen. «Konsumiert man diese Fische, könnte dies zur Entwicklung eines östrogen sensitiven Brustkrebses führen», berichten Forscher der University of Pittsburgh Universität.[150]

Fische, Frösche, aber auch Zooplankton sind von einer zunehmenden Verweiblichung betroffen. Man beobachtete eine Feminisierung von männlichen Fischen bis hin zum Produzieren von Eiern, sowie Veränderungen bei weiblichen und männlichen Fischen an Leber und Niere und eine Verlangsamung des Fortpflanzungszyklus.[151] Andere Substanzen, die Östrogene freisetzten, übten keine Effekte auf Fische aus – nur die Antibabypille.[152]

Verweiblichung von Fröschen durch Östrogene

Hormonelle Wirkungen im Niedrigdosisbereich waren in den letzten Jahren immer öfter Gegenstand von Forschungen. Medikamente sowie Tierarzneimittel belasten den Boden und das Grundwasser. Schwierig ist die Abschätzung der unspezifischen Wirkung bei ständiger Zufuhr. Unklar ist auch, ob in die Umwelt gelangte Antibiotika die Entwicklung von resistenten Keimen in Wasser und Boden begünstigen, was dann auch für den Menschen gefährlich werden könnte. Die pharmakologischen Wirkungen auf die Ökotoxikologie unterscheiden sich bei Säugern und Menschen, weil Arzneien in der Natur ganz anders wirken können. So helfen etwa die so genannten Serotonin-Wiederaufnahme-Hemmer beim Menschen gegen Depressionen, bei Muscheln können sie dagegen eine frühzeitige Freisetzung der Larven auslösen. Auch bei anderen Wasserlebewesen scheinen diese Substanzen die Fortpflanzung zu beeinflussen.

Die chronischen Wirkungen von Chemikalien sind noch wenig erforscht. Um

## 6. Wunschkindgeneration

eine Langzeitwirkung zu erforschen, beobachtet man, wie sich die «ökotoxikologische Trias» Fische, Daphnien (Wasserflöhe) und Algen in Bezug auf toxische Stoffe verhält.

Ethinyl Estradiol wird zur Schwangerschaftsverhütung und gegen Wechseljahresbeschwerden eingesetzt und greift langfristig bereits in Konzentrationen unterhalb eines Nanogramms pro Liter in das Fortpflanzungssystem von Fischen ein. Arzneimittelrückstände können teilweise stärker schädigen, wenn sich die Einzelkomponenten untereinander vermischen.[153]

Es wird allgemein in der Öffentlichkeit wie auch in der Wissenschaft darüber diskutiert, inwieweit endokrine Modulatoren bzw. Umwelthormone aus Lebensmitteln, kosmetischen Mitteln und Bedarfsgegenständen dem Körper massiv schaden. Der Hormonhaushalt wird durch diese Umweltchemikalien mit endokriner Wirkung entweder zur Mehrproduktion angeregt oder die Wirkung von körpereigenen Hormonen wird gemindert. Es kann demzufolge zu einer Beeinträchtigung der Fertilität kommen oder zu Zyklusstörungen, die besonders in der Tierzucht negative Konsequenzen haben. Neoplasien (Neubildungen von Körpergeweben) in hormonabhängigen Geweben, aber auch Verhaltensänderungen von Ungeborenen werden beobachtet.[154]

1952 wurden bei Weißkopfadlern in Florida Störungen der Fortpflanzung im Zusammenhang mit der Beeinflussung des Hormonsystems durch endokrin wirksame Umweltchemikalien festgestellt.[155] Silbermöwen hatten Anomalien in der Embryonalentwicklung, die hormonellen Störungen ähnelten.[156] Publikationen, die über Reproduktionsstörungen von Menschen und Wildtieren durch Auswirkungen östrogener Substanzen berichten, gibt es viele.[157] Umweltchemikalien wie Östrogen, auch wenn sie nur noch in Spuren über die Nahrung vom Körper aufgenommen werden, stellen somit ein Gefährdungspotential für die Gesundheit dar, weil sie Krebserkrankungen fördern sowie Auswirkungen auf die Reproduktion haben. (siehe auch: Globale Chemisierung, vernichten wir uns selbst?[158])

# 7. DER THERAPEUTISCHE IMPERATIV- SCHONUNG ALLER LEBEWESEN

Der Begriff «Bioethik» wurde von der Zeitschrift Kosmos 1927 geprägt. Er beinhaltet die Bereiche: Genethik, Tierethik, Umweltethik, Neuroethik. Die Bioethik baut auf einer moralischen Rücksichtnahme auf, sowie auf den Dingen, die wir in diesen Schutzbereich einbeziehen.[159] Wenn man sich zum Beispiel für den Tierschutz begeistert, setzt man sich vehement gegen Tierquälerei ein. Man wird herausfinden, dass die Profitgier einiger Länder meist ausschlaggebend für Tierquälerei ist, dass grundlegende Tierschutzstandards fehlen und kommerzielle Tierhaltung nur dem globalen Wirtschaftswettbewerb dient. Grausame Missstände werden geduldet mit der Entschuldigung, dass dies dem zunehmenden Wohlstand des Landes dient. Hauptursache ist das Interesse westlicher konsumorientierter Konzerne und der Wunsch nach billigen Produkten.

Missstände bei der Tierhaltung

Menschliche Interessen dürfen nicht im Vordergrund stehen, weil Tiere leidensfähig sind. Sie verdienen es, dass wir auf ihre Missstände aufmerksam gemacht werden.

1999 vertrat der Bundesrat in der Schweiz die Ansicht, dass ein Tier nicht länger als eine Sache definiert werden kann. Seit 2003 gibt es diesbezüglich

## 7. Der therapeutische Imperativ

in diesem Land ein Gesetz. Das Tier wird als lebendes und fühlendes Mitgeschöpf anerkannt. Auch Paragraph 1 des Deutschen Tierschutzgesetzes bezeichnet Tiere als Mitgeschöpfe. Der Mensch hat so die Verantwortung für das Wohlbefinden des Tieres und er darf ihm nicht ohne vernünftigen Grund Schmerzen, Leiden oder Schäden zufügen. Es gibt einen Imperativ der Schonung von Lebewesen aller Arten, d.h. der gesamten Natur.

Diese Ansicht entspricht dem biblischen Schöpfungsverständnis.[160] Interessant ist, dass in den gleichen Ländern, die Tierschutz nicht achten, auch menschliche Embryos nicht unter den Imperativ der Schonung fallen. Welchen moralischen Status hat dann ein menschlicher Embryo? Viele behaupten, der Embryo sei kein Mensch, kein Tier, aber auch keine Sache. Die Beendigung des Lebens eines Embryos wird rechtlich grundsätzlich minder schwer angesehen, als die Tötung eines geborenen Menschen. Auf der anderen Seite bezeichnet man es als schwerwiegend, wenn eine Schwangere raucht und damit ihrem Kind im Mutterleib aktiv schadet. Darüber ist man stärker empört, als wenn sie ihre geborenen Mitmenschen durch Rauchen in Mitleidenschaft zieht.[161]

Was charakterisiert Leben? Als Leben bezeichnet man eine Zelle, die einen genetischen Code besitzt, der von den Eltern vererbt wurde und weitervererbt werden kann. Weiterhin verfügt sie über Energieaufnahme, Stoffwechsel sowie Zellteilung. Ein menschlicher Embryo hat ein menschliches Genom. Eine Mikrobe, die den Code des Mycobacterium tuberculosis besitzt, nennt man einen Tuberkulose-Erreger. Demnach bestimmt doch das Genom die Bezeichnung. Kein Mensch würde das Bakterium nicht als solches bezeichnen. Die Vernunft gebietet es, einen infektiösen Erreger, egal aus wieviel Zellen er besteht, mit dem ihm gebührenden Respekt zu behandeln, wenn ich Spätfolgen am eigenen Leib verhindern will. Ein solches Handeln kalkuliert in weiser Voraussicht die Konsequenzen und Risiken im Umgang mit dieser Mikrobe ein. Eine Erkenntnis, die sich uns in der Pandemie von 2020 nur allzu sehr offenbart hat.

Älteren gesundheitsbewussten Menschen ist das anaerobe, grampositive, stäbchenförmige Bakterium clostridium botulinum vielleicht eher ein Begriff, den sie mit einem Bakterium in Verbindung bringen. Botulinumtoxin ist das am stärksten wirkende bekannte Nervenzellgift, das je ein Bakterium erzeugt hat. Es entwickelt sich unter Sauerstoffabschluss z.B. in Konserven oder im

Kern von großvolumigen Lebensmitteln wie Schinken. Es ist so per se eigentlich ein Lebensmittelgift. Es hemmt Acetylcholin, den Botenstoff der Erregungsübertragung in den Präsynapsen von den Nervenzellen zu den Muskelzellen – was zur Folge hat, dass die Muskelzellen nicht mehr innerviert werden. Dieses hochpotente Toxin, das normalerweise unweigerlich zur Lähmung und zum Tod führt, machen Schönheitschirurgen zu Geld. Botulinumtoxin als ein Jungbrunnen, ein Mittel gegen das Altern. Das heißt, das Alter des Patienten bleibt das gleiche. Er darf nach der Behandlung nicht mal mehr lachen oder weinen – und das für ein Heidengeld. Aber vielleicht ist ihm das auch vergangen, weil seine Gesichtsmuskeln nun gelähmt sind, was wiederum den Vorteil hat, dass seine Falten verschwinden, zumindest für drei Monate. Angebliche Schönheit und der Traum vom Wiederjungsein, gekoppelt mit dem Anschein, gesund zu sein: was man dafür nicht alles tut...

Selbst Risiken und noch gar nicht erforschte Nebenwirkungen schrecken die Menschen nicht ab, für Pseudoschönheit horrende Summen auszugeben. Somit werden die Patienten in zwei Klassen eingeteilt, diejenigen mit dem nötigen Kleingeld und diejenigen, die in den USA nicht einmal eine Krankenkasse haben (stand 2009).

Eine Studie von Dr. Caleo aus Pisa[162] zeigt jetzt erstmals, dass Botox sich nach kurzer Zeit ganz woanders wiederfand. Es wanderte entlang der Nervenbahnen in entgegengesetzter Richtung und war nach drei Tagen im Hirnstamm präsent. Das Toxin bewirkte eine Blockade des Hirnstammes der konterlateralen, unbehandelten Körperseite. Durch retrograde Wanderungen fand man das Toxin auch in den Netzhautsynapsen, falls man sich Augenfalten glätten lassen wollte. Vorerst gibt es nur Untersuchungen an Mäusen und Ratten. Die amerikanische Arzneimittelbehörde FDA (Food and Drug Administration) äußert besondere Bedenken und empfiehlt die Behandlung mit dem Bakteriengift nur durch erfahrene Hände. Denn wenn das Nervengift wandert, verlieren die Therapeuten die Kontrolle über das Gift.

Eine Verwendung im kosmetischen Bereich, die neben Falten auch eine Schweißdrüsen-Sekretion hemmt, ist wegen eines unklaren Wirkungsmechanismus sehr fraglich, ja sogar gesundheitsgefährdend. Kinder, die Muskeldystonie-Symptome aufweisen, haben bisher von der heilenden Wirkung des Giftes profitiert und trotzdem sorgt man sich nun, dass die neuentdeckten Nebenwirkungen zum Atemtod führen können. Die

## 7. Der therapeutische Imperativ

Studie von Pisa wird ihre Konsequenzen in der medikamentösen Behandlung für die Pädiatrie haben.[163]

Pisa ist weltbekannt durch seinen schiefen Turm. Eine der bekanntesten Erzählungen im Alten Testament handelt auch von einem Turm. In Babel wird dieses Turmbau-Vorhaben als Versuch der Menschheit gewertet, JAHWE gleichzukommen. Diese Selbstüberhebung der Menschen, die sich einen Namen machen wollen, indem sie einen Turm in den Himmel bauen, straft Gott. Im ersten Buch Mose (Genesis, 11)[164] heißt es dazu: Und der HERR sprach: «Siehe, es ist einerlei Volk und einerlei Sprache unter ihnen allen und dies ist der Anfang ihres Tuns; nun wird ihnen nichts mehr verwehrt werden können von allem, was sie sich vorgenommen haben zu tun. Wohlauf, lasst uns herniederfahren und dort ihre Sprache verwirren, dass keiner des anderen Sprache verstehe! So zerstreute sie der HERR von dort in alle Länder, dass sie aufhören mussten, die Stadt zu bauen.»

Es ist erstaunlich, dass Sprachwissenschaftler sich nicht erklären können, woher die Sprache an sich ihren Ursprung hat, oder woher der Mensch die Kenntnisse erlangt hat zu sprechen. Kinder, die ohne verbale Kommunikation aufwachsen, können nicht sprechen.[165]

Gläubige Menschen sind sich einig, dass nur Gott Materie, Energie und Leben aus dem Nichts schaffen kann und er der Schöpfer der Sprache aus dem Nichts ist. Die Menschen haben den Instinkt, eine Sprache zu erlernen, und die Fähigkeit, sie zu verändern, aber sie müssen zu allererst dem Klang, den Wörtern und dem Gebrauch einer Sprache ausgesetzt sein. «Wie Leben nur aus Leben fortbestehen kann, so wird auch die Sprache nur aus der Sprache selbst weitergegeben. Gott selber hat die Sprache geschaffen und sie seiner Schöpfung mitgeteilt», meint der naturwissenschaftlich orientierte Bibelforscher Warkulwiz.[166]

«In principio erat Verbum et Verbum erat apud Deum et Deus erat Verbum – Im Anfang war das Wort, und das Wort war bei Gott, und Gott war das Wort» (Joh. 1,1 ff). Das Indogermanische, die Sprache, die vor 6.000 Jahren gesprochen wurde, ist außerordentlich reich an Expressionen und beinhaltet einen phänomenalen grammatikalischen Reichtum. Im Laufe der Zeit verlor die Sprache ihre Ausdruckskraft und kann nicht mehr mit der archaischen Sprache verglichen werden.

## 7.1. Ewige Jugend

Es gibt jedoch noch andere Jungbrunnen. Man erinnere sich an die Frischzellenkuren. Vor der Stammzellenforschung waren dies meist embryonale Zellen bzw. Zellaufschwemmungen (Suspensionen) von fötalen (ungeborenen) oder juvenilen (jungen) Kälbern oder Lämmern (vielleicht auch Ziegen), die injiziert wurden. Frischzellentherapien haben jedoch schnell an Bedeutung verloren wegen der Gefahr einer Übertragung einer Krankheit vom Tier auf den Menschen wie BSE oder Tollwut, oder auch von Allergien bis zum allergischen Schock.

Diese beliebte Methode, die 1980 europaweit verbreitet war, bot eine Therapie gegen alle chronischen Erkrankungen. Man behauptete, ein Allheilmittel gegen Krebs und Altersbeschwerden gefunden zu haben. Alle konnten therapiert werden, nur psychisch Kranke bat man, Abstand davon zu nehmen. Die Frage ist, wer sich behandeln ließ, denn in so eine Therapie freiwillig einzustimmen, ist eher abwegig. Es macht nachdenklich, so viele Menschen zu sehen, die einen Urwunsch in sich tragen, ewig jung sein zu können. Dafür scheint ihnen nichts zu teuer oder zu risikoreich zu sein. Die Frage drängt sich fast automatisch auf, ob man heutzutage nicht mehr an das Altern, das Leid und letztendlich den Tod erinnert werden will. In diesem Fall sind vielversprechende Jungbrunnen-Kuren natürlich gefragt.

Allerdings wurden 1997 Frischzellkuren nach einigen Todesfällen in Deutschland verboten. Die Begründung lautete, dass die Wirksamkeit nicht nachgewiesen und die Anwendung sehr bedenklich sei. Im Jahr 2000 wurde das Verbot jedoch wieder aufgehoben, weil es sich nicht um ein Arzneimittel handelt und die Therapie nicht durch Apotheken in den Verkehr gebracht wird.

Jahre später sprach man von Frischzellenkuren aus dem Knochenmark und meint damit adulte Stammzellen, die in der Lage sind, Nervenzellen nachwachsen oder neu entstehen zu lassen. Versuche an Mäusen gaben in *Stanford*, USA, im Jahr 2000 erstmals Aufschluss darüber, dass Zellen aus dem Knochenmark ins Hirn wandern und sich dort zu Nervenzellen entwickeln. Man war überrascht, denn bei etwa 10.000 verschiedenen Nervenzellen kopierten die Knochenmarkzellen genau die «richtigen».[167] Wissenschaftler gestehen ein, ein sehr lückenhaftes Verständnis davon zu haben, wie die Funktionen im Gehirn vor sich gehen und wie eine Einwanderung von

## 7. Der therapeutische Imperativ

Zellen gesteuert wird. In der Forschung mit embryonalen Stammzellen sind noch viel mehr und ganz erheblichere Wissensdefizite vorhanden.[168] Nicht zu vernachlässigen sind die massiv vorhandenen ethischen Bedenken.

Embryonale Stammzellen, die gewonnen werden, wenn ein Embryo im Blastozystenstadium zerstört wird, gelten allgemein als «Rohstoff» der Biomedizin. Jeder hat ein Anrecht auf sie, weil sie in keiner Weise geschützt sind. Es sind keinerlei Daten vorhanden, die auf Chancen und Risiken in der embryonalen Stammzelltherapie hinweisen. Einerseits hofft man auf neue Heilverfahren, andererseits wird auf die Gefahr eines erhöhten Krebsrisikos verwiesen. Wenn die Medizin darf, was sie kann, verbirgt sich dahinter die Frage nach ihrem Wozu.

Im Hippokratische Eid (4. Jahrhundert v. Chr.) ist bereits eine Spannung zwischen technischem Können und moralischem Sollen oder Dürfen aufgezeigt.

Menschenrechte haben auch in der biomedizinischen Forschung ihren zugestandenen Platz. Wie verhält es sich mit der Zulässigkeit fremdnütziger medizinischer Forschung, das heißt Forschung an nicht zustimmungsfähigen Personen? (Artikel 17 Menschenrechts-Konventionen zur Biomedizin).[169] Seit den medizinischen Versuchen an Gefangenen in Konzentrationslagern ist das eine sehr heikle Frage. Es stehen immer noch Antworten aus, ob wir die damals gewonnenen Ergebnisse überhaupt nutzen dürfen. So ist der Nutzen dieser Forschungen am damals «unwerten Leben» sehr in Frage gestellt. Die Ethik hat in der medizinischen Forschung ihre volle Berechtigung. Man erwartet von ihr Hilfestellung. Aber wem ist man moralisch verpflichtet? Stellen meine Mitmenschen moralische Regeln auf, an denen ich mich orientiere? Oder haben dies meine

Nicht zustimmungsfähig!

Vorfahren getan? Zumindest sind alle Menschen vor dem moralischen Recht gleich und müssen sich für ihr moralisches Tun verantworten.

Immanuel Kant beantwortet diese Frage mit dem Naturgesetz, in dem sich uns, wie Kant sagt, der Schöpfer aller Dinge offenbart. Somit haben wir eine moralische Pflicht und Verantwortung gegenüber Gott.[170] Letzendlich richtet sich die Ethik am Naturgesetz aus. Papst Pius XII. sagte 1944, dass das menschliche Leben seinen Wert von Gott hat, nicht von einer menschlichen Autorität. Embryonales und fortgeschrittenes Leben haben den gleichen Wert und es handelt sich, wenn man es zerstört, somit um die Tötung unschuldigen Lebens.[171]

Es ist interessant, dass der Papst dieses in einer Zeit sagte, als von der Nazi-Diktatur die Begriffe «unnütze Esser», «unwertes Leben», «Untermenschen» geprägt wurden und ein «Gesetz zur Verhütung erbkranken Nachwuchses» verkündet wurde. Diese staatlich gesteuerte Diskriminierung von Menschen aufgrund von genetisch bedingter Krankheit oder Behinderung führte zum Massenmord. Deutsche Humangenetiker waren maßgeblich an diesen so genannten Euthanasieprogrammen beteiligt, obwohl auch beim damaligen Kenntnisstand der Genetik die biologische Unsinnigkeit der «Eugenik von oben» offenkundig war. Denn weit verbreitete rezessive Krankheitsanlagen, die nicht zum Ausbruch einer Krankheit führen müssen, können durch eugenische Eingriffe nicht ausgeschaltet werden. Auf dem Internationalen Kongress für Genetik in Berlin wurde 2008 erklärt, dass deutsche Humangenetiker damals eine schwere Schuld auf sich geladen haben.

Auch wenn genetischer Determinismus heute vielerorts allgemein anerkannt ist, bleiben die meisten Krankheiten multifaktoriell verursacht, d.h. zur genetischen Disposition kommen andere auslösende Faktoren hinzu. Wenn die Ergebnisse der Genetik diesbezüglich nicht mehr kritisch hinterfragt werden, kommt es zu einer gefährlichen Überschätzung bei der Beurteilung der Genetik und ihrer Möglichkeiten. Vorgeburtliche genetische Diagnostiken, die heute von 5/6 aller Frauen genutzt werden, nehmen auf Menschen mit genetischen Besonderheiten erheblichen Einfluss. Diese pränatale Diagnostik kann man auch «Eugenik von unten» nennen, denn etwa 90% der Schwangeren entscheiden sich bei einem pathologischen Chromosomenbefund wie Trisomie 21 (Down-Syndrom) für einen Abbruch der Schwangerschaft.[172]

## 7. Der therapeutische Imperativ

Susannah Baruch von der John Hopkins University sieht eine Alternative zur Abtreibung in der Gentherapie. Schon seit 1990 versucht man, Patienten mit schweren genetisch bedingten Krankheiten zu helfen, indem man mithilfe harmloser Viren Gene, die das nicht funktionierende Erbgut ersetzen sollen, einschleust. Allerdings ist das Zusammenspiel der Gene so komplex, dass es hierbei zu mancher Überraschung kommen kann. Darüber hinaus ist es nicht so leicht, fremde Gene an der richtigen Stelle zu integrieren. «In den nächsten zehn Jahren (um das Jahr 2018 herum) werden wir die Technik dazu haben, aber wie nützlich dies sein wird, ist unklar», erklären selbst passionierte Forscher.[173]

Der Mensch beginnt sein Menschsein, wie übrigens alle Arten, mit dem Stadium der Zygote. Gesteht man ihm am Beginn seines Lebens eine Würde und einen Wert zu? Seit Kant wird die Menschenwürde durch die Vernunft begründet. Jedem Menschen kommt aufgrund der Tatsache, dass er Mensch ist, ein Achtungsanspruch zu.

In Artikel 18 der Europäischen-Menschenrechts-Konvention von 1996 heißt es, dass menschliche Embryos nicht mit dem alleinigen Zweck, an ihnen zu forschen, erzeugt werden dürfen. Genetische Veränderungen der Embryos sind in Deutschland grundsätzlich seit 1991 durch das Embryonenschutzgesetz verboten.[174] Der Respekt vor dem Leben ist ein Charakteristikum jeder Zivilisation.

Verbrechen gegen die Humanität wurden im Nazi-Deutschland verübt. Sind Argumente, die behaupten, dass tiefgefrorene Embryos sowieso vernichtet werden müssen und man sie so ohne weiteres nutzen kann, deshalb gerechtfertigt? Oder misshandeln wir mit so einer Behauptung die Menschenwürde Ungeborener? Gibt es einen Unterschied zwischen in Nitrogen gelagerten Embryos und alten senilen Menschen, die in Seniorenheimen auf ihren Tod warten? Was bekommen sie mit vom Leben? Keiner würde auf die Idee kommen zu fordern, ihre Organe für Forschungszwecke gebrauchen zu dürfen, damit andere Menschen leben können, denn auch diese alten Menschen erwartet nichts anderes als der Tod.[175]

# 8. RICHTLINIEN FÜR DIE FORSCHUNG AN MENSCHLICHEN EMBRYONALEN STAMMZELLEN

Gotthold Ephraim Lessing (1729-1781) proklamierte schon in seiner so genannten Ringparabel im Werk «Nathan der Weise»: «Jeder soll nach seiner Fasson selig werden.»

Stammzellenforscher sehen sich aber von Gegnern der humanen embryonalen Stammzellenforschung beeinträchtigt und fordern dazu auf, diese Gegner mundtot zu machen (Meeting of Society for Neurochemistry, 2005). Wenn ein Forscher embryonale Stammzellen «bestellen» will, kann er ohne weiteres im Internet «Links» finden, die ihn aufklären über Statistiken und Umfragen, wie viele amerikanische Katholiken humane embryonale Stammzellenforschung befürworten, obwohl die Amerikanische Bischofskonferenz sich strikt dagegen ausgesprochen hat.

Übrigens stehen in den USA dieser Forschung mehr Protestanten als Katholiken positiv gegenüber. Es wird immer wieder festgehalten, dass es große katholische Wissenschaftler in der Geschichte gab, wie den Heiligen Tertullian (circa 160-225) oder den Heiligen Augustinus (354-430), sowie den Heiligen Thomas von Aquin (circa 1225-1274) und viele unzählige andere Heilige (die Naturheilkundlerin Hildegard von Bingen, 1098-1179, und der Brünner Augustinermönch Gregor Mendel, 1823-1884, der Begründer der Biogenetik, werden bei solchen Aufzählungen in den USA meist vergessen). Diese haben exzellente Forschung betrieben und unser Leben mit ihren Entdeckungen ganz entscheidend bereichert und vereinfacht. Man fährt mit einem Lob über die katholische Kirche fort, die schon immer die Wissenschaft sehr unterstützte und die Forscher dazu ermunterte, Wissenschaft und Glauben nicht zu trennen: «Katholiken waren bisher an der vordersten Front der Wissenschaftler.»

Dass die katholische Kirche jetzt plötzlich neue, vielversprechende Technologien wie die humane embryonale Stammzellenforschung nicht unterstützt und die katholische Hierarchie diese sogar verbietet, kann man überhaupt nicht verstehen.[176] Es handle sich hierbei doch um eine «Ethik des Heilens», die massiv behindert werde. Man frage sich, ob katholische Forscher einem Gewissenskonflikt unterliegen, der von der katholischen Hierarchie aufgezwängt wird?

Angenommen, dies wäre der Fall, dann hätte ein renommierter britischer Forscher nicht aus Protest die Universität in Newcastle verlassen, um mit seiner zehnköpfigen Forschungsmannschaft nach Lyon, Frankreich, zu gehen. Professor McGuckin ist nach wie vor empört über die einseitige Vergabe staatlicher Fördermittel für humane embryonale Stammzellenforschung in Großbritannien. Er war der Erste, der «Alleskönner-Zellen» aus dem Nabelschnurblut 2005 isolierte. Diese und adulte Stammzellen werden vom Staat vergleichsweise geringer unterstützt. Der Professor fühlte sich seinen Mitarbeitern und Patienten gegenüber verantwortlich und gab deshalb greifbareren therapeutischen Möglichkeiten den Vorzug, selbst unter der Konsequenz, sein Heimatland verlassen zu müssen.

Im Januar 2009 fing er an der Universität in Lyon an. Er will das weltweit größte Institut errichten, das sich der Forschung mit adulten Stammzellen und jenen aus dem Nabelschnurblut widmet. Ihm bietet sich ein viel besseres Forschungsumfeld an. Es war fast nicht möglich, im Musterland der humanen embryonalen Stammzellenforschung mit Alternativen zu arbeiten. Desweiteren ist der Wissenschaftler zutiefst davon überzeugt, dass der Verbrauch menschlicher Embryos zur Heilung von Krankheiten nicht notwendig ist.[177]

Die Universität Wisconsin-Madison ist einer der bekanntesten Stammzellenforschungsorte der USA. Die Universität Wisconsin-Madison rückte durch den Tierarzt Professor Dr. med. vet. James Thomson, der weltweit die ersten humanen embryonalen Stammzellen isolierte, sehr ins

Rampenlicht. Bereits 2006 arbeiteten 30-40 Forschungsgruppen in diesem Bereich in Madison.

WICell ist eine Forschungseinrichtung der Universität Wisconsin-Madison, die in den ersten Jahren der humanen embryonalen Stammzellforschung mehr als 38 Millionen US$ an Bundesmitteln für Forschungszwecke erhalten hatte. WICell besaß damals bereits 18 von insgesamt 21 Stammzelllinien, die mit Bundesmitteln der USA gefördert wurden. Die Universität «konserviert» und patentiert die Linien, um sie danach an andere Forschungseinrichtungen zu verkaufen. Daneben üben die Mitarbeiter auch beratende Funktionen aus. Mehr Geld wurde erwartet, was die Forscher dazu veranlassen sollte, mit Zuversicht in die Zukunft zu blicken, um endlich Therapie-Erfolge bei der Heilung von Alzheimer zu erzielen. Bisher hätte man noch keinen Erfolg verzeichnen können, weil es sehr «an Geld mangelte».[178] Es ist interessant, dass in einem Bericht im Wisconsin State Journal vom 19. November 2008 hauptsächlich nur noch von der Heilung von Alzheimer mittels Stammzellentherapie die Rede war. Vor dieser Zeit sprach man noch von einem Allheilmittel, das humanen embryonalen Stammzellen zu eigen sei.

Die Universität von Düsseldorf hat eine Kooperation mit der Universität von Alabama in Birmingham. Die Forscher haben eine Methode herausgefunden, welche die Symptome von Alzheimer abmildert. Alzheimer'sche Demenz (AD) ist eine chronische, neurodegenerative Erkrankung, die man bis jetzt nicht heilen kann. Sie ist gekennzeichnet durch Protein-Ablagerungen (Abeta) in der Hirnrinde, so genannte Alzheimer-Plaques. Ein Therapieziel ist es, die Anhäufung von Abeta im Gehirn zu unterbinden. Die Forschungsgruppe von Professor Willbold, Heinrich-Heine-Universität Düsseldorf, konnte ein Peptid entwickeln, das sich an Abeta bindet. Es besteht aus D-enantiomeren Aminosäuren. Versuche zeigten, dass das Peptid «D3» die Aggregation von Abeta aufhalten und sogar rückgängig machen kann. Versuche an Mäusen bestätigten den Erfolg der Behandlung. Die Übertragung der Anwendung von der Maus auf den Menschen ist jetzt die Herausforderung, an der die Wissenschaftler hochtourig arbeiten.[179]

Den Begriff «Ethik des Heilens» verwendeten übrigens bereits KZ-Ärzte bei Unterkühlungsversuchen an Häftlingen. Sie dienten dazu, Erfrierungen bei Frontsoldaten zu therapieren. Die großen Lehrer der philosophischen und theologischen Tradition kennen den Begriff einer Gewissensentscheidung gar nicht, sondern sprechen von Gewissensurteilen, denn «das Gewissen sagt uns nicht, was gut und böse ist, sondern das Gewissen ist die innere Stimme, die uns mahnt, das, was wir als das Gute erkannt haben, auch zu tun». Das Urteil aber kann, wie andere Urteile auch, wahr oder falsch sein. Jeder Mensch muss dem Urteil seines Gewissens folgen, zuerst aber habe er die Pflicht, das Gewissen zu informieren.[180]

Max Weber (1919) hatte bereits die Gesinnungsethik, die das Handeln eigenen strikten ethischen Maßstäben unterwirft, ohne nach den Folgen zu fragen, von der Verantwortungsethik, die mit der existierenden moralischen Unordnung rechnet und die Konsequenzen von Entscheidungen realistisch abzuschätzen versucht, unterschieden. Gesinnungsethiker bezeichnete Max Weber als «Windbeutel». Dieser Argumentationsgang von Max Weber hat sich nach allen Umbrüchen des 20. Jahrhunderts bis heute behauptet.[181]

Die Zukunft wird zeigen, ob humane embryonale Stammzellenforschung einen Therapiefortschritt erzielt, oder ob wir gewissenlos und unverantwortlich mit dem uns anvertrauten Genpool der Menschheit umgegangen sind. Momentan sind nur Therapieerfolge mit adulten Stammzellen zu verzeichnen. Den nachfolgenden Generationen obliegt es, diejenigen zu preisen, die das taten, was sie als richtig empfanden, wenn wir heute versäumen, dies zu tun. Und vielleicht werden wir den Institutionen, die heute als «rückständig» bezeichnet werden, einmal dankbar sein.

## 8.1. Eizellen-Tauschbörse – Oocyten sharing

*E*izellen sind die Ressourcen für die Stammzellenforschung und diese sind sehr knapp, weil es schwierig ist, sie zu bekommen. In England und in den USA kommen die Eizellen für die Forschung aus In-Vitro-Fertilisationskliniken. In England ist eine Fertilisationsklinik dem *Roslin Institut* angeschlossen.

Ian Wilmut, bekannt durch seine Klonversuche, ist Leiter dieses Forschungs-Instituts. Es ist durch ihn zu einem führenden Stammzelleninstitut geworden, das auf diesem Gebiet eng mit den USA kooperiert. Der Agrarwissenschaftler Dr. agr. Wilmut bedauert sehr, dass in Europa unterschiedliche Gesetze eine Kooperation auf dem Gebiet der Stammzellenforschung stark behindern. Nach seiner Meinung kann man nur dann einen baldigen Erfolg verzeichnen, wenn alle die Gelegenheit haben, sich an embryonalen Stammzellenforschungen zu beteiligen. «Landesgrenzen und Landesgesetze behindern diesen Forschungszweig, der für die gesamte Menschheit ungemein wichtig ist» (mündliche Mitteilung von Professor Wilmut).

Sowjetische Kommunisten argumentierten ähnlich: «Das angestrebte Ziel, die Schaffung eines weltweiten kommunistischen Paradieses, kann nur erreicht werden, wenn alle Länder und Völker dieser Welt kommunistisch werden.»

Das Institut von Dr. Wilmut wurde mit dem Ziel gegründet, Lebensqualität zu verbessern. Die hier angewandte Gentechnik in Tieren und Pflanzen solle die Tiergesundheit und das Wohlergehen der Tiere steigern. Gentechnischem Fortschritt sei es zu verdanken, dass Resistenzzüchtungen gegen Parasiten und Krankheiten die Umwelt positiv beeinflussen würden, berichten die Verantwortlichen. Letztendlich seien sie förderlich für die Landwirtschaft und somit erziele man ein Anwachsen der Nahrungsmittelproduktion, womit der Menschheit insgesamt geholfen werden könne, liest man in der Institutsinformation. Das *Roslin Institut* wurde 1993 als neues Biotechnologisches Forschungszentrum, das unabhängig vom *Tiergenetischen Institut der Universität von Edinburgh* sein sollte, gegründet.

Grüne Gentechnik stößt in vielen europäischen und afrikanischen Ländern nach wie vor auf heftigen Widerstand. Wissenschaftlich wie juristisch ist man in der Biopolitik unsicher. Die Freigabe von Ackerflächen zu gentechnischen Versuchszwecken wird vor allem in europäischen Ländern nach wie vor hinausgezögert. Es wird gefordert, dass Wissenschaftler, Politiker und die Bevölkerung in einen Dialog treten, der über Konsequenzen aufklärt und Alternativen anbietet.

Von Konsumenten in der Schweiz werden Nahrungsmittel von gentechnisch manipulierten Pflanzen abgelehnt. Ein Gesetz über die Extraktion von Stammzellen aus sieben Tage alten Embryos für die Forschung wurde hingegen von den Wählern und vom Schweizer Nationalrat und Ständerat im November 2004 mit höchstmöglicher Zustimmung beschlossen. Das Abstimmungsergebnis über den Umgang von Menschen mit Gentechniken, die sein Selbstverständnis beeinflussen können, lautete: 23 Ja-Stimmen und Null Nein-Stimmen, wobei 22 Parlamentarier bei der Abstimmung gar nicht anwesend waren. Ethikkommissionen, Publik-Foren und leidenschaftliche

## 8. Richtlinien für die Forschung

Debatten wie in Deutschland oder England gab es nicht. Ethikkommissionen regen sich hingegen darüber auf, dass Frauen, die Eizellen für Forschungszwecke spenden, nicht für ihre Mühen und Gesundheitsrisiken entgolten werden, im Gegensatz zu Frauen, die ihre Eizellen der In-Vitro-Fertilisation zur Verfügung stellen, was mit US$ 5.000 vergolten wird oder mit einer Verbilligung der eigenen Behandlung.

Eizellspenderinnen unterziehen sich der gleichen Prozedur wie bei der «Sterilitätsbehandlung». Das heißt, sie unterziehen sich einer Hormonbehandlung für eine Superovulation und danach einer kleinen OP unter Narkose, damit man eine Ei-Entnahme durchführen kann. In letzter Zeit wurde vermehrt Aufmerksamkeit auf die Eizellgewinnung gelenkt. Normalerweise hat eine Frau eine Eizelle pro Monat zur Verfügung. Weil man mehr Eizellen gewinnen will, verabreicht man z.B. in den USA vor der eingeleiteten Superovulation ein Medikament, das eigentlich in der Tierzucht benutzt wird, um eine Langzeitfruchtbarkeit und Brunstsynchronisation bei weiblichen Tieren zu garantieren. Es ist ein Gonadotropin freisetzendes Hormon (GnRH), welches die Eizellbildung herunterschraubt. Das heisst: Durch einen kontinuierlichen Einsatz erreicht man eine initiale Verringerung der Eizellbildung, die anschließend gesteigert wird, womit man eine vermehrte Follikelreifung erzielt.

Die chemische Substanz ist Norethindrone Acetat, eine synthetische Kopie von GnRH, das in Schweinen und Schafen produziert wird. Norethindrone Acetat wird eigentlich bei Endometriose eingesetzt. Weil eine speziell zugelassene Substanz für In-Vitro-Fertilisation nicht vorhanden ist, wurde es umgewidmet, da es genau die Wirkung erzielt, die erwünscht ist. Jedoch hat dieses Arzneimittel eine lange Liste von Nebenwirkungen, die da sind: Ausschläge, Vasodilatation (Ausdehnung der Gefäße, mit der Folge von «Hitzewallungen»), Brennen, Prickeln, Jucken, Kopfweh und Migräne, Schwindel, Haarausfall, nichtentzündliche Gelenkschmerzen, Schwierigkeiten beim Atmen, Brustschmerz, Brechreiz, Depression, emotionale Instabilität, Libido-Verlust, Sehschwäche, Schwäche, Amnesie, Hypertonie, Anstieg der Herzfrequenz, Muskelschmerzen, Knochenschmerzen, Unterleibsschmerzen, Schlaflosigkeit, Schwellung von Händen, allgemeine Ödeme, chronische Vergrößerung der Schilddrüse, Leberfunktions-Abnormität, Angst und Gleichgewichtsstörung.[182] Diese Nebenwirkungen kann man nur umgehen, wenn man auf eine

Verheißungen der neuesten Biotechnologien

Superovulation verzichtet. Jedoch ist eine künstliche Befruchtung nicht machbar mit nur einer Eizelle. Und eine Ausbeutung von einer einzigen Eizelle im Monat für die Stammzellenforschung ist auch nicht gerade erstrebenswert.

Die Frage ist, ob man Frauen wegen rein hypotetischen Erfolgen, und eventuell noch aus reiner «Profitgier» soetwas zumuten soll? Viele junge Frauen, die ihre Eizellen spendeten, erlitten unabsehbare gesundheitliche Einbußen. Bioethiker raten jedoch von einer wahrheitsgemäßen Aufklärung ab, weil von diesem umgewidmeten Medikament zu wenig Daten vorliegen.[183] Judy Norsigan, Direktorin der US-Vereinigung, «Our Bodies Ourselves», eine Organisation, die sich um Frauengesundheit und deren Gesundheitsberatung kümmert, ist der Meinung, dass sich Frauen, bei denen mit diesem Medikament eine Superovulation herbeigeführt wurde, auf einen gefährlichen Weg begeben haben. Judy ist überzeugt, dass Eizellspenderinnen nur deshalb nicht aufgeklärt werden, weil sie sonst vor einer solchen «Spende» zurückschrecken würden.

Das Bewusstsein, Eizellen für die Forschung zu spenden, wurde erst durch Dr. Hwang geweckt.[184] Als der Klonforscher Professor Dr. med. vet. Hwang aus Südkorea einen Teil der verwendeten Eizellen, die er für seine Forschung brauchte, seinen Mitarbeiterinnen

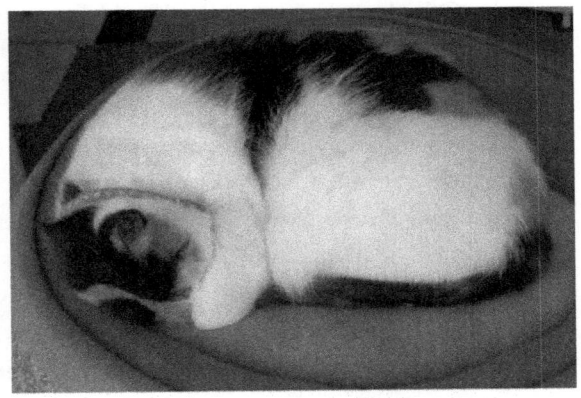

Nebenwirkungen werden nicht gesehen

entnommen hatte, wurde dies als Verstoß gegen die Ethikrichtlinien angesehen. Der Klonerfolg von Dr. Hwang schien aber nur deshalb erfolgreich gewesen zu sein, weil die verwendeten menschlichen Eizellen besonders frisch waren.

Es war in Befruchtungskliniken in den USA nicht erlaubt, Eizellspenden für die Forschung entgegenzunehmen. Alle Eizellen und Embryos, die gespendet wurden, waren Nebenprodukte oder Embryos, die wegen zu hoher Lagerungskosten entsorgt werden mussten. In den 2005 von der Nationalen Akademie empfohlenen «Guidelines for Human Embryonic Stem Cell Research» wurde festgelegt, dass in den USA für die Spendung von Eizellen oder Sperma und für tiefgefrorene Embryos keine Bezahlung erfolgen sollte. Diese Empfehlungen sind gerechtfertigt, sagte der Vizepräsident der Akademie. Der Professor für *Biomedizinische Ethik der Universität von Virginia,* Jonathan Moreno, unterstreicht, es handle sich um ein sehr sensitives Thema und man wisse nichts Genaues über gesundheitliche Risiken und Komplikationen, die sich aus einer Eizellspende ergeben könnten.[185]

Einige Bioethiker vertreten jedoch die Ansicht, Eizellspenderinnen seien zu entgelten. So werden einige Eizellspenderinnen, meist unter der Hand, für den Zeitaufwand und die Unannehmlichkeiten, die eine Spende mit sich bringt, entlohnt. Aber generell finden Bioethiker wie z.B. Bonnie Steinbock, Professorin für Philosophie der State University of New York, Albany, die Eizellspende als nicht entgeltungswürdig.[186] Es gibt ja eigentlich auch keinen Nutznießer, der von der Eizellspende direkt profitiert, weil kein Kind entsteht. Oder korrekterweise, das Kind lebt nur bis zum fünften Tag.

Außerdem, wenn man wirklich eizellspendende Frauen bezahlen würde, könnte daraus resultieren, dass Frauen aus armen Ländern verführt werden, ihre Eizellen kommerziell zu verkaufen. Man sieht darin eine Ausbeutung, die ethisch nicht vertretbar ist.[187] «Die Frau wird nur noch als Mittel zum Zweck geschätzt und ihre anderen Werte verblassen», erläuterte ein Sprecher des Australischen Parlamentes.[188] Bevor wir uns versehen, könnte die menschliche Eizelle weltweit als Ware vermarktet werden. In armen Ländern würden die Frauen als Eizellspenderinnen ausgebeutet, weil gerade diese Länder keine nationalen ethischen Komitees oder Richtlinien haben. Die Folge, wenn menschliches Leben kommerzialisiert würde, ist, dass unsere eingespielten sozialen Traditionen sich wandeln würden zugunsten wirtschaftlicher Spekulationen. Ob es uns wert ist, dies alles aufs Spiel zu setzen?[189]

2007 entschied die britische *Human Fertilization and Embryology Authority* (HEFA), dass Frauen ihre Eizellen für die Forschung spenden dürfen. Es handelt sich um eine sehr umstrittene Art eines Discounts, Spenderinnen zu ermöglichen, ihre In-Vitro-Fertilisation zum Vorzugspreis zu erhalten.[190]

Die Eizellen selbst werden benutzt, um Stammzelllinien aufzubauen. D.h., die Eizelle wird entweder befruchtet (reproduktives Klonen) oder entkernt (therapeutisches Klonen), damit der diploide somatische Zellkern des kranken Patienten eingesetzt werden kann. Fünf Tage danach wird der Embryo, der sich jetzt im Blastozystenstadium befindet, vernichtet. Von daher gesehen ist es irrelevant, ob die Eizelle aus Indien, China oder Afrika kommt.

Viele äußerten jedoch ganz andere Bedenken. Sie haben Sorge, dass der Personenkreis von Spenderinnen, die ihre Eizellen für die Forschung zur Verfügung stellen wollen, sehr klein bleibt. Spenderinnen waren vor allem Frauen, die Freunde hatten, die an verschiedensten Krankheiten litten. Mit ihrer Spende hofften sie, einen Forschungsbeitrag leisten zu können, um ihren Freunden zu helfen. Es wird in Aussicht gestellt, dass die Entwicklungen in der Stammzellenforschung es ermöglichen könnten, dass Spenderinnen selber von ihrer Spende profitieren könnten, wenn sie an der zu erforschenden Krankheit leiden.[191]

Um diese Spekulationen weiterzuspinnen und speziell auf einen Spender bzw. auf eine Krankheit zugeschnittenes Gewebe zu züchten, müsste es sich um eine dominante Erberkrankung handeln, die da erforscht werden soll. Zu diesen Erbkrankheiten gehören z.B. Nachtblindheit und Kurzfingrigkeit. Wenn man direkt das haploide Erbgut der erkrankten Mutter in ihrer gespendeten Eizelle sich zunutze machen will, könnte man es mit dem haploiden Erbgut einer Samenzelle fusionieren, damit die Erkrankung im Embryo ausgebildet wird. Dieser Schritt des reproduktiven Klonens für Forschungszwecke wäre rein theoretisch der schnellere Weg, als die Eizelle zu entkernen und mit einer Hautzelle der Mutter therapeutisch zu klonen.

Eine Eizelle von einer an Mukoviszidose erkrankten Mutter hilft nicht viel weiter, weil diese Erkrankung rezessiv vererbt wird. Das bedeutet, dass bei einer Befruchtung dieser Eizelle mit einer mukoviszidosefreien Samenzelle die Erkrankung nicht zur Ausbildung kommt. Die Lebenserwartung von mukoviszidosen Kindern ist leider nicht sehr hoch. So bleibt die Frage, ob man z.B. auf diesem Hintergrund von einem Anreiz für eine freiwillige Eizellenspende sprechen kann. Hinzu kommt, dass in Deutschland ein reproduktives und therapeutisches Klonen menschlicher Embryos durch Paragraph 6 des Embryonenschutzgesetzes strafrechtlich verboten ist. Allerdings ist es in England, Südkorea und den USA gesetzlich erlaubt.[192]

## 8.2. Therapeutisches Klonen

Ein Vorteil der adulten Stammzellforschung ist, dass die Zellen dem Patienten direkt entnommen werden können und so sein Immunsystem nicht mit schweren Medikamenten, die beachtliche Nebenwirkungen haben, unterdrückt werden muss. Diese Umstände hindern jedoch Wissenschaftler nicht daran, von der embryonalen Stammzellenforschung abzulassen, denn sie tragen die Hoffnung in sich, eines Tages aus embryonalen Stammzellen Ersatzgewebe herstellen zu können.

Für viele ist eine Organspende lebensrettend, und so wird die Stammzell-Forschung mit den gleichen immunologischen Abwehrreaktionen konfrontiert, wie sie bei einer Transplantation vorkommen. Stammzellforschung ist ein sehr schwieriges Unterfangen, weil geklonte Embryos und damit auch das aus ihnen gewonnene Gewebe patientenfremd sind. Jede Ei- und Samenzelle beansprucht ein ihr eigenes Immunsystem. Um diesen Startschwierigkeiten aus dem Weg zu gehen, bedient man sich des so genannten therapeutischen Klonens. Ein Patient soll seine eigenen maßgeschneiderten Stammzellen bekommen, aus denen man die Organe oder Zellen herstellt, welche die Funktion der erkrankten Körperteile ersetzt. Der Patient muss nur eine Körperzelle zur Verfügung stellen und sobald man den genetischen Defekt in dieser kranken Zelle korrigiert hat, wird sie einer Eizelle eingepflanzt, deren eigenen Kern man vorher entfernt hat. Rein theoretisch sollte es so ablaufen, um eine diploide Zygote zu erzeugen. Aber momentan ist man erst mal froh, wenn man es schafft, Stammzellen aus einem Embryo zu gewinnen, der in seiner DNA absolut identisch mit dem Patienten ist. Leider braucht man viele Eizellen und viele somatische Patientenzellen, damit man Stammzelllinien erzeugen kann. Sobald der so erzeugte, eigentlich «kranke» Embryo, das Blastozystenstadium erreicht hat, kann man seine pluripotenten Stammzellen entnehmen. Rein rechtlich muss der Embryo erst am 14. Tag vernichtet werden. Sobald er das Blastozystenstadium erreicht hat, besteht er aus dem Embryoblast, woraus sich der Mensch entwickelt, und aus dem Trophoblast, der späteren Plazenta, die den Embryo ernährt und für die gesunde Entwicklung des Kindes zuständig ist.[193/194] Die Frage, ob man einen Embryo ohne Plazenta, sozusagen extrauterin, länger am Leben erhalten kann als die gesetzlich vorgeschriebenen 14 Tage, ist nicht geklärt.

Ein Embryo wird beim therapeutischen Klonen nur zu Forschungszwecken

## Verheißungen der neuesten Biotechnologien

erzeugt und danach zerstört. Es ist ein Verfahren, das in den USA und in England erlaubt ist. Auf diese Wiese dupliziert man das Genom des Patienten durch einen gentechnischen Kerntransfer. Auf molekularer Ebene erzeugt man eine genetisch identische Kopie des Originals. Das ethische Dilemma der Embryonenzerstörung wird beim therapeutischen Klonen nicht überwunden. Auch wusste man 2009 nicht, wie man die kranke DNA gentechnisch reparieren soll, was natürlich vor dem Klonen passieren müsste. Es war vor der Zeit, in der man mit Hilfe von CRISPR-cas9 bzw. speziellen Enzymen DNA-Stränge verändern konnte.[195]

In Deutschland ist laut Embryonenschutzgesetz (EschG, 1991) die Herstellung von Embryos durch In-Vitro-Fertilisation nur für die Fortpflanzung erlaubt. Die Herstellung von Embryos, die nicht diesem Zweck dienen, ist verboten. In § 6 (1) heißt es weiter, dass jemand fünf Jahre Freiheitsstrafe oder eine Geldbuße auferlegt bekommt, der einen menschlichen Embryo erzeugt, dessen Erbinformation identisch ist mit dem eines anderen Föten, Embryos, lebenden oder toten Menschen. Rechtlich ist damit therapeutisches Klonen in Deutschland ausgeschlossen. Dieses Thema wird aber weiterhin die Debatten aufheizen, weil viele Rechtsexperten sich nicht einig sind, ab welchem Zeitpunkt der Embryo zu schützen ist. Ob ab der Kernverschmelzung oder später, ist nicht eindeutig geklärt.[196]

Man beruft sich in diesem Zusammenhang auf das so genannte Identitätsargument. Es besagt, dass ein Lebewesen zu jedem Zeitpunkt seiner Entwicklung mit dem Lebewesen, das es zu einem früheren Zeitpunkt war, identisch ist.

Wasser ist lebenswichtig

Egal in welcher Entwicklungsphase der Mensch sich befindet, ob Embryo oder Student oder Großvater, er hat immer die gleiche Würde, weil er immer derselbe ist, und dies vom Zeitpunkt der Befruchtung an.

## 8. Richtlinien für die Forschung

In der Wissenschaft gibt es sehr viele Beispiele für verschiedene Begriffe die ein und dasselbe ausdrücken. Wasser ist identisch mit $H_2O$.

Die Würde erhält der Mensch durch seine Spezieszugehörigkeit zur Gattung Mensch und nicht erst, wenn er eine bestimmte Phase der embryonalen oder fötalen Entwicklung abgeschlossen hat. Die Entwicklung vom Embryo zum Menschen verläuft kontinuierlich. Es gibt keine markanten Einschnitte, aus denen sich eine Änderung des moralischen Status ergeben kann. Das Kontinuitätsargument besagt, dass die Würde eines Erwachsenen zurückzuführen ist auf den früheren Embryo. So muss man dem Embryo seine Würde zuerkennen.[197]

Abgesehen von all den Gesetzen und Überlegungen sind noch einige wissenschaftliche Hürden vorhanden. Denn die Eizelle besitzt eine mitochondriale DNA, die sich im Zellplasma befindet und damit von der Mutter vererbt wird, von Eizelle zu Eizelle. Gegen diese mitochondriale DNA bilden sich Antikörper.

Selbst Ei- und Samenzellen besitzen ihr eigenes Immunsystem. Diese von der Natur eingerichtete Tatsache kann einen Forscher faszinieren. Jedoch muss er sich auch dessen bewusst sein, um einen Weg zu finden, damit er das Immunsystem ausschalten kann.

Mit Immunsuppressiva kann man das Immunsystem unterdrücken, was leider den Patienten zusätzlich schwächt. Das Handicap einer mitochondrialen DNA hat der koreanische Klon-Ezperte Dr. Hwang kategorisch geleugnet, als ihm ein Kollege diese Frage stellte. Allerdings vertrat Dr. Hwang diese Meinung noch vor seinem Eklat. (mündliche Mitteilung von Dr. Hwang beim Neuroscience Meeting im Juni 2005 in Madison, WI).

Es existiert zumindest eine so genannte «théorie de l'Eve mitochondriale». Mitochondrien besitzen metabolische Aktivitäten, um Energie für den Körper zu erzeugen. Die mitochondriale DNA ist ringförmig und besitzt etwa 16.5 Kilobasenpaaren mit 37 Genen. Im Kontrast zur DNA im Zellkern einer haploiden Keimzelle, die über 3,2 Milliarden Giga-Basenpaare auf 23 Chromosomen besitzt. Verschmelzen die Gameten, verdoppelt sich Anzahl. Mitochondrien bezeichnet man als biologisches Geschichtsbuch der Frauen, weil sie von Generation zu Generation weitervererbt wird. 1987 haben drei Biochemiker aus Kalifornien die DNA zurückverfolgt.

Einbezogen in ihre Studie haben sie die Möglichkeiten von Mutationen. Sie fanden auf diesem Wege heraus, dass es nur eine einzige Frau gegeben hat, welche die ursprungsmitochondriale DNA besaß. Sie lebte in Afrika vor 200.000 Jahren.[198]

Allerdings existiert noch eine andere Ungewissheit bezüglich der Mitochondrien, die ihre eigene DNA haben und mit der Eizelle der Mutter vererbt werden. Wenn man nämlich, wie in England oder China erlaubt, eine Kuh-Eizelle oder Hasen-Eizelle benutzen will und somit der Mensch Antikörper gegen seine «wiederkäuermitochondriale Mutter-DNA», bildet.

Am 15. November 2008 ist in England ein Gesetz erlassen worden, das folgendes erlaubt: Zytoplasmatische Tier-Mensch-Mischembryonen, künstliche Geschlechtszellen, das Verwenden zweier mütterlicher Eizellen, Keimbahn-Manipulation, Vorimplantationsdiagnose zu eugenischen Zwecken (postmortale Spermaentnahme), posthume Empfängnis, Eliminierung des Bedürfnisses des Kindes nach einem Vater, Gebrauch des Gewebes ohne Zustimmung des Patienten… u.v.a.

Tierische Eizellen bekommt man mit Leichtigkeit und in großer Zahl vom Schlachthof. Diese werden entkernt und eine menschliche DNA eines unheilbar Erkrankten, der an Parkinson oder Alzheimer leidet, wird stattdessen eingesetzt. So bekommt man einen total verunreinigten menschlich-tierischen Embryo.

In England nimmt man Eizellen von Kühen, in China benutzt man schon lange und angeblich sehr effizient Eizellen von Kaninchen.[199] Die resultierenden zytoplasmatischen hybriden Embryos werden zur Gewinnung embryonaler Stammzellen benutzt, mit denen man eines Tages Krankheiten wie Parkinson, Alzheimer oder Diabetes heilen will. Jedoch sollen die so erzeugten Mischembryos nicht lange leben. Sie werden zwar offiziell am dritten Tag abgetötet; die Frage ist, ob die neu geschaffenen Embryos, die zu 0,1 Prozent Kuh und 99,9 Prozent Mensch sind, überhaupt länger lebensfähig sind. Die Methode des Kerntransfers von Körperzellen hat für eine lange Zeit nur bei Mäusen funktioniert. Für Forscher vom *Howard Hughes Medical Institute* in Boston erscheint es dennoch erstrebenswert, embryonale Stammzellen für die Therapie von Alzheimer und Diabetes gezielt aus geklonten Menschenembryos zu gewinnen.

Im Wissenschaftsmagazin *Science* wurden 2005 zwei Arbeiten veröffentlicht, in denen koreanische Forscher über therapeutisch geklonte Patientenstammzellen berichteten. Diese Erfolgsmeldungen des Koreanischen Klonforschers Hwang Woo-Suk, der aus vielen hundert Kerntransfers einen geklonten Embryo erzeugt hat, entpuppten sich damals als Fälschung.[200] Forscher der *Oregon Health & Science University* haben jedoch 2007 eine Methode gefunden, um Primatenembryos zu klonen. Sie haben den Zellkern von Bindegewebszellen erwachsener Makaken in entkernte Primaten-Eizellen injiziert. Aus den geklonten Zellen könnten embryonale Stammzellen gewonnen werden.[201]

22 Jahre nach dem geklonten Schaf Dolly haben chinesische Forscher zwei identische Makakenbabies geklont. Darüber berichtete selbst die Tageschau am 24. Januar 2018. Qiang Sun und sein Team entnahmen das komplette Erbgut aus den Eizellen der Spendertiere. Anschließend wurde jeweils der Zell-Kern einer Körperzelle oder einer fötalen Zelle eingebracht. Man stellte 300 Embryonen her. 200 hatten adulte Zellkerne und 100 die eines Affenföten. Alle 200 Embryos mit den adulten Zellkernen starben. Von 42 Leihmutteraffen wurden sechs trächtig, und nur vier brachten Affenklonbabies auf die Welt, wovon zwei ihre Geburt überlebten.[202] Aus diesen Versuchen zu schlussfolgern, dass wir bald in der Lage sein werden, Menschen «reproduktiv zu klonen» ist utopisch. Man muss sich bei diesen Experimenten nicht mal die Mühe machen, über eine Ethik, Moral oder rechtliche Probleme zu reflektieren. Noch dazu, wenn solche Menschenversuche rein technisch nicht durchführbar sind.

Hinzu kommen Gesetzesanforderungen, denen Forschungsprojekte mit Tieren unterliegen. Die Mindestanforderungen für Tierversuche sind auch in einer Ethik in Bezug auf die Beziehung zwischen Menschen und Tieren und dem intrinsischen Wert des Lebens zu sehen. Dies beinhaltet, dass man Argumente, die für oder gegen die Verwendung von Tieren zu wissenschaftlichen Zwecken sprechen, in die Planung von derartigen Projekten mit einbezieht. Tierschutzgesetze adressieren Anforderungen, Verbesserungen, Vermeidung bzw. Verminderung von Schmerzen, Angst, unnützes Leid und artspezifische Handhabung von Versuchstieren. Tierversuche werden dann nötig, wenn es zum Schutz der natürlichen Umwelt im Interesse der Gesundheit oder des Wohlergehens von Menschen und Tieren geht.[203] Reproduktive Klonversuche mit non-humanen Primaten, in denen die Tiere nicht nur vollkommen unnütz leiden und die auch nicht auf dem Prinzip der Arterhaltung aufbauen, können so gesehen nicht unseren Verordnugen standhalten. So ist es kein Wunder, dass sie in China durchgeführt werden. Hier haben sie den einzigen Zweck, dass Primaten herhalten müssen, um eine Technik zu eruieren, die man am liebsten auch beim Menschen anwenden will.

Wie die Klon-Schaf Dolly Versuche zeigen, könnte man zwar ein vollständiges Lebewesen gewinnen, das mit dem Spender des Zellkerns genetisch identisch ist. Ein so gebildetes Lebewesen könnte als ein Organ-Ersatzteillager dienen. Doch ein «menschliches reproduktives Klonen», stand weder 2008 und erst recht nicht nach den oben genannten Affenversuchen zur Diskussion. Überhaupt, steht eine Bildung von Ersatzorganen mithilfe von Stammzellen noch am Anfang. In Deutschland verbietet das 1991 in Kraft getretene Embryonenschutzgesetz, einen Embryo für etwas anderes als eine Schwangerschaft heranzuzüchten. Die Einfuhr menschlicher embryonaler Stammzellen zu Forschungszwecken ist nur unter strengen Auflagen zulässig. Seit einem Beschluss des Deutschen Bundestages im April 2008 standen deutschen Wissenschaftlern künftig etwa 500 jüngere Zelllinien für Forschungszwecke zur Verfügung, die vor dem 1. Mai 2007 im Ausland gewonnen wurden.

Der Präsident des Internationalen Kongresses für Genetik sagte zum Abschluss des 2008 in Berlin durchgeführten Kongresses, dass es bei Parkinson-Patienten «irgendwann» möglich sein würde, die kranken Zellen im Gehirn durch neue Zellen, die wieder Dopamin produzieren, zu ersetzen. Eine Expertise des Wissenschaftlichen Dienstes des Deutschen Bundestages kam 2007 zur Aussage, dass eine medizinische Therapie mit embryonalen Stammzellen, wenn überhaupt, dann eher in einem Zeithorizont von 20 Jahren zu realisieren sein könnte. Spätestens 2020 wurde uns bewusst, dass embryonale Stammzellen nur noch als eine Art Ersatz von Tierversuchen dienen. Wir testen an ihnen Medikamente und Impfstoffe. Und ausserdem haben wir ganz andere gentechnische Methoden entwickelt, auf denen der Schwerpunkt der Forschung liegt. Damit ist der Traum, Organe im Labor herzustellen, die vor allem genau passen und bedarfsgerecht sind, aber ohne eine gefährliche Abstoßungsreaktion, noch lange nicht ausgeträumt. Als 2007 die ersten Stammzellen aus ausdifferenzierten Körperzellen hergestellt wurden, waren Transplantationsmediziner begeistert. Mit induzierten pluripotenten Stammzellen erhoffte man sich, nun endlich den auf ein

Ersatzorgan wartenden Menschen helfen zu können. Und zwar bevor sie sterben! Es wäre eine Alternative, um die mangelnde Bereitschaft der Menschen, nach dem Tod ihr Organ zu spenden, zu beheben. Kriminelle, die in Drittländern ihre Mitmenschen wegen einer Niere usw. ausbeuten, verlieren so auch ihren Anreiz. Was Forscher bisher aus iPS-Zellen entwickelt haben, kann sich sehen lassen. «Die Technik, aus Stammzellen in der Kulturschale Organoide wie dreidimensionale Miniorgane, die in ihren Funktionen Niere, Leber oder sogar dem Gehirn ziemlich nahekommen, ist mittlerweile ausgereift», erklärt der niederländische Mediziner und Biologe Hans Cleven. «Diese organähnlichen Gebilde taugen zwar nicht als Ersatzorgane», erläutert der iPS-Zellen-Pionier. «Dennoch haben sie eine grosse Bedeutung in unserer Grundlagenforschung und Medikamentenentwicklung.» Wissenschaftler haben allerdings ihre Bedenken, ob es jemals gelingen wird, komplexe Organe wie ein Herz oder eine Niere nachbauen zu können. Die bisherigen Versuche sind realistisch gesehen eher moderat.[204]

## 8.3. Intermezzo zwischen Wissenschaft und Ethik

*E*ngland, Kanada, Neuseeland, viele US-Staaten, Singapur und Süd-Afrika unterschieden zwischen therapeutischem Klonen und reproduktivem Klonen. Therapeutisch geklonte menschliche Embryos, die im Labor weitergezüchtet werden, müssen nach einer bestimmten Zeitperiode (gewöhnlich am 14. Tag) zerstört werden.

Therapeutisch geklonten menschlichen Embryos wird das Recht auf die Entwicklung im Mutterleib abgesprochen und damit das Weiterleben verweigert. Der technische Vorgang für «therapeutisches Klonen» und «reproduktives Klonen» ist identisch. Es ist unlogisch, therapeutisches Klonen von menschlichen Embryos zu befürworten, aber reproduktives Klonen von menschlichen Embryos zu verbieten. Der italienische Gynäkologe Severino Antinori Buero verkündete, dass er angeblich im Januar 2001 zum ersten Mal einen Menschen geklont habe. Für sein «reproduktive cloning» entkernte er menschliche Eizellen und setzte den Zellkern einer Körperzelle der Mutter ein, dann implantierte er sie in den vorbereiteten Uterus. Er behauptet, eine Erfolgsquote von 10% zu haben.

Davor Solter vom Freiburger Max-Planck-Institut hält es für ethisch unhaltbar, an Menschen zu probieren, was in Tierversuchen nur mit hohen Fehlerraten geklappt hat. Jan Wilmut, der Erzeuger des ersten Klon-Schafes, hatte eine Erfolgsquote von 0.36%. Er verbrauchte 277 Embryonen, um ein Klontier zu erzeugen. Dr. Antinori verteidigt sich damit, dass er nichts Schlimmes tue. Eine Aussage, ob die geklonten Kinder gesund sind, verweigert er, weil er Langzeitergebnisse dafür benötige. Wo sich die Kinder befinden, kann er auch nicht preisgeben. Er müsse sie vor der Öffentlichkeit schützen. Antinori Buero behauptet, Kinderkriegen sei ein Menschenrecht, und er sieht das Ziel seiner Forschung darin, die Unfruchtbarkeit des Menschen zu überwinden. Er verweist auf eine chinesische Wissenschaftlerin, Guangzhou, die 400 geklonte Embryos erzeugt haben will. Dem Professor scheint entgangen zu sein, dass Guangzhou der Name der südchinesischen Stadt Kanton ist. Das Einzige, was an den Behauptungen insoweit stimmt, ist, dass der Professor einer 63-jährigen Italienerin zur ersten postmenopausalen Schwangerschaft verholfen hat. Hunderte Kinder wurden angeblich nach seiner Methode erzeugt. Von den Klonbabys fehlt jede Spur und man ist versucht, eine Parallele zu einer Sekte zu sehen, die 2002 verkündete, ein Klonbaby: Eve erzeugt zu haben.[205]

Gegen das Klonen hat sich bereits 2001 der US-Genforscher Craig Venter ausgesprochen, ja er hat vor Klonversuchen bei Menschen gewarnt. Es müssten Menschenversuche für etwas gemacht werden, was sozial nicht gerechtfertigt ist, sagte Venter der Financial Times, Deutschland. Venter ist Präsident des Unternehmens *Celera Genomics Corp.* in Rockville, Maryland, USA und gilt als Pionier bei der Entschlüsselung des menschlichen Genoms. 2001 hatte er noch kritisiert, Europa diskutiere «hysterisch» über Klonen oder Veränderungen am menschlichen Erbgut. Venter forderte bald daraufhin, dass die US-Regierung möglichst schnell ein Gesetz schafft, damit wir nicht wegen unserer Erbanlagen diskriminiert werden. «Leute verlieren ihre Jobs oder ihre Krankenversicherung, weil sie angeblich oder vermutlich ein erhöhtes Krankheitsrisiko haben».[206] Mit dieser Meinung steht Venter nicht alleine da. Vertreter der Ökologisch-Demokratischen Partei in Regensburg wehren sich schon lange vehement gegen Klonversuche in der Wissenschaft, weil sie gegen die Menschenwürde verstoßen. Als Jan Wilmut 2005 den mit 100.000 Euro von deutschen Steuergeldern finanzierten Paul-Ehrlich-Preis bekam, demonstrierten werteorientierte Umweltpolitiker vor der Frankfurter Universität, wo der Preis verliehen wurde.[207]

# 9. DER MANN IM MOND

## 9.1. Intensive Stammzellenforschung und der Mangel an Forschungsgeldern

*1998* wurden die ersten humanen embryonalen Stammzellen isoliert. Damit wurde das wohl kontroverseste Forschungsgebiet der Biotechnologie etabliert. Für einige Forscher ist diese Forschung sehr vielversprechend, weil sich die Zellen angeblich in alle 220 Körperzellen verwandeln können. Es wird darüber spekuliert, auf diese Weise völlig neue lebensrettende Therapieformen zu erhalten. Krankheiten, die man mit embryonalen Stammzellen heilen könnte, gibt es unzählige. Das einzige Hindernis sei nach wie vor, dass viel zu wenig Forschungsgelder zur Verfügung stünden. So sei man gar nicht in der Lage gewesen, Therapien zu finden. Deshalb bliebe der erwünschte Erfolg vorerst leider aus.

Viele Förderer sind auch deswegen abgehalten worden, ihre Unterstützung zuzusagen, weil in den USA die Regierung keine klare Haltung zur Stammzellenforschung zeigte. 1961 hatte Präsident Kennedy die Vision gehabt, dass in den folgenden zehn Jahren der erste Mann auf dem Mond landen wird. Für diesen Traum stellte er Gelder zu Verfügung, obwohl die wirtschaftliche Lage dies damals eigentlich nicht erlaubte. Der Präsident behielt recht.

Eine ähnliche Vision haben Stammzellenforscher, welche eine Stammzellenforschung sicher für den Einsatz am Menschen machen wollen. Allerdings wird nur eine nebenwirkungsfreie Therapie Menschenleben retten. Der humanitäre Opfergeist der Forscher wird bewirken, dass mit Hilfe moderner Technologien das Leid der Menschen beendet wird, meint Dr.

Butler, der Präsident des *International Longevity Centre* in New York.[208]

Wird dieses Ziel jemals erreicht werden? Dies ist eine Frage, die besonders adulte Stammzellenforscher interessiert. Schon deshalb, weil sie der embryonalen Stammzellforschung eher skeptisch gegenüber stehen. Ist nicht das Beste, was wir haben, die nachfolgende Generation? Wer weiß, vielleicht leiden Forscher daran, Embryos zugunsten alter Leute zu vernichten, denen sie das Leben retten wollen. Schließlich könnten psychische Folgen daraus resultieren, weil sie vielleicht gegen ihr Gewissen oder besseres Wissen handeln. Es macht zumindest Nachdenklich, dass während der Nazizeit viele darunter litten, gegen ihr Gewissen gehandelt zu haben.

Was hat die Fahrt auf den Mond gebracht? Selbstbestätigung, um den Sowjetrussen zu zeigen, welche Technik besser ist und dass man alles machen kann, wozu man fähig ist? Es hat sehr viel Steuergelder gekostet. Einige zweifeln daran, ob die amerikanischen Astronauten wirklich auf dem Mond waren, und meinen, man hätte Filme aus der Wüste in Arizona gezeigt.

Es sei ihnen eine Geschichte aufgebunden worden, ähnlich der vom Mann im Mond. Aber das ist einerlei. Was zählt ist die Frage, ob man wirklich Menschenleben mit getöteten Embryos retten soll. Können wir in die Schöpfung Gottes eingreifen, nur weil es technisch machbar wäre? Und obwohl wir die Folgen gar nicht kennen?

Erdgeschichtlicher Aufschluss im Grand Canyon

## 9.1.1. Technische Hindernisse und Versprechungen

Humane embryonale Stammzellen werden aus Embryonen gewonnen, wenn diese das Blastozystenstadium erreicht haben. In den Tagen nach der Befruchtung wandert der Embryo normalerweise den Eileiter hinunter, um sich später zwischen dem 7,5. und 9. Tag im Uterus einzunisten. Seine Zellen sind bis zum dritten Tag im Acht-Zellenstadium omnipotent, danach sind die undifferenzierten Zellen pluripotent. Die Blastozyste ist das Stadium, in dem sich der Embryo ab dem fünften Tag befindet. Ein «Preimplantation's Embryo» besitzt 150 Zellen, entstanden durch Zellteilung nach der Befruchtung. Er besteht aus einem Trophoblasten, dem äußeren Ring von Zellen, einer Zellhöhle, dem Blastocoel und einer Anhäufung von etwa 30 Zellen, die man «inner cell mass» nennt oder auch Embryoblast.

Diese Blastozyste muss zerstört werden, damit man Stammzellen entnehmen kann. Der Trophoblast, der die Plazenta bilden würde,[209/210] hätte normalerweise die Ernährung übernommen und so eine embryonale und fötale Entwicklung des Embryoblasten sichergestellt.[211] Die Zellen des Embryoblasten werden pluripotent genannt, weil sich die Zellen (im Mutterleib) in mehr als 220 Körperzellen differenzieren können.

Im Gegensatz zu humanen embryonalen Stammzellen sind adulte Stammzellen multipotente Vorläuferzellen, die sich hauptsächlich in die Zelle entwickeln, von der sie abstammen. Begrenzt können sie sich auch in andere Zellen entwickeln. So wie z.B. eine Fettzelle sich in eine Nervenzelle differenzieren kann. Adulte Stammzellen sind in jedem Organ vorhanden.

Wegen ihrer Plastizität und Fähigkeit zur Selbsterneuerung meinen Forscher, in embryonalen humanen Stammzellen das ideale Therapeutikum gefunden zu haben. Bis zum Erscheinen der ersten Auflage dieses Buches in 2010 ist allerdings keine einzige medizinische Behandlung durch embryonale Stammzellen erfolgt, weder in der Human- noch in der Tiermedizin. 2008 hat der Präsident der Internationalen Genetischen Gesellschaft nur der Hoffnung Ausdruck gegeben, dass embryonale Stammzellen in der Zukunft als Therapeutikum eingesetzt werden können. Andere meinen, dass Stammzellentherapien für Parkinson oder Alzheimer eventuell zu einem späteren Zeitpunkt eine Rolle spielen könnten. Allerdings wurden bisher nur adulte Stammzellentherapien in der Medizintherapie verwendet. Der Vorgang des Wachstums von humanen embryonalen Stammzellen im Labor wird als Zellkultur bezeichnet. Isolierte Zellen werden auf ein Kulturmedium gesetzt. Es dient zur Ausbreitung der Zellen auf der Oberfläche der Petrischale. Die Oberfläche besteht aus Mäusehautzellen, die sich selber nicht teilen können. Der so genannte «feeder layer» (Nährboden) ist sehr klebrig, um den Stammzellen die Möglichkeit zu geben anzuheften. Dieser Nährboden der Petrischale sorgt für die Ernährung der Zellen. Da es sich jedoch um Mäusezellen handelt, besteht das Risiko, dass Retroviren, die sich im Erbgut der Mauszellen eingenistet haben, unter gewissen Bedingungen aktiv werden und in die menschlichen Zellen übertragen werden und somit eine Verunreinigung bewirken. Deshalb ist man auf der Suche nach Kulturverfahren für embryonale Stammzellen, die andere Nährmedien benutzen.

Nach einigen Tagen ist die Petrischale mit Stammzellen übersät und diese werden nun subkultiviert. Sie besitzen die Eigenschaft der Langzeitselbsterneuerung, was ihnen den Ruf der Unsterblichkeit einbrachte. Nach sechs Monaten hat man so Millionen pluripotenter Stammzellen, die sich zwar teilen, aber nicht in bestimmte Gewebe differenzieren. Man kann auf diese Weise embryonale Stammzelllinien etablieren, die man einfrieren und verkaufen kann. Stammzellen reifen erst dann zu ausdifferenzierten Zellen heran, wenn man sie durch die Zugabe bestimmter Nährmedien mit den entsprechenden Differenzierungssignalen versorgt. Es ist sehr schwer und eine enorme Herausforderung, dies in die Praxis umzusetzen. Nur theoretisch haben Stammzellen das Potential, sich in alle Gewebezellen des Körpers zu differenzieren.

In der Kulturschale sind Dinge möglich, die sich im Körper niemals abspielen. Der Weg der Differenzierung einer Stammzelle in die gewünschte Körperzelle ist, gelinde gesagt, ein Rätsel. Man versucht, sich in der embryonalen Stammzellenforschung ein umgebendes Milieu zunutze zu machen, um die Differenzierung der Stammzellen zu erforschen. Als Vektoren dienen lebende Mäuse, deren Immunsystem ausgeschaltet ist, damit die injizierten humanen embryonalen Stammzellen nicht zerstört werden. Aus ihnen bildet sich ein vielzelliger gutartiger Tumor, den man Teratoma nennt. Dieser Teratoma-Tumor hat Zellen aller drei Keimblätter des Embryos: des Ektoderms, Entoderms und Mesoderms. Mit diesen Versuchen überprüft man die Differenzierungsmöglichkeiten von Stammzellen. Es zeigte sich jedoch auch, dass undifferenzierte Stammzellen, die man in einen Organismus injiziert, zur Bildung von bösartigen Tumoren und somit zu einer total ungeordneten Differenzierung führen können. Undifferenzierte Zellen sind ungeeignet für therapeutische Zwecke. Eine geordnete Entwicklung erfolgt normalerweise nur bei der intrauterinen Embryogenese. Aus dem Ektoderm, welches das oberste oder erste Keimblatt ist, entwickeln sich die Haut, das Nervensystem und die Sinnesorgane. Das Mesoderm ist das mittlere Keimblatt, es entwickelt sich beim Menschen in der dritten Entwicklungswoche. Aus ihm bilden sich Knochen, Skelettmuskulatur, Bindegewebe, glatte Muskulatur, Herz, Blutgefäße, Blutkörper, Milz, Lymphknoten, Lymphgefäße, Nieren, Keimdrüsen und innere Geschlechtsorgane. Das Entoderm ist das Innerste der drei Keimblätter. Aus diesem entwickeln sich der Verdauungstrakt, die Leber, die Pankreas und die Schilddrüse, Thymus, Atmungsorgane, Harnblase und Harnröhre. Bei einem Teratoma fehlt die richtige Balance der Genexpression. Man spricht von einer Embryoid-Body-Formation (Embryoid-Körper), die dem Teratoma bei der Maus entspricht, wenn sich in der Petrischale Stammzellen spontan miteinander verklumpen. Solche Zellaggregate aus embryonalen Stammzellen können sich auch aus abnormal gebildeten Zygoten bilden. Seit Jahren versucht man, eine gerichtete Differenzierung zu erzielen. Man wechselte die zugeführten Komponenten, den pH-Wert und, und, und... Leider bestehen viele technische Hindernisse zwischen Versprechungen und konkretem Einsatz und so bleibt nur das Ziel herauszufinden, wie undifferenzierte Zellen sich entwickeln. Auch weiß man nicht, inwieweit Gene (Epigene, Umweltfaktoren, Pestizide, Herbizide...) die Differenzierung kontrollieren.

## 9.2. Das Monopol der Stammzellen

Die Isolation und Gewinnung der ersten Mäusestammzellen erfolgten 1981. Es dauerte jedoch bis 1998, bis es dem US-Forscher James Thomson in Madison, WI gelungen war, menschliche embryonale Stammzellen aus Embryos zu isolieren. Dr. John Gearhart von der *John-Hopkins-Universität* isolierte seine pluripotenten Stammzellen aus fünf- bis neunwöchigen abgetriebenen Föten. Diese so genannten fötalen Stammzellen sind Vorläufer der Ei- bzw. Samenzellen. Man bezeichnet sie daher als primordiale Keimzellen, die im Labor zu embryonalen Keimzellen weiterentwickelt werden. Dr. Thomson ließ sein Forschungsverfahren und damit auch die

Stammzelllinien selbst durch die *Universität von Wisconsin-Madison*, USA patentieren. Die Universität hat seit 1925 eine Stiftung, die Wisconsin Alumni Research Foundation (WARF), welche sich dafür einsetzt, dass wissenschaftliche Entdeckungen in der Industrie und zu kommerziellen Zwecken verwertet werden. 5.000 US$ müssen interessierte Forscher für eine Zelllinie bezahlen und einen umfassenden Lizenzvertrag unterschreiben, bei dem die WARF die Rechte für die kommerzielle Verwertung von Produkten oder Verfahren behält, die aus der Forschungsarbeit mit Stammzellen resultieren. Für Privatlaboratorien sind die Gebühren höher. 125.000 US$ müssen für eine Zelllinie bezahlt werden und zusätzlich 40.000 US$ für die jährliche Lizenz. Experten erwarteten bereits 2006, dass der Markt mit embryonalen Stammzellprodukten in den kommenden zehn Jahren ein Gesamtvolumen von zehn Milliarden US$ erreichen würde. Wobei WARF das Monopol der Stammzellenforschung inne hatte. Nicht nur die Stammzelllinien Nummer 5.843.780 und Nr. 6.200.806, alle Linien der USA unterliegen diesen Auflagen.[212] James Thomson beantragte beim Europäischen Patentamt (EPA) in München auch Patentschutz für seine Stammzelllinien, welche für kommerzielle Zwecke genutzt wurden. Mit dem Hinweis auf die Menschenwürde von Embryos (Richtlinie 23d) hatte das Europäische Patentamt bisher die Patentierbarkeit von menschlichen Embryos ausgeschlossen. Ende November 2008 lehnte das Europäische Patentamt das Patent von Dr. Thomson/WARF erneut mit der Begründung ab, dass Stammzellen, die durch eine Zerstörung menschlicher Embryos gewonnen werden, nach dem Europäischen Patentrecht nicht patentierbar sind. Eine gewerbliche Verwertung verstößt gegen die öffentliche Ordnung bzw. die guten Sitten, urteilte das Patentamt.[213]

Adulte Stammzellen können jederzeit patentiert werden, weil sie bei ihrer Gewinnung kein Leben zerstören. WARF und amerikanische Zeitungen erwähnten die Sittenwidrigkeit damals nicht. Sie gingen nur darauf ein, dass der Entschluss nicht für ihr Land zuträfe und sie weiterhin 40 Patent-Anträge in 12 Ländern eingereicht haben. Für WARF war es sehr schade, dass durch das Urteil eine Forschungskooperation mit Europa nicht zustande kam. Aber die gab es ohnehin nicht auf diesem Gebiet.[214] Greenpeace Deutschland bewertete die Entscheidung als einen Meilenstein und großen Erfolg. Die Organisation forderte immer wieder die Einhaltung ethischer Grenzen im Patentrecht.

## 9.2.1. Humane embryonale Zelllinien

Humane Stammzelllinien stammen unter anderem aus Embryos, die bei der künstlichen Befruchtung erzeugt wurden. Bei der In-Vitro-Fertilisation werden meist mehrere Embryos erzeugt, die man nicht benötigt. Diese Embryos wurden benutzt, um Stammzelllinien zu etablieren. Thomson benötigte für seinen ersten gelungenen Versuch, den er 1998 publizierte, 36 frische oder gefrorene Embryos, um fünf Stammzelllinien herzustellen.[215] Das Team um Lanzendorf vom *Institut für Reproduktionsmedizin* in Norfolk/Virginia erzeugte im Jahr 2000 aus 101 extra zu Forschungszwecken gezeugten frischen Embryos drei Stammzelllinien. Er arbeitete (aus Forschersicht) unter optimalen Bedingungen. Für eine Stammzelllinie wurden 33 Embryos «verbraucht». Embryos, die längere Zeit tiefgefroren wurden, haben schlechtere Überlebenschancen bis zum Blastozysten-Stadium als frische Embryos. Man benötigt ca. 30 Embryos für die Etablierung einer Stammzelllinie.[216]

Auch die artspezifischen Unterschiede zwischen Maus und Mensch sind einer der Gründe gewesen, warum Stammzellen nicht eher isoliert werden konnten. Das entsprechende Nährmedium, welches man für die Etablierung brauchte, war unbekannt. 1990 wurden im *Primaten-Zentrum* der Universität Wisconsin-Madison, USA, Stammzellen von nicht menschlichen Primaten, Rhesus-Affen und Marmoset-Affen isoliert. Diese Versuche gaben den entscheidenden Aufschluss über das benötigte Nährmedium.[217] Das richtige Nährmedium zu finden ist dennoch eine Herausforderung. Die Fähigkeit von einer Zelle, in eine Kolonie zu proliferieren, ist kleiner als 1%.

Eine andere Schwierigkeit ist, dass ein Kulturmilieu, das sehr lange arbeitet, genetische und epigenetische Veränderungen hervorruft. Inwieweit das Kulturverfahren die Eigenschaften der Stammzellen beeinflusst und verändert, ist überhaupt nicht erforscht. Falls es Veränderungen gibt, was sehr wahrscheinlich ist, kann man diese Zellen nicht für die Transplantation benutzen.[218] Undifferenzierte Zellen verhalten sich wie Tumorzellen. Forschungen, wie sich Stammzellen in die gewünschten Körperzellen differenzieren, sind neben dem idealen Nährmedium eine Herausforderung für die Forschungsteams. Daneben werden neue embryonale Zelllinien von Embryos etabliert, die genetische Krankheiten aufweisen. Sie wurden bei der Präimplantationsdiagnostik der IVF-Kliniken für diese Zwecke ausgemustert. Man erhofft sich, durch sie ein In-Vitro-Modell zu haben, um festzustellen, ob genetische Mutationen einen Effekt auf Zellproliferation bzw. Zelldifferenzierung haben.[219] Stammzellen sind auch in Deutschland ein hart umkämpftes Forschungsfeld für die regenerative Medizin und Biotechnologie. In Deutschland schenkt man neben adulten Stammzellen vermehrt humanen embryonalen Stammzellen Aufmerksamkeit. Humane embryonale Stammzelllinien, mit denen man in Deutschland arbeiten darf, werden im Ausland gekauft und müssen vor dem Stichtag, der damals auf den 1. Mai 2007 verschoben worden ist, aus überzähligen Embryos abgeleitet sein. Statt bisher 21 Zelllinien standen nun 500 jüngere vermehrungsfähige Linien zur Verfügung. Die für die Forschung in Deutschland verfügbaren Zelllinien sind nicht frei von Kontaminationen durch tierische Zellprodukte oder Viren, sie sind nicht unter standardisierten Bedingungen isoliert und kultiviert worden, was zu unterschiedlichen Aktivitätsmustern führt. Ein besonderes Problem der embryonalen Stammzellen besteht darin, dass die Zelllinien die Anwesenheit von virusinfizierten Mauszellen als Nährmittel für ihr Wachstum brauchen. Darüber hinaus besteht aufgrund der häufigen Passagen die Gefahr, dass sich Mutationen anreichern.[220] Der neue Stichtag wurde in einer langen, sehr emotionalen Debatte des Bundestages im April 2008 beschlossen.

Präsident Bush hat im Jahr 2001 in den USA für die staatliche Förderung von Forschungsprojekten 72 menschliche embryonale Stammzelllinien freigegeben, darunter auch Zelllinien der Universität Wisconsin-Madison, USA, wo von dem Tiermediziner Thomson 1998 die ersten dieser humanen embryonalen Stammzellen gewonnen wurden. Wer diese patentierten Zellen kauft, muss akzeptieren, dass die Zellen nicht entsprechend den Vorschriften für therapeutische Anwendung hergestellt wurden. Die embryonale Stammzellenforschung ist nichtsdestotrotz noch Jahrzehnte von einer Erprobung am Menschen entfernt. Die Grundlagenforschung hatte bis 2006 nur Tierversuche, die ihnen Daten über Sicherheit und Risiken einer experimentellen Therapie lieferte. Die Mehrheit der Deutschen war in einer 2007 durchgeführten Infratest-Umfrage zufolge gegen die Forschung an embryonalen Stammzellen, weil sich keine therapeutische Anwendung abzeichnet. Trotzdem nimmt das Interesse an der Forschung mit Stammzellen zu, weil sie sich als ein zellbasiertes Modellsystem für Krankheiten und die Erforschung von medizinischen Präparaten und neuen Therapiekonzepten eignen. Die Diskussionen, ob hESC oder iPS Zellen vorteilhafter sind, waren selbst in 2019 noch nicht abgeschlossen.[221]

## 9.2.2 Können embryonale Stammzellen neurodegenerative Krankheiten heilen?

*2012* fanden Wissenschaftler heraus, dass Rinderwahn-, Alzheimer-, Parkinson- und Lou Gehrigs-Erkrankungen die gleichen Ursachen haben. Bisher dachte man, neurologische Krankheiten mit humanen embryonalen Stammzellen heilen zu können.[222] Nicht sofort, aber in weiter, ferner Zukunft.

Wissenschaftler schlugen nun einen ganz anderen Weg ein, um neurodegenerative Erkrankungen zu heilen. Forscher glauben, Ansätze gefunden zu haben, Krankheiten wie Alzheimer, Parkinson und Lou-Gehrigs-Disease therapieren zu können. Hinweise dazu erhoffen sie sich von einer anderen neurologischen Erkrankung, dem bereits erwähnten Rinderwahn. Man schaute sich ihre Verursacher, die Prionen, genauer an. Infektiöse Prionen sind anders gefaltet. Sie verbreiten sich aggressiv von erkrankten Nervenzellen zu gesunden und bewirken, dass diese auch erkranken. Normalerweise besteht keine Verbindung zwischen der menschlichen Variante, der Creutzfeld-Jakob-Disease, und anderen neurodegenerativen Krankheiten wie Alzheimer, Parkinson und Lou-Gehrig's-Disease.

Weltweit leiden hauptsächlich ältere Leute unter diesen Erkrankungen, die vornehmlich den ganzen Körper in Mitleidenschaft ziehen. Auch gibt es keine Hinweise darauf, dass Alzheimer, Parkinson oder Lou-Gehrig's-Erkrankung ansteckende Krankheiten sind, die man auf Gesunde übertragen kann. Wissenschaftler fanden jedoch heraus, dass die drei genannten Krankheiten sowie Diabetes Typ-2 zu einer ähnlichen Struktur-Deformation spezifischer Proteine führen. Das Prinzip, welchem erkrankte Prionen folgen, um gesunde Nachbarzellen zu infizieren, scheint auch in anderen neurodegenerativen Erkrankungen vorzuliegen.

Forscher der *Universität von Pennsylvania* in Philadelphia injizierten die giftige Variante eines Proteins, welches man mit Parkinson assoziiert, in das Gehirn einer gesunden Maus. Wie in einem im November 2012 in der Zeitschrift *Science* publizierten Artikel beschrieben wird, wurden kurz nach der Injektion toxische Proteine in den Gehirnarealen gefunden, die normalerweise Dopamin produzieren. Diese Zellen starben alle ab. Somit wurde die Verbreitung von Zelle zu Zelle offensichtlich, die sich ganz so verhielt wie der Übertragungsmechanismus von Prionen. Die Versuchstiere zeigten die gleichen Symptome, die auch Parkinsonpatienten haben.

Nachdem sich Proteine dreidimensional geformt haben, können sie ganz bestimmte Prozesse im Körper regulieren. Falten sich die Proteine jedoch falsch, kann der Körper diese missgefalteten Proteine immer noch abstoßen. Das Alter und andere Faktoren hindern jedoch den Abbau fehlgefalteter Proteine. Zudem verbreiten sich diese toxischen Proteine von Zelle zu Zelle und veranlassen die Fehlfaltung von Nachbarzellen.

Virginia Lee, Leiterin des Forschungsteams und Direktorin des Zentrums für neurodegenerative Erkrankungen an der *Pennsylvania-Universität*, erklärte, dass ihr Institut bei Mäusen eine Antikörper-Therapie testet, welche die Übertragung des giftigen fehlgebildeten Proteins verhindert. Wenn sie Erfolg hat, könnte eine Therapie angeboten werden, die Parkinson stoppt.

Todd Sherer, Direktor der Michael J. *Fox Foundation for Parkinson's Research*, sammelte Wissenschaftler um sich, welche die Fehlfaltung von Proteinen bei neurodegenerativen Krankheiten erforschen. Ihr Ziel ist es, die Übertragung der toxischen Proteine zu unterbinden. Auch bei Alzheimer sieht man fehlgefaltete Amyloid-beta-Proteine, welche die Krankheit durch Zellkontakte verursachen. Die Liste der Krankheiten, die durch missgefaltete Proteine entstehen, ist beachtlich. Zu ihr gehören Arteriosklerose, Katarakt, Mukoviszidose, Lungenemphysem und Amyloid Kardiomyopathie, schribt Marcus A. Dockser in seinem Artikel «*Mad-Cow-Disease May Hold Clues to other Neurological Disorders*».[223]

Bisher setzte man auf humane embryonale Stammzellen, um Krankheiten wie Parkinson, Alzheimer, Lou-Gerig's zu therapieren. Über Versuche, in denen man undifferenzierte humane embryonale Stammzellen Affen injizierte, die man vorher durch Medikamente in einen parkinsonähnlichen Zustand brachte, waren Tierschützer nicht sonderelich entrüstet. Die Tiere wurden kurze Zeit nach der Injektion getötet, um die Gehirne histopathologisch zu untersuchen. Die erhofften Dopamin-produzierenden Zellen konnten nicht nachgewiesen werden, schon allein deshalb nicht, weil es sich nicht um embryonale Stammzellen von Primaten handelte, sondern um jene einer ganz anderen Spezies. Das Immunsystem der Tiere wurde zwar heruntergefahren, dennoch fragt man sich nach dem Nutzen von Versuchen, deren Ausgang man immunologisch vorhersagen kann.[224]

## 9. Der Mann im Mond

In Europa wurde hingegen ein neues Medikament, welches genau bei der Fehlfaltung von Prionen ansetzt, eingesetzt. Es hatte jedoch die Nebenwirkung, dass die damit behandelten Parkinson-Mäuse erheblich an Gewicht verloren, was Tierschützer sofort veranlasste zu fordern, dass die Versuche eingestellt werden. Obwohl sie ansonsten vollkommen von der experimentell verursachten Parkinson-Krankheit geheilt schienen, mussten die Tiere eingeschläfert werden, damit sie nicht zu viel leiden. So steht es in den Tierschutzgesetzen. Eine Ausnahme konnte man nicht machen. Und so fand man nicht heraus, ob die Lebensspanne durch die Behandlung verändert wurde.

Wie gesagt, Alzheimer, Parkinson und Prionenkrankheiten wie BSE oder Creutzfeld-Jakob-Krankheit (CJK) besitzen falsch gefaltete Proteine, welche ein Absterben der Nervenzellen bewirken. Sensoren erkennen die fehlerhaften Proteine und stellen die weitere Bildung neuer gesunder Proteine nahezu ein. Dies führt zum Untergang der Zelle. Der Produktionsstopp wird durch ein Enzym, welches man PERK nennt, bewirkt. PERK steht für Protein-Kinase, RNA-like Endoplasmic Reticulum Kinase.

Frau Prof. Giovanna Mallucci von der University Leicester in Grossbritannien und ihr Forscherteam entfernten das PERK-Enzym aus der Zelle. Die Anhäufung der falschen Prionen in der Zelle blieb bestehen, neue gesunde Proteine wurden gebildet. Die Zelle überlebte. Nach einiger Zeit waren auch die Symptome der Krankheit verschwunden. Die Versuchs-Mäuse befanden sich in der siebten und neunten Woche nach der Prioneninfektion. Beide hatten zu diesem Zeitpunkt bereits defekte Prionen in den Nervenzellen, nur zeigten die Tiere, welche seit sieben Wochen krank waren, noch keine Verhaltensstörungen bzw. Auffälligkeiten. 12 Wochen später waren die Nager in beiden Gruppen symptomfrei. Die zuvor schon vorhandenen Gedächtnisstörungen konnte man leider nicht mehr rückgängig machen. Einzige Nebenwirkung war eine Abnahme des Körpergewichtes um 20%, wenn die Tiere jünger als sechs Monate waren.

Der Weg von den Mäusen zum Menschen ist lang. Die britischen Wissenschaftler sagen selber, man müsse die Therapie deutlich weiterentwickeln, bevor man auch nur daran denken kann, sie beim Menschen auszuprobieren. Das größte Problem besteht momentan darin, PERK auszuschalten. Es befindet sich leider nicht nur in den Neuronen, sondern überall im Körper. So auch in der Bauchspeicheldrüse. Dort bringt es den Blutzuckerspiegel außer Kontrolle. Wer unter einem PERK-Enzymdefekt leidet, entwickelt immer Diabetes, ausserdem ist seine Leberfunktion und sein Wachstum gestört. Medikamente, die problemlos bei Nagern ein Wirkspektrum entfalteten, versagen meist im menschlichen Organismus. Fachwissenschaftler stehen der Studie, die im Oktober 2013 im «Science Translational Medicine» erschien, skeptisch gegenüber.[225]

### 9.2.3 Adulte Stammzellen, die Konkurrenz der embryonalen Stammzellenforschung

Ethisch unbedenkliche und klinisch seit den 1970-er Jahren erfolgreich eingesetzte adulte Stammzelltherapien stehen ebenfalls im Fokus der medizinischen Forschung. Sie bieten eine Alternative, die in der Euphorie um humane embryonale Stammzellforschung nicht übersehen werden sollte. Der DFG (Deutsche Forschungsgemeinschaft) lagen 2006 viele Projektanträge für ihre Erforschung vor.[226] Adulte Stammzellen sind undifferenzierte Zellen, die sich in jedem Gewebe befinden. Sie besitzen ein Potential zur Vermehrung und Ausdifferenzierung. Ihre Hauptaufgabe liegt darin, sterbende Zellen zu ersetzen. Wissenschaftler sind sehr daran interessiert, wie sich diese Zellen in die jeweiligen Organzellen entwickeln. Mit Hautstammzellen wurden bereits vor 50 Jahren Hauttransplantationen durchgeführt. Lord Alton berichtet 2009 von 80

Konkurrenzkampf in Kalifornien

Therapien durch adulte Stammzellen und weiteren 300 klinischen Studien, die ihr Potential erforschen.

Das stehe im scharfen Kontrast zu humanen embryonalen Stammzellen, bei denen noch kein einziger klinischer Behandlungsversuch angelaufen ist, erwähnt Lord Alton 2009. Die etablierteste und weitverbreitetste Therapie mit adulten Stammzellen ist die Transplantation von Blutstammzellen des

Knochenmarks: die Transplantationsimmunologie, sowie die Krebsforschung. Wissenschaftler beschäftigen sich mit der Frage einer regenerativen Medizin, die anhand von adulten Stammzellen Krankheiten behandelt bzw. deren Entstehung verhindert. In Europa werden jährlich 26.000 Patienten mit Blutstammzellen behandelt. Das *US-National-Marrow-Donor Program* hat eine umfassende Liste der Krankheiten zusammengestellt, die durch Blutstammzell-Transplantate therapierbar sind.[227] Durch medikamentöse Stimulation kann im gesunden oder kranken Menschen das Knochenmark zur vermehrten Produktion von Stammzellen angeregt werden. Im Kreislauf werden Stammzellen vom Blut abgeführt. So können ohne schwerwiegenden Eingriff beim Spender Blutstammzellen gewonnen werden, die ähnlich eingesetzt werden können wie bei herkömmlichen Transplantationen von Knochenmarkspenden. Oder sie werden im Labor genetisch verändert und dann dem Patienten zurückgeführt, nachdem dieser zum Beispiel eine hochdosierte Chemotherapie gegen Hirntumore verabreicht bekommen hat. Jede Chemotherapie zerstört blutbildenden Zellen, und deshalb werden Stammzellen vorher entnommen, tiefgefroren und nach der Behandlung dem Patienten wieder zugeführt. Es gibt Anwendungen bei schwer herzkranken Patienten, die mit adulten Stammzellen aus ihrem eigenen Knochenmark behandelt werden. Bereits 2001/2002 berichteten US-Forscher aus Minnesota und Yale, USA, dass sie dazu fähig seien, adulte Stammzellen aus Knochenmark über ein Jahr lang in Kultur zu halten. Es wurden in dieser Zeit über 80 Zellteilungen erzielt. Die Forscher zeigten zudem, dass sich die kultivierten adulten Stammzellen zu fast allen Gewebearten des Körpers wie Nerven-, Muskel- oder Leberzellen entwickeln können.[228]

Eine andere Studie beschreibt die Bildung von so genannten mesodermalen Progenitor-Zellen (MPC's), die aus Knochenzellen gebildet wurden. Aus diesen entstehen Zellen, welche die Blutbildung unterstützen und sich auch zu den verschiedenen Typen von Bindegewebe wie Knorpel- und Knochengewebe entwickeln können.[229]

Einsatzgebiete für Biomaterialien aus adulten Stammzellen, die direkt oder indirekt mit Knochenaufbau zu tun haben, nehmen vehement zu. Schon allein deshalb, weil die demographische Entwicklung der Bevölkerung steigt. Die EU beziffert weltweit jährlich 750.000 Hüftoperationen, 100.000 Korrekturoperationen – davon die Hälfte in Europa –. Auch die 500.000

Knieoperationen und mehr als 70.000 Refixationen zeigen, dass mit zunehmendem Alter des Menschen Knochenersatzstoffe gebraucht werden. Knochenregenerationswerkstoffe zu etablieren, die den Auf- und Abbau des Knochens, das so genannte Remodelling, welches im Kindesalter natürlich durchlaufen wird, nachvollziehen, sind die Zukunft der Orthopädie und Unfallchirurgie. Knochenimplantate aus z.B. Kalziumphosphat werden mit adulten Stammzellen, die aus dem Knochenmark stammen, überzogen. «Die Interaktion der Implantatoberflächen mit Stammzellen soll zeigen, wie Materialien die Zellen für Knochenregeneration steuern».[230] Das US-Patent 6200606 hat bereits 2001 eine Technik anzubieten, in der adulte Knochenmarkszellen als Vorläuferzellen zur Regeneration von Knochen und Knorpeln beschrieben werden. Die adulten Zellen benötigen biocompatible Träger wie demineralisierte Knochenmatrix, Hyaluronate, Collastat RTM, Polyesters, Poly-(Aminosäuren), Gips, Fibrin, Kollagen oder Calciumphospat-Keramiken. Andere Quellen, um Knochen und Knorpelgewebsschäden zu regenerieren, sind Fettzellen, periphere Blutzellen und Knochenmarkszellen, die nicht kultiviert werden müssen.[231]

Die Regenerationsfähigkeit von Knorpelgewebe in der Wachstumsfuge war bereits 1996 Gegenstand von wissenschaftlichen Untersuchungen und verhilft seitdem einer kindlichen Fraktur zur Heilung.[232/233/234/235] Ende 2001 war man noch davon ausgegangen, die Plastizität sei eine Eigenschaft, die nur embryonale Stammzellen besitzen.

Machen adulte Stammzellen aus dem Knochenmark embryonalen Stammzellen Konkurrenz? Und ist es nur die Euphorie um die embryonalen Stammzellen, die uns davon abhält, dies zu registrieren? Auf jeden Fall muss man sich nicht in Geduld üben, um mit adulten Stammzellen Therapieerfolge zu haben. So hat der niederländische Molekularbiologe Prof. Hans Clevers bereits 2009 in Verfahren zur Vermehrung adulter Stammzellen entwickelt, für das er 2016 den mit 750.00 Euro dotierten *Körber-Preis für Europäische Wissenschaften* erhielt. Clevers entdeckte den Lgr5-Rezeptor, der nur bei Stammzellen vorkommt und diese zur Teilung anregt. Aus entnommenen Darmgewebe konnte er so kleine Mini-Organe herstellen, sogenannte Organoide. An diesen werden nun Medikamente getestet. Im Entdefekt forscht man auch an Organoiden die von humanen Embryonalen Stammzellen gebildet wurden. Sogesehen, handelt es ich doch um die ethisch bessere Methode auf adulte Stammzellen zurückzugreifen.[236]

# 10. PERSPEKTIVEN UND DILEMMATA, ETHISIRUNG VON TECHNOLOGIE KONFLIKTEN

## 10.1. Parthenogenese

Zwergfadenwürmer (Strongyloides stercoralis) sind Parasiten, die Menschen, Hunde und Katzen befallen. Adulte Weibchen siedeln sich im Darm an und legen dort parthenogenetisch bis zu 2.000 Eier am Tag. Die Eier entwickeln sich zu Larven, die entweder ins Freie gelangen oder über ein weiteres Larvenstadium über die Schleimhaut des Dickdarms in das Blutgefäßsystem gelangen und von dort über die Lunge zu den Bronchien. Von der Luftröhre gelangen die Parasitenlarven zur Speiseröhre und von da wieder in den Darm. Bei massivem Befall treten Symptome einer Lungenentzündung auf. Lebensbedrohlich ist der Befall bei HIV bzw. immungeschwächten Personen. Behandelt wird mit Cortison, ohne zu bedenken, dass Steroide Ähnlichkeiten mit einem Wachstumshormon der Würmer haben und man somit erst recht keine Abhilfe schaffen.[237] Eine paradoxe Wirkung, hervorgerufen durch Unwissenheit. Der Fadenwurm besitzt jedoch die begehrenswerte Eigenschaft der Parthenogenese.

Dr. Hwang aus Süd-Korea, bekannt durch den größten Forschungsskandal aller Zeiten, entschuldigte sich zwar für seine Fälschungen. Er bat aber darum, weiterarbeiten zu dürfen. Es hat sich im Nachhinein herausgestellt, dass es sich bei den Embryos, die er verwendet hat, um Stammzelllinien zu erstellen, um solche handelte, die er damals unbewusst aus Parthenogenese (Jungfernzeugung) gewonnen hatte.[238] (KBS 2006). 2005 noch behauptete Hwang, geklonte Embryos benutzt zu haben. Parthenogenese ist beim

Säuger und Menschen bisher noch nicht beobachtet worden. Ist Dr. Hwang aus Versehen und durch schlampiges Arbeiten eine Befruchtung der Eizelle ohne eine Samenzelle gelungen? Das so genannte produzierte Parthenon ist immer weiblichen Geschlechts. Da das Wesen asexual entstanden ist, hat eine Durchmischung der Gene nur begrenzt stattgefunden. Eine sonst vorhandene genetische Vielfalt ist reduziert worden. Im Unterschied zu geklonten embryonalen Stammzellen sind die durch Parthenogenese entstandenen embryonalen Stammzellen genetisch weitgehend identisch mit den Spenderinnen. Weil das genetische Material der Eizelle rekombiniert wurde, handelt es sich genau genommen bei dem erzeugten Embryo um eine Schwester der Mutter. Eine Implantation in die Spenderin würde somit nicht zu einer Immunreaktion führen. Frauen als Spenderinnen der Eizellen könnten von den so erzeugten Stammzellen profitieren. Es ist allerdings nicht bekannt, ob die durch welche Methode auch immer entstandenen Stammzellen überhaupt dazu geeignet sind, implantiert zu werden, und normal funktionieren. Ob die durch Parthenogenese erzeugten Embryos ethisch unbedenklicher zur Gewinnung von Stammzellen benutzt werden können als geklonte oder durch Befruchtung entstandene, ist umstritten. Dr. Hwangs Labor entkernte Hunderte von Eizellen, um Kerne von Patientenkörperzellen einzusetzen. Die reife Eizelle ist diploid und wird erst kurz vor der Befruchtung durch Teilung der Chromosomensätze haploid. Der so erzeugte zweite haploide Chromosomensatz wird in Form eines Polkörperchens ausgestoßen. Verhindert man diese Ausstoßung, kommt dies einer Parthenogenese gleich. 2002 wurde über parthenogenetisch erzeugte Primaten-Embryos und die daraus gewonnenen Stammzellen berichtet.[239]

2008 meldeten Forscher, es sei ihnen gelungen, Blastozysten von parthenogenetisch erzeugten Embryos aus gefrorenen menschlichen Eizellen zu gewinnen.[240] Aus induzierter Parthenogenese bei Labortieren ist bekannt, dass der daraus resultierende Nachwuchs Abnormalitäten aufweist. Väterliche und mütterliche Signalgene sind notwendig, um die Entwicklung zu steuern. Wenn nur ein Doppelsatz an weiblichen Genen vorhanden ist, kommt es zu Fehlentwicklungen. Gerade aber die Signalwirkungen der Gene will man bei der Stammzellenforschung untersuchen; somit ist der Gebrauch von Embryos, die parthenogenetisch gewonnen werden, doch sehr fraglich. Eine angestrebte Lösung für Bioethiker ist die Parthenogenese allerdings auch nicht, denn auch parthenogenetisch erzeugte Embryos müssen zerstört werden, damit man ihre Stammzellen gewinnen kann.[241]

## 10.2. Stammzellen aus Nabelschnurblut

**D**ie häufigsten Argumente, die für die Stammzellenforschung benutzt werden, sind die der verbrauchenden Embryonenforschung. Es war deshalb nicht notwendig, Embryos extra für Forschungszwecke zu erzeugen. Jedoch wurde die «verbrauchende Embryonenforschung» bereits 2001 unterlaufen. In einem Artikel im Juli 2001, der in «Fertility & Sterility» erschien, wurde bekannt, dass 162 Eizellen von Spendern verwendet wurden, welche man befruchtete. 50 Embryos konnte man zum Blastozystenstadium führen. Aus ihnen erstellte man drei Stammzelllinien. Die Forscher erhielten die Genehmigung des Ethikkomitees, obwohl die strengen Auflagen zur Herstellung von Embryos für Forschungszwecke bekannt waren.[242]

Zurück zu dem damals noch gefeierten Dr. Hwang. Er etablierte 2004 eine Stammzelllinie durch Körperzellen-Kerntransfer. Die Körperzelle hatte er kranken Patienten entnommen. Er wollte auf diese Weise patientenspezifische Stammzelllinien herstellen. Hwang proklamierte 185 Eizellen benutzt zu haben. Seine Computer zeigten jedoch, dass es mindestens 273 Eizellen waren, die er für die elf Stammzelllinien brauchte. Exakte Werte können jedoch nicht mehr erhoben werden. Zwischen November 2002 und November 2006 wurden von seinem Labor 2061 Eizellen gesammelt. Dass er von Eizellspenden seiner Mitarbeiterinnen nichts wusste, ist als falsch erwiesen, weil er die Spenden selbst anerkannte.

Drei Dinge sind notwendig, um therapeutisches Klonen zum Erfolg zu führen. Zellkernübertragung (Nuclear Transfer), die Blastozystenformation und die Differenzierung der Zellen in das gewünschte Organ. Hwangs Zelllinien konnten sich nicht einmal zu einem Teratoma (im lebenden Vektor) oder einem Embryoid Body (Petrischale) differenzieren. Die DNA war auch nicht identisch mit den Spendern und somit erzeugte er keine patientenspezifischen Stammzellen. Die Methode, die er benutzte, war auch nicht neu, weil er sie aus der Tiermedizin übernahm. Zuletzt hat er die Embryos gar nicht geklont, sondern nur künstlich befruchtet.[243]

Man sprach von einem Durchbruch, weil die Körperzellen nicht von einem, sondern von mehreren Kranken verschiedenen Alters und Geschlechts kamen. Das bedeutete, dass jeder Kranke eine auf ihn zugeschnittene Stammzelllinie erhalten kann. Hwang wollte damit verdeutlichen, dass therapeutisches Klonen keine Science Fiktion ist. Allerdings besaßen die

Zellen das Erbgut eines Kranken. Man war damals noch Jahre davon entfernt, diese Zellen zu differenzieren und mit Gentechnik zu beeinflussen, dass sie gesund und anhand eines Reparationskits dem gleichen Patienten wieder verabreicht werden können. Neuere Möglichkeiten der Genteditierung wie die Genschere CRIPR, durch die man das Erbgut schnell und präzise verändern kann, scheinen heutzutage in der Medizin immer beliebter um der Gesundheit zu dienen.

Dennoch, Hwang's Prinzip war es, das Immunsystem zu umgehen. Wissenschaftler sind hingegen schon lange fähig, mit adulten Stammzellen zutherapieren. Bei ihnen muss man keine Angst vor einer Abstoßung haben. Leider bekommen Forschungen über adulte Stammzellen keine so hochtrabende Publizität wie Hwang sie bekam, obwohl sie viel mehr zur Stammzellenforschung beitragen.

Die Technik, Nabelschnurblut einzugefrieren, geht auf Dr. Pablo Rubinstein zurück, der 1988 im New York Blood Center mit Nabelschnurblut Stammzellen zur Verfügung stellen wollte, die allgemein nutzbar sind. Bei der Geburt wird das Blut Kindern entnommen und in privaten Nabelschnurbanken eingefroren. Man erhofft sich, bei einer eventuell später im Leben des Kindes auftretenden Leukämie-Erkrankung diese seine eigenen

Was könnte wichtiger sein als Kinder?
Downtown Seattle, USA

## 10. Perspektiven und Dilemmata

Zellen zur Heilung benutzen zu können. Eine Entnahme kostete 2007 etwa 2.000 US$. Die Lagerung wurde mit 125 US$ berechnet. Allerdings ist es eher selten, dass ein Patient auf sein eigenes Nabelschnurblut zurückgreift. Die Wahrscheinlichkeit liegt bei 1:435. Eltern können das Nabelschnurblut spenden, womit die Entnahmekosten und die Lagerungskosten entfallen.[244]

Die Europäische «*Union Group on Ethics*» sprach sich 2004 absolut gegen den privaten Gebrauch und das Eingefrieren des eigenen Nabelschnurblutes aus. Denn der Service bestehe aus leeren Versprechungen, die man nie einhalten könne. Ihrer Meinung nach hat noch keiner von dem Therapieerfolg seines eigenen Nabelschurblutes profitiert und das würde auch nicht so schnell passieren. Von daher sei es eine sehr fragliche und unethische Aktion, mit dem eigenen Nabelschnurblut zu handeln.[245] Seltsam daran ist, dass auch humane embryonale Stammzellen noch zu keinem Therapieerfolg geführt haben. Dagegen spricht sich kein Ethik-Komitee aus.

Man muss jedoch bedenken, dass Stammzellen aus Nabelschnurblut eines gesunden fremden Spenders viel wirksamer sind. Sie können die Krankheit bekämpfen, indem sie die Leukämiezellen attackieren. Behandlungen mit fremden Zellen können jedoch zu 30% lebensgefährliche Abstoßungsreaktionen hervorrufen. Die eigenen Nabelschnurzellen bergen das Risiko, dass in ihnen bereits Leukämiezellen vorhanden sind. Außerdem reicht das Potential der Zellen, die sich in der Nabelschnur befinden, nur dazu aus, um einen etwa 30 kg schweren Menschen zu behandeln. Angebrachter für Nabelschnurblut wäre es, dieses der Allgemeinheit zur Verfügung zu stellen, denn Leukämie kommt nur bei fünf von 100.000 Kindern vor. Die *Universität von Südflorida* berichtet über eine Studie, in der die Infusion von Nabelschnurblut zwei Alzheimermarker verringerte. Laborratten reduzierten daraufhin Symptome von Alzheimer, die sie vorher aufwiesen.[246] In den USA ist 2008 das erste Kind mit seinem eigenen Nabelschnurblut behandelt worden, nachdem man sichergestellt hat, dass es keine Krankheitszellen beinhaltet. Noch weitere Krankheiten wie: Gehirntumor, die zweithäufigste bösartige Krebserkrankung im Kindesalter, Aplastische Anämie, eine Sonderform der Blutarmut im Knochenmark,[247] Zuckererkrankungen (Diabetes) vom Typ 1, eine Krankheit, die nicht zu heilen war und bisher nur mit Insulin behandelt wurde,[248] und infantile Gehirnlähmung (Duke University, Phase 1 klinischer Versuch), wurden im gleichen Jahr behandelt, obwohl allgemein davon abgeraten wurde, mit autologen Zellen zu heilen. Das Hauptargument wurde darin gesehen, dass auch Nabelschnurblutzellen die kranken Gene enthielten und man allgemein keine genetisch bedingten Krankheiten damit behandeln kann.

Schwer verständlich wird bei diesem Hintergrundwissen, wieso dann beim therapeutischen Klonen die somatische Zelle von einem Patienten benutzt wird, um für ihn passende Stammzellen mit dem genetisch identischen, defekten Material herzustellen? Eine andere Quelle für Stammzellen wurde im Menstruationsblut gefunden. Medistem, eine Biotechnologiefirma in Tempe, Arizona, konnte In-Vitro-Experimente durchführen, in denen sich diese Zellen in alle möglichen Gewebezellen wie etwa: Knochen-, Blutgefäß-, Fett-, Lungen-, Pankreas-, Nerven- und Herzmuskelzellen entwickelten.[249]

## 10.3. Bioethische Kontroverse

Dr. Hwang war bis November 2005 einer der Pionierexperten der Stammzellenforschung. Obwohl er keine wissenschaftlichen Beweise vorgelegt hatte, wurde er von den Medien als der Starwissenschaftler gefeiert. Man verlangte gar keine Beweise für seine Forschungsergebnisse. Seine Behauptungen verwunderten, weil es damals nicht einmal möglich war, Primaten zu klonen. Und das, obwohl eine Affen-DNA zu 95% mit der des Menschen übereinstimmen. Die Versuch Chinas in 2019, genveränderte Javaaffen, wenn auch reproduktiv, zu klonen, sind auch alles andere als überzeugend. Für ein therapeutisches Klonen von Affen in 2007 benötigten Forscher 304 Eizellen. Daraus konnten sie 21 Embryonen erzeugen, womit sie zwei Stammzelllinien etabliert haben. Das Team um Dr. Shoukhart Mitalipvos, von der Oregon Health und Science Universitaet in Portland, USA, zeigte, dass ein derartiger Schritt möglich ist. Seine Effizienz steht auf einem anderen Blatt.[250] 2005 kritisierte Dr. Hwang hingegen den amerikanischen Präsidenten Bush wegen seiner starren politischen Haltung gegenüber der Stammzellenforschung. Dr. Hwang musste jedoch im Dezember 2005 eingestehen, dass neun seiner Stammzelllinien gleichen Ursprungs waren und nicht aus geklonten, sondern von normalen, künstlich befruchteten Embryos gewonnen wurden. Die *Universität Seoul* bestätigte später, dass alle elf Linien eine pure Fälschung waren. Hwang war aber immer noch davon überzeugt, die Klonmethode entdeckt zu haben. Dass in den wissenschaftlichen Artikeln alles falsch dargestellt wurde, wäre nicht seine

## 10. Perspektiven und Dilemmata

Schuld, sondern die seiner Mitarbeiter, die ihm angeblich die falschen Daten gegeben hatten. Er bettelte um einen Zeitaufschub von sechs Monaten, um den Beweis für seine Forschung erbringen zu können.[251] Dr. Hwang wurde damals wegen des fraglichen Eizellerwerbs ein schwerer ethischer Verstoß vorgeworfen. Hwang, der Tiermediziner ist, hatte versprochen, Tiere, die vom Aussterben bedroht sind, zu klonen, wie z.B. den Sibirischen Tiger. Hwang Woo-Suk hatte angekündigt, Zellkerne aus sibirischem Mammutgewebe in Eizellen eines indischen Elefanten einsetzen zu wollen. Diese Eizellen sollten dann einer Elefantenkuh eingepflanzt werden, damit sie den Embryo austrägt. Wie im Prozess gegen ihn im Jahr 2006 herauskam, hatte er Teile seiner Fördergelder an die russische Mafia weitergeleitet, damit diese die Gewebeproben beschafft. Hwang wurde von einem Gericht wegen Veruntreuung von Forschungsgeldern und illegaler Beschaffung von Eizellen verurteilt. Der südkoreanische Staatspräsident Roh versuchte, Dr. Hwang vor bioethischen Kontroversen mit dem Hinweis zu schützen, dass Politiker diese Debatte zu führen haben und nicht die Wissenschaft. Vor allem sollte man hervorragende Forscher wie Dr. Hwang nicht in ethische Diskussionen hineinziehen, die dem wissenschaftlichen Erfolg im Wege stehen. Dr. Hwang gab zu, dass er bezüglich der Eizellspenderinnen gelogen hatte, um seine Mitarbeiterinnen zu schützen. Auch wusste er nichts über die Deklarationen von Helsinki.[252] Die medizinische Ethik wie der Hippokratische Eid, der Nürnberger Code oder die Erklärungen von Helsinki geben Medizinern und Wissenschaftlern eine Leitschnur.

Das Gewissen des Einzelnen – darf man es überhaupt als Argument einbringen? Oder verliert man seinen Job bzw. Studienplatz, wenn man es wagt, damit zu argumentieren? Vor allem jetzt in unserer sogenannten Cancel-Kultur, muss man um seinen Job und seine Karriere fürchten, wenn man missliebige Standpunkte vertritt. «Meine wahre Meinung verrate ich nur meinen engsten Freunden – und selbst dann nur vorsichtig», ist die neue Devise, die eine Harvardstudentin äusserte.[253] Rusch Limbaugh, der wohl konservativste Radiomoderator den die USA je gehabt hatte, wusste schon lange ein Lied davon zu singen. Ein Wort, ein falscher Blick oder etwas, was der andere als nichtpassend deklariert, kann einem die ganze Karriere kosten. Die Ansichten, die Rush 32 Jahre hindurch in seiner täglichen Radiosendung vertrat, machten ihn zum Aussenseiter. Wenn er nicht seine eigene Sendestation gehabt hätte, wäre er schon lange mundtot gemacht worden.[254] Während der Nazi-Zeit in Deutschland glaubte man, das Recht zu haben, seine jüdischen Mitmenschen vom Studium oder der Arbeit als Wissenschaftler zu dispensieren. Die hervorragende philosophische Habilitationsschrift von Dr. Edith Stein wurde nicht angenommen. Jahre nach dem Krig entschied in der kommunistischen DDR ein Ideologiebewusstsein darüber, wer was wo studieren durfte. Hervorragende intelligente junge Leute wurden einfach abgewiesen, wenn sie oder ihre Eltern dem Schema nicht entsprachen. Und gerade davor hat man in den USA 2021 wieder Angst.

Es gibt allerdings schon lange Studenten, die gegen Tierversuche im Studium sind. Leider hat man sehr selten für sie Verständnis. Sie müssen fürchten, ihre Scheine nicht zu bekommen, falls es mit ihrem Gewissen nicht vereinbar ist, an «tierverbrauchenden Praktika» teilzunehmen. Es ist seit Jahren fast selbstverständlich, dass jeder noch so kleine Student eine Argumentation, in der er sich auf sein Gewissen beruft, tunlichst vermeidet, um nicht negativ als «kontraproduktiv» aufzufallen. Der Publizist Engdahl beobachtete bereits, dass Forscher um ihre Anstellung besorgt sein müssen, wenn sie Dinge, die ihnen nicht passen, anprangern. Es gibt aber auch Ausnahmen. So wurde an der Universität Bremen die Hirnforschung an Affen durch die Bremer Gesundheitsbehörde zum Ende des Monats Dezember 2008 untersagt, weil die Belastung der Makaken bei den neurobiologischen Versuchen ethisch nicht vertretbar sei.[255]

## 10.4. Natur der Dinge

Gesetzt den Fall, eine Person mit entsprechendem Rang und Namen besitzt die Macht, Entscheidungen zu treffen. Eine andere Person in gleicher Stellung sieht die Dinge aber anders und nutzt ihre Macht, diese Sache zu verhindern. Angenommen diese beiden haben einen gemeinsamen Mitarbeiter, den sie zur gleichen Zeit mit einer in sich widersprüchlichen Aufgabe betrauen. Für den Angestellten bedeutet das, für den einen Vorgesetzten etwas zu erledigen, was ihm sein anderer Chef verbietet, denn die Aufträge sind unvereinbar. Aber wie soll sich der Arbeitnehmer verhalten? Er hat seine Pflichten zu erfüllen und die Arbeitgeber haben das Recht, Aufträge zu erteilen. Kann solch ein Konflikt zwischen Rechten und Pflichten existieren? Ist dies rechtens? Ein Arbeitnehmer hat ja auch Leitlinien und Gesetze, an denen er sich orientieren kann. Die Gesetze aber sind letztendlich von den Naturgesetzen abgeleitet. Und ein Naturgesetz kann nicht zur

## 10. Perspektiven und Dilemmata

gleichen Zeit etwas erlauben, was es andererseits verbietet. Es wird sich also das durchsetzen, was einleuchtender oder logischer ist, und man wird nicht das tun, was widersinnig ist. Aber wie kann ein kleiner Angestellter wissen, was er tun darf oder wozu er ein Recht hat? Dazu kommt, dass er von seinem Arbeitgeber abhängig ist. Man kann natürlich Experten fragen, Richter, die tagein, tagaus damit beschäftigt sind, solche zwiespältigen Fälle zu lösen. Sie würden sich wohl an folgenden Sachverhalten orientieren, die man von der Ethik oder der «Natur der Dinge» ableitet: 1) Bei einem Subjekt: Die höher stehende Person wird vorgezogen, also Gott vor dem Menschen, Eltern vor den Kindern.

2) Bei Beziehungen, die man zueinander hat: Enge Verwandte werden weiter entfernten Verwandten vorgezogen und Freunde Unbekannten.

3) Bei einem allgemeinen Gut: Der Weltfriede hat Priorität vor persönlichem Wohlergehen, privaten Zielen und Sicherheiten.

4) In Bezug auf eine weitläufigere Sozialordnung: das Land kommt vor der Familie, die Familie vor dem Individuum.

5) Bei einer schwerwiegenden Angelegenheit: Die Seele rangiert vor dem Körper, Leben ist mehr wert als Besitz.

6) Bei einer Notwendigkeit: Feuerlöschen ist wichtiger als ein Buch zu lesen; Lebende zu retten ist wichtiger als Tote zu beerdigen.

7) In einer Sachlage: Das höher stehende Gesetz: das Naturgesetz kommt vor dem positiven Gesetz; das unabdingbare Gesetz vor dem möglichen.

8) Das einleuchtende Gesetz: Das Sichere kommt vor dem Zweifelhaften: Schuldenzahlen vor dem Geschenkeverteilen.[256]

Wie verhalten sich diese «einfachen» Gesetze nun im Hinblick auf die biogenetische Forschung? Eizellen, die Ressourcen für die Stammzellenforschung, haben Dr. Hwang zu Fall gebracht, weil sie «unethisch» gewonnen wurden. Ist es ethisch, Stammzellen zurück zur Ei- oder Samenzelle zu züchten, um so ein Reservoir zu haben,[257] aus dem man dann ad libitum Embryos gewinnen kann, um sie am fünften Tag zu töten? Und dies, obwohl es ein fünftes Gebot gibt, welches heißt: «Du sollst nicht töten?»

# 11. DER LEERE MUTTERSCHOSS

## 11.1. Pure Tatsachen bezüglich Milch

*E*s scheint heutzutage, dass sich Embryos überall befinden, nur nicht mehr da, wo sie eigentlich am ehesten zu suchen wären. Hans Urs von Balthasar sagte: «Alle Dinge lassen sich doppelt betrachten, als Faktum und als Geheimnis.» «Als Faktum gesehen ist der Mensch Zufallsprodukt am Rande des Kosmos. Schaut man hinter die Fakten, sieht man den Menschen nicht als ein durch ein Evolutionsspiel einfach in die Welt hineingeworfenes Wesen. Der Mensch ist ein Gedanke Gottes, er ist gewollt. Hinter jedem Menschen steht eine Idee, ein Plan. Es wird als archetypisch für jeden einzelnen Menschen gesehen, wenn die Bibel in der Schöpfung Gott bildhaft darstellt. Gott ist der Töpfer, der den Menschen formt und ihm den Geist einbläst».[258]

Angenommen, eine junge Wissenschaftlerin würde Gott herausfordern mit der Idee, ihren eigenen Menschen zu erschaffen. Gott geht darauf ein, bittet sie aber, nicht den von Gott geschaffenen Boden, sondern ihren selbst erzeugten Boden als Grundbaustein für die Schaffung eines lebenden Menschen zu benutzen. Wir wollen den Bauplan des Lebens erforschen, um ihn zu imitieren, aber wir können nicht einmal die Grundsubstanzen herstellen.

Muttermilch entscheidet oft über Leben und Tod eines Babys. Die Mutter hat nicht die Wahl zu einem ausgewogenen Ernährungsplan für Ihr Baby, indem sie ihm entweder Formula Milch oder Muttermilch gibt. Formula Milch erzeugt Durchfall, Allergien oder Infektionen und so ist das Kind auf die speziesspezifische Milch angewiesen. In den sieben Muttermilchbanken Nordamerikas werden Muttermilchspenden angenommen, nachdem die Mutter einen Gesundheitscheck durchlaufen hat. Man zahlt vier US$ für eine Unze Milch. Früher spendeten die Frauen viel häufiger Muttermilch. Nach dem Ausbruch von Aids ist dies zurückgegangen.[259] Es wäre sehr praktisch, wenn die Wissenschaft herausfinden könnte, wie man humane Milch herstellt. Aber leider weiß man ja nicht einmal, wie die Kuh es fertigbringt, Gras in Milch zu verwandeln. Vielleicht hat auch noch nie jemand daran gedacht, Milch künstlich zu erzeugen. Man war zu sehr mit wichtigeren Dingen beschäftigt und wollte lieber die Zeit nutzen, Organe zu «designen». Wie praktisch wäre es, wenn man die Kenntnisse hätte, um aus einem Grashalm Milch herzustellen! – Obwohl das jedes Rindvieh kann. Sicher, der Vergleich ist unpräzise, denn mit Rind bezeichnet man die Gattung. Korrekt ist es, von der Kuh zu sprechen. Diese jedoch apostrophieren wir oft mit dem Ausdruck «Dumme Kuh», obwohl uns diese Lebewesen Milch geben! Außerdem soll die Feststellung ja eigentlich den IQ des Tieres hervorheben, der im totalen Gegensatz zu seiner Leistung steht. Dass die Kuh Milch gibt, ist nicht ihre Eigenleistung, sondern man könnte fast sagen, es ist die ihr vom Menschen zugeordnete Bestimmung. Aber es ist auch ihre genetisch und umweltbedingt festgesetzte Leistung, denn wenn sie viel Milch gibt, nennt man sie Hochleistungskuh. Allerdings hat der Mensch dazu beigetragen, denn er manipuliert und versieht z.B. das Grünfutter mit Eiweißzusätzen und Futtergetreide, um die Produktion zu steigern.

Nach einem Bericht der Welternährungsorganisation FAO wurden im Jahr 2002 weltweit insgesamt 670 Millionen Tonnen Getreide an Vieh verfüttert; das ist 1/3 der Welt-Getreide-Ernte. Immer mehr Ackerland wird dem Anbau von Futtermitteln gewidmet. Folglich bleibt weniger Ackerland zur Produktion von Lebensmitteln für die Menschen übrig, weshalb die Lebensmittelpreise steigen. Eigentlich könnten Kühe ja wirklich nur Gras fressen. Gras kann der Mensch nicht verspeisen. Faktum ist, die Kuh produziert aus Pflanzen Milch – und ein Mysterium bleibt es für den Menschen, wie sie das wiederkäuend mit ihren sieben Mägen macht. Mit der Idee, dieses Milchherstellungspotential optimal zu nutzen, erlitt der Mensch aus Unwissenheit einige Rückschläge, siehe BSE.

Bei den Hindus in Indien ist die Kuh ein heiliges Geschöpf. Der Legende nach rettete sie mit ihrer Milch das Leben des verfolgten Krischnas, einer

Inkarnation des Weltenerhalters Wischnu. Die Kuh wurde so zur «Lebensspendenden Mutter» eines jeden Hindus. Jeder, der einer Kuh etwas antut, ihr Fleisch isst oder ihren Tod herbeiführt, begeht nach den Moralvorstellungen der Hindus eine Todsünde, die schwerer wiegt als die Ermordung eines Mitgliedes der obersten Kaste.[260]

Bison im Yellowstone-Nationalpark, Montana, USA

Die Rücksichtnahme gilt hier einem Tier, welches in den moralischen Schutzbereich aufgenommen wurde. Es wird auch hinreichend begründet, warum der Kuh hier bestimmte Rechte eingeräumt wurden. Die so geschützten Tiere wandern in den Städten herum und fressen Müll, was wiederum die Milchqualität erheblich beeinträchtigt. Man veranlasste, dass die Tiere Mikrochips abschlucken müssen. Eine etwas qualvolle Prozedur. Aber mit einem besonderen Scanner kann man so die Besitzer identifizieren und sie bestrafen. Für jede Kuh bekommt man in Indien vom Staat Zuschläge und so geben skrupellose Farmer eine viel zu hohe Tierzahl an. Mit den Microchips kann man nun beides kontrollieren: dass die Tiere keine Abfälle fressen und dass die Besitzer keine Falschangaben machen. Die Milch wird in Indien nicht pasteurisiert. 50% der Milch kommen von den umherwandernden Kühen. Dadurch kommt es zu einer Gesundheitsbeeinträchtigung für den Menschen, weil die Tiere nicht richtig ernährt werden.[261]

Auch bei uns wird die Kuh als Milch- aber auch als Fleischlieferant gehalten. Natürlich sollten die Interessen gegeneinander abgewogen werden, denn auf einem Hektar Ackerland kann man mit Getreideanbau fünfmal mehr Eiweiß produzieren als mit Viehhaltung. Trotzdem soll sich die weltweite Milch- und Fleischproduktion bis 2030 verdoppeln. Auch hierbei ist von Spannungen zwischen technischem Können und moralischem Sollen auszugehen.

## 11.2. Das Wohl des Patienten versus horrende Kosten im Gesundheitswesen

Der Grieche Hippokrates (4. Jahrhundert v. Chr.) verfasste als Schüler des Heraklit das «Corpus Hippocraticum», welches Fragment über die medizinische Praxis, Philosophie und Ethik enthält. Ihm verdanken wir den Hippokratischen Eid, welcher jedoch in den USA nur noch wahlweise vor Landesärztekammern abgelegt wird. Es heißt darin, man soll sich ohne Ansehen der Person für deren Wohl einsetzen (bonum facere), und ihr nicht schaden (nihil nocere). Der Arzt soll sich paternalistisch verhalten, d.h. wie ein Vater sein gegenüber seinen Patienten.

Der Eid wurde durch ein Vertragsmodell ergänzt. Dieses enthält eine rechtzeitige Einwilligung des Patienten und das Prinzipienkonzept. Der Patient verfügt über eine Autonomie, er soll wohlwollend und gerecht behandelt werden und man soll ihm nicht schaden. Die medizinische Ethik ist eine kriterienorientierte Anleitung zur Selbstreflexion medizinischen Personals.

Zudem bestehen die Fragen nach der Finanzierung des Gesundheitswesens. Der Arzt darf auf diesem Hintergrund nicht alles tun, was er kann. Ein Grundbegriff in der Medizin ist Krankheit bzw. Gesundheit. Wird der Mensch als eine reparaturbedürftige Maschine gesehen? Der Patient als Objekt, die Krankheit eine Entgleisung, die repariert werden kann in allen Lebenslagen?[262] Das Verhältnis Patient/Arzt ist dann ein monologisches, d.h. der Arzt ist der Fachmann, der Patient fast entmündigt.

Man redet heute schon von einer Robotermedizin und meint damit Maschienen, die zwischen Arzt und Patient stehen. Man könnte diese Maschiene auch als Internet bezeichnen. Für so machen in der Gesundheitsbranche arbeitende Persone ist der sogenannte «googelnde Patient» eine Herausforderung. Ein «informierter Patient», der seine Krankheit lieber im Netz diagnosiziert und obendrein seinen «online Rat» dem gestressten Mediziner kritisch vorhält, untermauert oft die partnerschaftliche Arzt-Patienten-Beziehung. Im Zeitalter von Covid, mitsamt Telemedizin, ist eine Roboterpuppe, die Anstelle des Arztes die Anamnese (Krankengeschichte) aufnimmt, in den USA der neueste Schrei. Eine Pandemie, die uns von mittmenschlichen Beziehungen entfremdet, soll mit einem Roboter, verkleidet als hübsche Frau mit bereits graumeliertem

Haar, behoben werden. Die Puppe in Menschenformat kann sprechen und ist ein williger Zuhörer für vereinsamte alte Leute. Sie hat den Vorteil, dass sie kein Virusträger ist. Dennoch fehlt dem mechanischen Companion, der garantiert kein Covidträger ist, ein Herz und Mitgefühl. So gesehen, ist es nicht verwunderlich, dass all die Hunde- und Katzen während des *Lockdowns* 2020 sehr schnell ein neues Zuhause fanden. Die Frage, wer die Kosten für deratige Computer in Menschenform übernehmen soll, wird nicht angesprochen.

Die Ausgaben haben uns jedoch auch nicht interessiert, als wir anfingen, Stammzellen zu kreieren. Eine Therapie, die auf Stammzelllinien beruht, maßgeschneidert für jeden Patienten, wird ohne Zweifel sehr teuer. Vor allem in Anbetracht der Tatsache, dass menschliche Eizellen Stammzellenforschung an sich limitieren. 1998 hat eine amerikanische Pharmafirma versucht, Kuheizellen zu entkernen, um menschliche Körperzellen einzusetzen.[263] 2003 hat eine chinesische Gruppe vorgegeben, humane Stammzelllinien aus entkernten Haseneizellen herzustellen. Auch in Großbritannien sind die Gesetze diesbezüglich geändert worden.

Ein Menschtierwesen – würde es den Ansprüchen der Forschung überhaupt gerecht werden? Vor allem, wenn man bedenkt, dass die mütterlichen Mitochondrien, in dem Fall vom Tier, noch ein größeres Problem darstellen, als wenn man bei der gleichen Spezies bleibt? Das Beispiel der Muttermilch zeigt schon, dass ein Baby nicht einmal künstliche Muttermilch verträgt. In den USA wird die Herstellung von so genannten «Cytoplasmic admixed embryos», was gleichbedeutend ist mit Mensch-Tier-Embryos, als Straftat angesehen.[264] Man argumentiert, Stammzellen differenzierten sich eher, je älter der Embryo ist. Technisch ist es bis 2021 nicht mal möglich, einen Embryo bis zum 14. Tag außerhalb des Uterus am Leben zu erhalten.

In England einigte man sich, den Embryo bis zum Erscheinen einer Primitivrinne, einem markanten Entwicklungsstadium in vitro, zu entwickeln. Danach sind die Entwicklungsstufen ineinander übergehend. Wenn Biomediziner diese Einigung nicht akzeptieren, kann es passieren, dass Forscher den Zeitpunkt der Zerstörung des Embryos hinauszögern, in der Hoffnung, dass sich der Embryo von selbst differenziert. Wissenschaftler argumentieren trotzdem, dass der festgesetzte Termin ein Hindernis für sie sein könnte, um den Weg der Zelldifferenzierung herauszufinden.[265]

## 11. Der leere Mutterschoß

Humane Stammzellen in Tiere zu pflanzen und somit Chimären zu bilden, ist nach wir vor das größte ethische Problem. Mit Sondererlaubnis darf man zum Beispiel in den USA humane embryonale Stammzellen in Affenhirne einpflanzen. Nicht differenzierte Zellen bewirken meist die Entstehung eines Tumors im Affen, der für diese Tierversuche nun auch noch sein Leben lassen muss. Oder, falls das Versuchstier diese Prozedur sowieso nicht lange überlebt, weil es nach der Implantation getötet wird, sind die Stammzellen, da artfremd, vom Immunsystem des Tieres vernichtet worden.

Stellungnahmen von Tierschützern zu solchen höchst zweifelhaften Versuchen liegen nicht vor. Klinische Studien, in denen differenzierte, humane, fötale, neuronale Stammzellen, gewonnen aus Abtreibungen oder Fehlgeburten, als Therapeutikum dienen, sind uns aus Russland bekannt. Obwohl bereits angewandt, diskutiert man doch sehr über die Sicherheit für die Patienten, die diese ausdifferenzierten Zellen appliziert bekommen.

Im Februar 2009 berichteten Wissenschaftler über den ersten Fall, in dem ein Kind, das mit derartigen differenzierten, menschlichen, fötalen, neuronalen Stammzellen behandelt wurde, einen Tumor entwickelte. Der Junge litt an einer seltenen neurodegenerativen Krankheit, die man im Fachjargon Ataxietélangiectasie nennt, welche fast den ganzen Körper in Mitleidenschaft zieht und schwere Behinderungen erzeugt. Vier Jahre, nachdem die fötalen differenzierten Stammzellen verabreicht wurden, diagnostizierte man, dass diese «gespendeten» Zellen zur Ausbildung eines Hirntumors führten. Das Moskauer Wissenschaftlerteam empfiehlt dringend, die Sicherheit solch fraglicher Therapien vor deren Einsatz genauestens zu überprüfen.[266] Es ist erstaunlich, dass es sich bei dem entstandenen Hirntumor eigentlich genau um den handelt, den man mit Stammzellen aus Nabelschnurblut bereits therapieren kann. Es ist sicher ein Rückschlag für die humane embryonale Stammzellenforschung, die fieberhaft an der Differenzierung von Stammzellen arbeitet, wenn bereits ausdifferenzierte Stammzellen immer noch an einer Tumorentwicklung beteiligt sind. Man hat doch immer prophezeit, dass, sobald man den Weg der Differenzierung herausgefunden hat, das Ziel dieser Forschung erreicht sei. Vielleicht sollten wir uns daran erinnern, was Wilhelm Busch so treffend über den Irrtum verlauten ließ:

«Wenn einer, der mit Mühe kaum gekrochen ist auf einen Baum, schon meint, dass er ein Vogel wär', so irrt sich der.»

## 11.3. Das Wollen im Gegensatz zum Können

*H*umane embryonale Stammzellen gelten bei einigen Forschern nach wie vor als das Gold der Forschung. Und wenn Bundesmittel in den USA dafür nicht verwendet werden durften, gab es genügend private Gelder. In Deutschland spricht man von einer doppelten Moral, weil Stammzelllinien nicht im Land hergestellt werden dürfen. Sie können aber für hochrangige Forschung aus dem Ausland importiert werden.[267]

In der so genannten Delphi Studie sollten 110 Wissenschaftler den Nutzen und die Zukunft der deutschen Stammzellenforschung, adulte versus embryonale, ermitteln. Diese Studie, die therapeutische, soziale, politische und ethische Aspekte miteinbezog, erfolgte in der Zeit von Juni 2003 bis Mai 2004. Das Ziel war vor allem, die persönliche Meinung und das Urteil der Wissenschaftler zu hören, um herauszufinden, ob Stammzellenforschung weiterhin angestrebt werden soll. Limitierende Faktoren waren: Forschungsgelder, nationale oder internationale Nachfrage, Zusammenarbeit mit ausländischen Forschungseinrichtungen, soziale Akzeptanz, geschultes Personal, Verfügbarkeit und Zugänglichkeit von Informationen sowie Kostendeckung durch Krankenkassen.

Das Resultat der Umfrage zeigte in Bezug auf humane embryonale Forschung, dass man immer noch sehr unzufrieden mit den erwünschten und erhofften Erfolgen der Stammzellendifferenzierung ist. Der angestrebte Zeitraum, dies zu erforschen, stellte sich als unrealistisch heraus. Die befragten Wissenschaftler waren hinsichtlich der adulten Stammzellenforschung viel optimistischer. 90% von ihnen erwarteten, dass adulte Stammzellen bis 2013 erfolgreich eingesetzt werden und so das medizinische Behandlungsfeld revolutionieren können. 40% der Forscher sind der Meinung, dass humane embryonale Stammzellen immer das Risiko in sich tragen, Tumore zu erzeugen. Neben ethischen Aspekten sind diese gravierenden therapeutischen Handicaps dafür ausschlaggebend, dass die Wissenschaftler daran zweifelten, humane embryonale Stammzellen jemals in der Medizin einsetzen zu können. Total skeptisch beurteilte man das Klonen. Keimbahnbehandlungen seien nur in 8% angebracht und darüber hinaus befände sich diese Forschung in den Kinderschuhen. Die befragten Wissenschaftler forderten Alternativen zur humanen embryonalen Stammzellenforschung. Die wichtigsten Zellen, die in der Forschung eine

## 11. Der leere Mutterschoß

Rolle spielen und eingesetzt werden können, sind ihrer Ansicht nach humane adulte Stammzellen (hAS), daneben Stammzellen, die aus der Nabelschnur, dem Fruchtwasser und der Plazenta gewonnen werden, reprogrammierte adulte Stammzellen usw. 70% der Wissenschaftler sind laut dieser Umfrage überzeugt, dass die humane embryonale Stammzellenforschung in Deutschland keine Zukunft hat.

Stammzellenforschung ist risikoreich sowohl für den Patienten als auch für die Forschung selber. Leider wurde die Stammzellenforschung von Anfang an viel zu sehr idealisiert.[268] Die deutsche Debatte um Stammzellenforschung ist belastet von der Rolle der humangenetischen Medizinforschung in der Nazi-Zeit. Die Delphi-Studie wurde von Experten in der Stammzellenforschung erstellt. Moralisch-ethische Bedenken sowie wissenschaftliche und besonders therapeutische Anwendungsprobleme für humane embryonale Stammzellen sprechen deutlich für den Einsatz von adulten Stammzellen.[269] Zahlreiche Kliniken weltweit beuten die Hoffnungen von Patienten aus, indem sie behaupten, Schwerkranke mit neuen und effektiven Stammzelltherapien behandeln zu können. Fernab jeglichen medizinischen Standards bieten Einrichtungen in Indien, den Philippinen, Mexiko, Thailand, China, Barbados, Türkei, Costa Rica, Russland u.a.m. für hohe Geldsummen und ohne zuverlässige Belege oder Patientenabsicherungen Stammzelltherapien an. Die internationale Gesellschaft für Stammzellenforschung ISSCR ist über diese Entwicklung sehr besorgt.

Doch was sind die aktuellen Fortschritte und Entwicklungen der Stammzellforschung? In 2020 hatte das Insitut für Molekulare Biotechnologie in Wien sein drittes Symposium über die möglichen Anwendungen von Stammzellen auf dem Gebiet der Diagnostik und Therapie abhalten wollen. Es sollte vor allem über die Rolle von pluripotenten Zellen gehen, die sie bei der Organentwicklung haben. Leider wurde die Konferenz wegen Covid abgesagt.[270]

# 12. WÜNSCHE AN DIE FORSCHUNG

## 12.1. Extrakorporale Embryos

Extrakorporale Embryos sind In-Vitro-Embryos der fortpflanzungsmedizinischen Praxis und der embryobasierten Forschung. Eine der rechtspolitisch umstrittensten Fragen des Medizinrechts ist, welches Maß bzw. welche Art von Schutz ein extrakorporaler Embryo hat. Stammzellenforscher nutzen Embryos für ihre Aktivitäten mit Hinweisen auf erhoffte Zukunftsperspektiven bei der Behandlung bislang inkurabler Krankheiten. Mediziner wie Wunscheltern betreiben am frühen Embryo in bestimmten Fällen Präimplantationsdiagnostik. Die Gesellschaft ist einerseits besorgt um Lebensrecht und Menschenwürde und hält derartige Maßnahmen deshalb für nicht legitim. Andererseits applaudierte man der humanen embryonalen Stammzellenforschung. Man versteift sich auf spekulative Vorteile und schlug ethische und rechtliche Einwände in den Wind. Es schien viel plausibler zu glauben, dass diese Forschung die Lösung für alle Probleme bietet und das Heilmittel für alle Krankheiten hervorbringen wird. Man kümmerte sich nicht darum, ob das überhaupt eine reale Aussage sei, oder ob es sich eher um ein Wunschdenken handelt. Anstatt sich um Schutzwürdigkeit, Schutzumfang und Schutzmodus des extrakorporalen Embryos zu kümmern, beobachtet man eher einen Medizintourismus. Strafrechtlich werden so Nischen geschaffen, die Erkenntnisse und Anregungen zum Schutz des frühen menschlichen Lebens eines Landes umgehen.

In Deutschland ist es zum Beispiel nicht erlaubt, mehr Embryos zu erzeugen, als die Mutter austragen wird. Rechtsordnungen in Deutschland sind

## 12. Wünsche an die Forschung

bestrebt, dem extrakorporalen Embryo einen gewissen Schutz vor willkürlicher unkontrollierter Behandlung zukommen zu lassen.[271]

Andere Länder rechtfertigen den Gebrauch überzähliger Embryos und das Klonen von Embryos für Forschungszwecke. Die Frage bleibt, ob die humane embryonale Stammzellenforschung jemals die erhofften Erfolge erzielen kann, selbst wenn wir durch Innovationen in der Biotechnologie dazu disponiert sind? Diese Frage muss man sich stellen, so unangenehm sie auch einigen erscheinen mag. Können wir die möglichen Vorteile dieser Forschung mit den ethischen Problemen, die wir durch sie hervorrufen, gegeneinander abwägen?

Wozu wollen wir embryonale Stammzellenforschung? Weshalb besteht eine Zuversicht, alle Krankheiten durch sie heilen zu können? Warum gab es 2009 bzw. nach elf Jahren humaner und nach 27 Jahren tierischer embryonaler Stammzellenforschung noch keine Therapien? Wo liegen die Schwierigkeiten, die sich zwischen unser Wollen und Können stellen? Es heißt, der Vorteil von embryonalen Stammzellen liege darin, dass sie noch nicht spezialisiert seien, aber genau darin besteht die bisher unüberwindbare Hürde: ihren Differenzierungsweg herauszufinden. Der Fokus ist auf ihr Potential gerichtet. Was eine Sache wert ist, entscheidet doch auch, wie optimal und ob ich sie überhaupt nutzen kann. Genau dieser Schritt scheint uns versagt, was auch immer wir anstellen.

Die vier wichtigsten Forschungsbereiche, zu denen man embryonale Stammzellen benötigt, sind:

Erstens: Grundlagenforschung; man möchte einen Einblick in die molekulargenetische Embryonalentwicklung und die embryonale Genexpression bekommen.

Zweitens: Man erhofft sich einen Vorteil dadurch, Tierversuche zu reduzieren, und hofft, die physiologischen, toxischen, pharmakokinetischen, pharmakologischen Eigenschaften von Arzneistoffen und Wirkungen von anderen Substanzen wie z.B. Impfstoffen, an Zellkulturen testen zu können. Man ist bestrebt, ein geeignetes Modell herauszuarbeiten, denn wenn ein Arzt seine Patienten zu Gesicht bekommt, ist die Krankheit schon lange ausgebildet, und so kann er nur die Symptome behandeln. Der Arzt tappt aber weiterhin im Dunkeln über die Ursache der Erkrankung sowie die Wirkung und Dosierung von Medikamenten. Obwohl induzierte pluripotente Stammzellen eigentlich in dieser Hinsicht viel besser zu studieren sind, weil sie ja von einem Patienten stammen, der die Krankheit hat und der, um diese Zellen zur Verfügung zu stellen, sein Leben nicht lassen muss.

Drittens: Transplantationsmedizin; da es zu wenig Spenderorgane gibt, hofft man, einfache Gewebe herstellen oder eine Zelltherapie mit Vorläuferzellen und differenzierten Zellen durchführen zu können.

Viertens: Gentherapie; das heißt, man versucht, Embryos in vitro genetisch zu verändern, mit dem Ziel, ein Kind zu erzeugen. Diese Keimbahntherapie ist weltweit verboten. Mit der somatischen Gentherapie will man Zellen so verändern, dass man sie transplantieren kann.

Die Notwendigkeit und der Wunschcharakter dieser Forschung sind jedoch nach wie vor fraglich. Vor allem bei Forschungsergegnissen, die davon sprechen, dass die Herstellung von Eizellen aus embryonalen Stammzellen gelungen sei: «Ein Eisprung auf der Petrischale und dessen potentielle Nutzung für Forschung und Kinderwunsch wäre eine ideale Grundlage für jede weitere Grundlagenforschun».[272]

Ob Mäuse, an denen das getestet wurde, auch einen Kinderwunsch haben? Es ist noch unklar, ob sich aus den so entstandenen Vorläuferzellen normale Tiere entwickeln.[273] Allerdings ist auch diese Perspektive nicht völlig neu, Vorläufer von Ei- und Samenzellen wurden auf verschiedene Weise bereits hergestellt. So z.B. aus Eierstöcken abgetriebener Föten und aus Vorläufern von Samenzellen, gewonnen aus embryonalen Zellen der Maus.[274]

Welche horrende Summe und Kaufkraft würde hinter dem Ansinnen stehen, genügend Eizellen für fast dubiose Forschungszwecke zur Verfügung zu haben? Wer kann und wird letztendlich von so einer Forschung profitieren? Würde das Leben von mit Parkinson und Alzheimer besser werden durch den Einsatz von Stammzellen? Falls wir jemals routinemäßig embryonale Stammzellen als Therapeutikum verwenden würden, könnten sich Drittländer solche Therapien niemals leisten. So weit muss man gar nicht gehen – unseren Mitmenschen, die keine Arbeit haben oder keine Versicherung, wie dies bei vielen Amerikanern der Fall ist, würde der Zugang zu solch einer Behandlung schlichtweg verwehrt bleiben. Für viele ist schon eine künstliche Befruchtung unerschwinglich. Ist also das «Geschäft» mit Eizellen, zu welchem Zweck auch immer, nur etwas für Wohlhabende? Lässt

## 12. Wünsche an die Forschung

man all diese Dissonanzen außer Acht und konzentriert man sich rein auf die Technik, tun sich leider auch hier viele Ungereimtheiten auf. Ist es eine utopische Vision, mit embryonalen Stammzellen zu therapieren? Können die vielen durch diese Forschung entstanden ungelösten Probleme eliminiert werden? Unter anderem handelt es sich um Kontaminationen der Zellen, Tumorbildung und unkontrolliertes Wachstum. Die Wege der Differenzierung in geeignete Zelltypen, die Zellintegration, das Wachstum und die Heilungseffekte sind unklar und es fehlt an Strategien zur Überwindung immunologischer Reaktionen.[275]

Ein enormer wissenschaftlicher und technischer Aufwand, um embryonale Stammzellen für Zell- und Gewebetransplantation nutzbar zu machen, steht der Forschung noch bevor. Trotz allem hielt man 2010 und eigentlich immer noch daran fest, dass humane embryonale Stammzellen der goldene Standard und für die Forschung sind. Nach wie vor sieht man sie als die, am besten geeignetsten Zellen an, obwohl ihr Potential rein spekulativer Natur ist und es schlichtweg schon damals viel zu früh schien, dieser Forschung den Vorrang zu geben. Um wirklich herauszufinden, welches die optimalen Zellen sind, muss man noch viel, viel mehr Forschung mit Alternativen wie adulten Stammzellen, Zellen gewonnen aus Nabelschnurblut, aus Fruchtwasser oder induzierten pluripotenten Zellen betreiben.

Alternativen stehen zwar zur Verfügung, diese werden im Medienrummel um die humane embryonale Stammzellenforschung aber nicht beachtet. In den USA hätte man durchaus auch ohne Bundesgelder Möglichkeiten, humane embryonale Stammzellenforschung zu betreiben. Sie wurde jedoch bisher mit Geldern aus privaten Fonds gefördert. Ethische oder moralische Bedenken waren bei diesen Geldgebern nicht vorhanden.

Der Direktor des *Kalifornischen Instituts für Regenerative Medizin*, Dr. Richard Murphey, bekam 2008 519 Millionen US$, daneben verfügt das Institut über 3 Milliarden US$. 13 Millionen US$ wurden 2009 zum ersten Mal für die Gewinnung von Stammzellen ausgegeben, bei denen humane Embryos nicht zerstört werden müssen.[276]

Forscher versuchen nun auch, induzierte pluripotente Stammzellen bis zur Ei- und Samenzelle zurückzuzüchten. Ein Weg, der es ermöglichen würde, die allzu komplizierte Gewinnung von menschlichen Eizellen zu umgehen. Von Frauen würde so die Last oder auch der Druck weggenommen, nur noch als Spenderinnen angesehen zu werden. Shinya Yamanaka von der Kyoto Universität in Japan und James Thomson von der *Universität von Wisconsin-Madison*, USA hatten im November 2007 eine gentechnische Reprogrammierungs-Methode gefunden, um erfolgreich menschliche Hautzellen in pluripotente Zellen zurückzuverwandeln. Ausdifferenzierte Hautzellen wurden reprogrammiert (zurückentwickelt), damit sie die gleichen undifferenzierten Eigenschaften wie embryonale Stammzellen erhalten, d.h. wieder pluripotent werden. Ganz so, als ob man eine Zeituhr zurückdrehen würde und ein alter Mensch wieder zum Baby wird. Dies alles geschieht auf zellulärer Ebene. Dafür wurden damals vier Gene mit Hilfe von veränderten Viren in die Hautzellen eingeschleust. Die Gene werden so in die entsprechenden Chromosomen integriert, dass so genannte «induced pluripotent stem cells (iPS)» entstehen.

Beide Forscher warnten sofort vor einer zu großen Euphorie und baten um Vorsicht. Die neue Technik sei für den Einsatz am Menschen noch zu gefährlich, weil die verwendeten Retroviren Krebs erzeugen. Parallel dazu muss erst die Methode überprüft werden.

Die wichtigste Frage besteht nach wie vor darin, ob die neuen Zellen humanen embryonalen Stammzellen gleichzusetzen sind. Ganz auf humane embryonale Stammzellenforschung zu verzichten, könne man sich unter keinen Umständen leisten, denn es müsse festgestellt werden, ob die Zellen das sind, was sie versprechen.[277] Es sind sogar laut Susan Salomon, der Direktorin der New York Stem Cell Foundation, noch mehr Studien an humanen embryonalen Stammzellen notwendig, um herauszufinden, ob reprogrammierte (iPS) Zellen die bisherigen embryonalen Zellen in ferner Zukunft ersetzen können.[278]

Einige Forscher bleiben skeptisch und sagen, dass es sich erst nach langfristigen Vergleichen herausstellen wird, ob iPS-Zellen die gleiche Morphologie und das gleiche Potential haben wie humane embryonale Stammzellen. IPS-Zellen seien zwar einfach zu gewinnen, aber nach dem Forschungsstand von 2008 seien humane embryonale Stammzellen durch nichts zu ersetzen.[279]

Die unterschiedlichsten Methoden der Reprogrammierung wurden seitdem entwickelt. Risiken versuchte man zu bewältigen, weil für das Einschleusen der Gene Viren benötigt werden. Die Gene werden vom Virus verstreut im

## 12. Wünsche an die Forschung

Genom eingebaut, womit wichtige Gene der Zelle beschädigt werden können, was die Zelle entarten lässt. Damit besteht die Gefahr der Krebsbildung. Zudem bauen auch die Viren ihr Erbgut ein. Forscher konnten daraufhin eine Reprogrammierung ohne Viren und mit anschließender Entfernung der Gene entwickeln. Im April 2009 gelang erstmals eine Reprogrammierung nur durch Zugabe von Molekülen und ohne Veränderung des Erbgutes.

Leider besteht ein Wissensdefizit, über das Journalisten selten berichten. Experten zerbrechen sich den Kopf über die vermutete Rolle des «epigenetischen Gedächtnisses». Man beobachtete eine mangelhafte Effizienz bei der Verjüngung von einfachen Körperzellen. Alexander Meissner, Professor der *Harvard-Universität in Boston* bestätigte, dass sich bisher nur ein paar wenige Zellen von Hunderttausenden vollständig reprogrammieren lassen.

Sir John Gurdon von der Cambridge Universität sieht den Grund dafür in einem so genannten «epigenetischen Gedächtnis».[280] Es befindet sich im Erbgut der Körperzellen und verhindert möglicherweise den Zugang der Reprogrammierfaktoren zu den entscheidenden Entwicklungsgenen. Epigene beeinflussen Gene, die wiederum Entwicklungsprozesse einleiten. Sie sind notwendig, um alle Zelldifferenzierungen zu steuern, angefangen von der Befruchtung der Eizelle bis zum Tod des Organismus. Es handelt sich um eine Weitergabe von Informationen von einer Generation auf die nächste, so dass eine einzelne Zelle in einen vollständigen Organismus «vergrößert» werden kann. Genetische Instruktionen oder Programme reichen nicht aus, alle diese Aufgaben auszuführen. Auch andere nicht-genomische Informationsquellen werden genutzt. Man spricht von Regulatorgenen und -systemen, die zu einem epigenetischen System der Genwechselwirkungen gehören und von diesem gesteuert werden.

Die Epigenetik, also der Aufbau der Chromosomen mit den gewünschten Genen, sowie die Prägung der Gene wird durch zusätzliche Molekül-Methylgruppen gesteuert. Dieser Methylierungsmechanismus kontrolliert die Expression der Gene. Das Genom in Körperzellen ist kompakt und durch angelagerte Methylgruppen schwer zugänglich, weil so eine Zelle ja schon differenziert ist und der Differenzierungsvorgang nicht mehr gebraucht wird. Das epigenetische Gedächtnis, geblockt durch Methylgruppen, ist verschlossen. Wenn man eine differenzierte Zelle (Körperzelle) in eine undifferenzierte iPS-Zelle zurürckverwandeln will, nimmt diese Methylierung auch noch zu, berichten amerikanische Forscher. Man müsste den Code der Demethylierung haben, um die Ausbeute der Rückzüchtung einer Körperzelle zu einer embryoartigen pluripotenten Zelle zu erhöhen. Dieser Schritt ist die entscheidenste Hürde, die zuerst zu nehmen ist, denn vor allem frische Eizellen weisen eine geringere Methylierung auf und somit ist die Chance, aus ihnen Stammzellen nach der Befruchtung oder dem Kerntransfer zu bekommen, um 30% höher. Dr. Hwang benutzte ausschließlich frisch gespendete Eizellen. Frische Oozyten besitzen zudem die Fähigkeit der Demethylierung und so haben humane embryonale Stammzellen einen Vorteil gegenüber iPS-Zellen.[281]

In diesem Zusammenhang ist es interessant, Einsicht in neue epigenetische Analysemethoden wie Methylierungs- und Chromatinstrukturanalysen zu nehmen. Sie zeigen, dass nicht nur die von den Eltern ererbte DNA-Sequenz, sondern auch der epigenetische Status der DNA das Risiko der Nachkommen für kardiovaskuläre Erkrankungen und Diabetes beeinflussen. Der epigenetische Status war eindeutig von den Ernährungsgewohnheiten der Eltern abhängig.

Eine andere Studie veranschaulichte, dass bei Ratten induzierte endokrine Disruptoren Nachkommen mit männlicher Infertilität hervorbrachten, was auf nahezu alle Männchen der nächsten Generationen übertragen wurde. Verantwortlich dafür waren veränderte Methylierungsmuster in den Keimbahn-Rezeptorgenen. Auch scheinen Lebensstil, Ernährung und umweltrelevante Einflüsse Methylierungsverluste zu begünstigen.[282]

Studien zeigten auch, dass die Ernährung der Mutter sowie Stress und Umweltgifte, denen sie während der Schwangerschaft ausgesetzt ist, das Epigenom des Kindes beeinflussen. Diese epigenetischen Veränderungen sind den genetischen Eigenschaften gleichwertig, die den Phänotyp des heranwachsenden Menschen prägen.[283] Da heißt es doch stets «Liebe geht durch den Magen». Im biotechnologischen Zeitalter ist es die Vererbung, die der Magen moduliert.

So gesehen sind die Eingriffe der Forscher, basierend auf rein genetischer Ebene, mit dem Ziel, Erbkrankheiten, Diabetes oder Parkinson mit Hilfe von Stammzellenforschung zu beheben, gelinde gesagt mehr und mehr suspekt. Parkinson und Alzheimer sind die häufigsten neurodegenerativen

Krankheiten älterer Menschen. 500.000 Amerikaner haben Parkinson und 50.000 Neuerkrankungen kommen jedes Jahr hinzu. Die Krankheitsursache ist komplex, aber in den wenigsten Fällen wird die Krankheit vererbt. Meistens ist die Krankheit multifaktoriell bedingt. Forscher gehen sogar davon aus, dass bestimmte Umweltfaktoren, denen Kinder während der Gehirnentwicklung ausgesetzt sind, Parkinson verursachen.

Davor Solter, Entwicklungsbiologe in Singapur, erwartete bereits 2008, dass trotz der geringen Ausbeute der induzierten pluripotenten Stammzellen und trotz Methylierung bald Eizellen und Spermien aus induzierten pluripotenten Stammzellen gewonnen werden können. So hätte man die Frage nach den Ressourcen dieser Zellen auf diese Weise gelöst und könnte sie nun benutzen, um Embryos zu erzeugen.[284] Was für einen Status, welche moralischen Rechte oder welchen Schutz diese Embryos haben, ist vollkommen ungewiss. Renée Reijo-Pera, Professorin der Stanford-Universität, gibt sich vollständig zufrieden, bei einem Patienten, der aufgrund eines Gendefektes keine Spermien ausbilden konnte, durch erfolgreiche Reprogrammierung seiner Körperzellen Samenzellen gewonnen zu haben.[285] Fraglich ist, wie viele somatische Zellen Frau Professor benutzte? Vor allem, wenn man die magere Ausbeute an iPS-Zellen in Betracht zieht.

Hans Schöler vom Max-Planck-Institut für Molekulare Biomedizin in Münster berichtete im Juni 2008, dass für die Reprogrammierung von Körperzellen in den Embryonalzustand nur noch zwei Gene benötigt wurden, die mit Viren in Haut- oder Nervenzellen eingeschleust wurden. Vor allem konnte man auf das krebsauslösende so genannte c-Myc-Gen verzichten. Die Münsterer Ergebnisse wurden jedoch an Mäusen erzielt und können noch nicht auf den Menschen übertragen werden.

Beim zweiten Internationalen Kongress für Stammzellen- und Gewebeerzeugung in Dresden im Juli 2008 berichtete Hans Schöler über aus Hoden von Mäusen gewonnene und in Kulturschalen ohne Geneingriff und ohne Viren reprogrammierte adulte Keimbahn-Stammzellen, so genannte «Germline-derived pluripotent stem cells», kurz gPS, die hinsichtlich ihrer einfachen Herstellung und ihrer Sicherheit «alle bisher künstlich reprogrammierten Zellen übertreffen». Die Göttinger Wissenschaftler Hasenfuß und Engel hatten bereits 2006 in den Hoden von ausgewachsenen Mäusen pluripotente Zellen gefunden.

## 12.2. Hoffnungsträger der regenerativen Medizin

Professor Herzog aus Bonn stellte 2007 fest, dass immer noch ein Unterschied von 1.200 Genen zwischen embryonalen und iPS-Zellen vorhanden ist. Er stellt sich die Frage, wieso man die embryonalen Zellen imitieren will, wenn man mit ihnen keinen einzigen Erfolgsbericht in Bezug auf die Behandlung von Krankheiten zu verzeichnen hat. Weiterhin hält Professor Herzog es für sehr problematisch, wenn durch die bisherigen Ergebnisse der humanen embryonalen Stammzellenforschung bereits jetzt Hoffnungen auf Erfolge in der Transplantationsmedizin und der Heilung von Krankheiten geweckt würden. Denn Erfolge bei der Transplantation hat es bislang nur mit adulten Stammzellen gegeben. Allein auf dem Gebiet der adulten Stammzellenforschung ist es bisher gelungen, Stammzellen ohne Schädigung und mit großem Nutzen für den Patienten zu transplantieren. Seit 1970 arbeitet man erfolgreich auf dem Gebiet der adulten Stammzellenforschung, deswegen kann man auch nicht behaupten, dass man die Forschungserfahrungen der embryonalen Stammzellenforschung braucht, um sie bei der adulten Zellenforschung anzuwenden. Mit der embryonalen Stammzellenforschung hat man laut Herzog auf das falsche Pferd gesetzt.[286]

Auch der Einsatz von humanen embryonalen Stammzellen für die Grundlagenforschung scheint nicht begründet zu sein; gegenüber den tierischen embryonalen Stammzellen weisen sie keinen Vorzug auf. Die wissenschaftlichen Bedürfnisse könnten deshalb mit tierischen Stammzellen zufriedenstellend gedeckt werden. Realistisch gesehen kann man damit sogar Tierversuche einsparen, die man sonst für humane embryonale Stammzellenforschung braucht. Mäuse, denen undifferenzierte humane embryonale Zellen eingepflanzt werden, damit man herausfindet, wie sie sich differenzieren, würden damit nicht mehr für Forschungszwecke eingesetzt werden. All den Primaten, die für Versuche herangezogen werden, die man am Menschen nicht machen kann, wie z.B. bei der Parkinsonforschung, könnte man viel unnützes Leid ersparen. Noch dazu, wo Affen dabei Stammzellen einer anderen Spezies (Mensch) injiziert bekommen. Studenten und Forschungsassistenten, die diese Versuche machen müssen, werden überhaupt nicht gefragt, inwieweit sie den Versuchen unter solchen Umständen zustimmen. Man geht davon aus, dass sie stolz darauf sind, in Pioniereinrichtungen der Stammzellenforschung arbeiten zu dürfen.

## 12. Wünsche an die Forschung

Die Freiheit in Forschung und Lehre scheint unterdrückt zu werden und abhängig zu sein von spekulativen «Behandlungserfolgen» in nicht absehbarer Zukunft. Embryos verlieren damit ihren Schutz zu Gunsten eines erhofften therapeutischen Fortschritts, d.h. aufgrund technischer Vorteile, die rein hypothetisch sind.

Forscher sehen in embryonalen Stammzellen das größere Potential, weil sich aus ihnen alle 220 Körperzellen des entstehenden Lebewesens entwickeln können. Die DNA, also der Bauplan des Lebens und somit die Erbinformation, ist in den Differenzierungsvorgang involviert. Nieren- oder Leberzellen haben physiologisch verschiedene Aufgabenbereiche und unterscheiden sich morphologisch. Sie haben unterschiedliche Membranpotentiale und metabolische Aktivitäten, ein unterschiedliches Milieu, pH, Enzyme... und so weiter, was ja auch logisch ist, denn eine Nierenzelle hat ganz andere Aufgaben als die Leberzelle, die zum Beispiel Alkohol abbaut. Alkoholiker haben ja meist auch Leber- und nicht Nieren- oder Hirnprobleme. Adulte Stammzellen können fast alle Zell- und Gewebetypen regenerieren.

Mario Capecchi, der 2007 den Medizin-Nobelpreis erhielt, hat herausgefunden, dass adulte Stammzellen deutlich vielfältiger sind als bisher angenommen. Jedes einzelne Organ besitzt demnach nicht nur organspezifische adulte Stammzellen. Stammzellen aus dem Knochenmark können sich z.B. auch in verschiedene Blutzellarten verwandeln.

Das Geheimnis der Stammzellenforschung besteht darin, den für jede Zellart spezifischen Kontrollmechanismus der Gene, die für den Charakter der Zellen notwendig sind, herauszufinden.[287] Sich zu differenzieren, ist die Hauptaufgabe der adulten Stammzellen, weil sie sich ständig teilen, um die Zellkapazität z.B. einer Leber aufrechtzuerhalten oder Leberzellen, die durch Alkohol beschädigt wurden, wieder neu herzustellen. Man könnte durchaus behaupten, dass adulte Stammzellen das vollbringen, was Forscher herausfinden möchten. Es ist so gesehen ein langer Weg, aus embryonalen Stammzellen differenzierte Körperzellen zu kreieren, weil es eventuell auch kostengünstiger wäre, Forschung mit Zellen zu betreiben, die schon die Differenzierungseigenschaft besitzen, die man braucht. Noch dazu, wo embryonale Stammzellen nicht sicher genug sind für einen therapeutischen Einsatz, und sei er nur an «non-human» Primaten (Affen). Es ist sehr fraglich, ob eine Fehldifferenzierung embryonaler Stammzellen, die z.B. zur

Tumorbildung führt, jemals behoben werden kann. Tumorbildung limitiert den in ferner Zukunft liegenden Einsatz für humane, aber auch für induzierte pluripotente Stammzellen.

Embryonale Stammzellen haben bis jetzt nur den einen Vorteil, dass in ihren Zellkulturen toxische, pharmakologische und physiologische Wirkungen von Arzneimitteln getestet werden können. Reprogrammierte Zellen könnten diesbezüglich sofort humane embryonale Stammzellen ersetzen.[288] Ebenso kann man Fruchtwasserzellen[289], Nabelschnurzellen oder adulte Knochenmarkzellen für die Untersuchung von genetischen Krankheiten und für eine effiziente Arzneimittelwirkung einsetzen. Zudem kann man diese ohne Schwierigkeiten dem Patienten entnehmen, womit man auch Immunreaktionen ausklammert.

Ein weiterer Vorteil dieser Zellen ist, dass sie keine Tumorformationen in der Kultur oder später beim Empfänger bilden. Adulte, fötale und Fruchtwasser-Stammzellen müssen nur sehr kurz im Kulturmedium gehalten werden. Bald nach ihrer Entnahme kann an ihnen geforscht werden. Bei einer therapeutischen Behandlungen werden sie schnell an den Empfänger zurückgegeben. Es gibt bei ihnen keine Verunreinigung der Zellkulturen. Epigenetische, genetische und chromosomale Mutationen treten nur bei humanen embryonalen Stammzellen spontan auf.[290/291]

## 12.3. Die beste Alternative

Die Debatte um humane embryonale Stammzellen ist interdisziplinär, bedingt durch die vielen ethischen, sozialen, wirtschaftlichen, rechtlichen usw. Kritikpunkte. Dazu kommen die begrenzten Ressourcen an Eizellen, die der Forschung zur Verfügung stehen. Forscher versuchen, Eizellen über alle möglichen Wege zu erhalten. Humane embryonale Stammzellen besitzen zudem genetische Abnormalitäten, wenn sie von genetisch veränderten Embryos stammen. Eine übliche Alternative zur embryonalen Stammzellengewinnung ist der so genannte alternierende Kerntransver (altered nuclear transfer). Hurlblut hat 2004 diese embryonal-ähnlichen Stammzellen durch genetische Manipulationen und Klonen gewonnen. Hierbei handelt es sich um einen intensiv eizellenverbrauchenden Prozess, der den Embryo nur das Blastozystenstadium erreichen lässt.[292] Somit handelt es sich um einen genetisch abnormalen Embryo, der nur zum Zweck der Stammzellengewinnung gebildet wird. Eine Methode, die Bioethiker sehr kritisieren. Es ist zweifelhaft, ob die so entstandenen Zellen humanen embryonalen Stammzellen ebenbürtig sind.

Eine Alternative war das Verfahren, das bei der Präimplantationsdiagnostik in Fertilitätskliniken benutzt wurde. Man entfernte eine der Zellen im Blastomerenstadium. In diesem Acht-Zellenstadium sind die Zellen des Embryos noch omnipotent. Das bedeutet, dass aus jeder Zelle ein eigenständiger Embryo entstünde, wenn man die Zellen separieren würde. Man separierte eine Zelle, die man zur Blastozyste reifen ließ, um aus ihrem Embryoblast Stammzellen zu entnehmen: Entweder, um sie auf Krankheiten zu untersuchen, oder auch, um sie der Forschung zu spenden, oder letztendlich, um Stammzellen für das eigene Kind zu haben. Diese Methode wurde von dem US-Forscher Robert Lanza beretis 2008 entwickelt.[293]

Die siebenzellige Blastomere wird implantiert und somit nicht zerstört, allerdings zerstört man die Blastozyste, aus der man die Stammzellen gewinnt. In der Tierproduktion wird so eine Teilung im achten Zellstadium als Embryo-Splitting bezeichnet. Besonders wertvolle Tiere können auf diese Weise von verschiedenen Leihkühen ausgetragen werden. Hierbei handelt es sich um eine Methode, um Zwillingstiere zu erhalten. In der Pränataldiagnostik wird sie benutzt, um einen Zwilling abzutöten.

Man behauptet fälschlicherweise, dass durch die Präimplantationsdiagnostik kein Leben zerstört wird. Mehr und mehr Studien klären stattdessen darüber auf, dass Embryos, die dieser Methode unterzogen wurden, selten von der Mutter ausgetragen werden.[294]

Bezüglich der Beteuerungen von Forschern, kein menschliches Leben zu zerstören, vernimmt man immer wieder die Behauptung, dass bei der Gewinnung von Stammzellen aus Keimzellen oder Organen eines abgetriebenen Fötus kein Leben zerstört werden muss. Ist demnach die Tötung eines Fötus während einer Abtreibung ethisch unbedenklich?

Bei der künstlichen Befruchtung erzeugt man gelegentlich Embryos, die einen oder drei Pronuclei besitzen. Normalerweise hat die Zygote zwei Pronuclei. Entsorgt man diese abnormal gebildeten Embryos nicht, sondern setzt sie auf ein Kulturmedium, entsteht daraus eine Blastozyste. Forschern aus Israel gelang es, neun Blastozysten aus 60 abnormalen Embryos zu erzeugen. Man erstellt so Stammzelllinien aus abnormalen Embryos, welche man für Forschungszwecke nutzt und welche sich in Teratoma (in vivo) bzw. Embryoid-Bodies (in vitro) umwandeln können.[295]

Forscher argumentieren, dass sich aus Teratomen oder aus abnormalen Embryos keine menschlichen Wesen mehr entwickeln können – was sie zu der Schlussfolgerung führt, dass es deshalb gerechtfertigt sei, sie für Forschungszwecke zu benutzen. Bezieht sich aber die ethische Frage darauf, was sie werden können oder darauf, was sie waren?

Im Jahr 2010 war ein Einsatz von pluripotenten Stammzellen als Therapeutikum nicht gegeben, und zwar unabhängig davon, ob es sich um natürlich gewonnene embryonale Stammzellen oder um künstlich erzeugte reprogrammierte Zellen handelt. Die ethische Frage der Gewinnung spielt keine Rolle, um die Hürden bei der Weiterverwertung pluripotenter Zellen zu überwinden.

Schwerwiegende Probleme liegen zum Beispiel darin, das richtige Kulturmedium zu finden, da sonst DNA-Sequenzen geschädigt werden, was zu 50% zur Bildung von Krebsgeschwüren führt. Gleichwertig sind Epigene, die zur Tumorbildung führen. Embryonale Stammzellen besitzen eine individuelle epigenetische Struktur. Welche Auswirkungen Epigene auf Zellkulturen haben und welche Veränderungen und Variationen diese in der DNA bewirken, ist überhaupt noch nicht erforscht. Es ist kein Geheimnis, dass embryonale Stammzellen die Potenz besitzen, bösartige Krebsgeschwüre hervorzurufen.[296] /[297]

Des Weiteren stören spontane Veränderungen während der Aufbewahrung in Zellkulturmedien. Selbst wenn es durch Forschung gelingen sollte, diese Zellveränderungen zu eliminieren, ist damit der Differenzierungsweg von der Zelle zum Gewebe immer noch nicht entschlüsselt. Weil man den Differenzierungsprozess nicht kennt, hoffte man, dass embryonale Stammzellen sich von selbst differenzieren. Leider ist das nicht der Fall. Halbdifferenzierte Stammzellen bilden genauso Tumoren wie gar nicht differenzierte, die man einfach appliziert in der Hoffnung, sie würden von alleine die Stellen im Organ finden, die sie reparieren sollen.[298]

Um das «Mysterium der Differenzierung» zu lösen, hat die Universität Wisconsin-Madison neben zwei anderen amerikanischen Universitäten am 4. August 2008 Forschungsgelder in Höhe von fast neun Millionen US$ aus

Bundesmitteln bewilligt bekommen. Professor Thomson wollte mit den Zelllinien arbeiten, die er 1998 als erster isoliert hatte.[299]

Tumorbildung und Abstoßungsreaktionen sind nach wie vor unbeherrschbare Komplikationen. Die von manchen Wissenschaftlern gehegten Hoffnungen, mit Hilfe humaner embryonaler Stammzellen Krankheiten wie z.B. Alzheimer heilen zu können, erscheinen utopisch. Die humanen embryonalen Stammzellen haben gegenüber adulten somatischen Stammzellen keine Vorzüge; bisher wurde keine einzige Studie über ihren therapeutischen Einsatz präsentiert.[300] Adulte Stammzellen hingegen stammen vom Patienten selber und gegen seine eigenen Zellen bildet man gewöhnlich keine Abwehrreaktionen.[301]/[302]

Ein Vorteil der neuen iPS-Zellen wäre, dass bei ihrem therapeutischen Einsatz keine Immunabstoßungen zu erwarten wären. Die einzige noch übrig bleibende Intention, embryonale Stammzellenforschung zu betreiben, wäre dann nur noch die Gentherapie. Aber eine Keimbahntherapie ist weltweit verboten. Es existiert keine einzige Rechtfertigung, dieses Ziel zu verfolgen.

Eine Keimbahntherapie könnte bewirken, dass Eltern sich die Eigenschaften ihrer Kinder aussuchen, jedoch werden diese dann an die Nachkommen unweigerlich weitervererbt. Eltern haben kein Recht, zu solchen Maßnahmen zu greifen, selbst nicht mit dem Hintergedanken, ihr Kind vor Erbkrankheiten zu bewahren. Durch ein solches Handeln können ungewollte schwerwiegende Mutationen heraufbeschworen werden, welche unumgänglich unsere Nachfahren charakterisieren würden. Wir wissen nicht, welche Gene die Entwicklung steuern. Die Veränderung eines Genes würde mit großer Wahrscheinlichkeit Komplikationen und unerwartete Interaktionen nach sich ziehen. Wollen wir unser Erbgut so verändern, dass am Ende unsere Nachfahren uns eventuell gar nicht mehr als Menschen erkennen oder anerkennen?[303]

Die Gesellschaft ist bestimmt nicht damit zufrieden, biotechnologische Errungenschaften ungenutzt zu lassen. Wenn wir das Wissen hätten, Gene nach unserem Gutdünken einzusetzen, würden wir diese Erkenntnisse sicherlich anwenden, weil wir denken, dass sie uns automatisch zu besseren Menschen machen. Das Einzige, was uns vielleicht daran hinderte, so zu handeln, wären eventuelle ethische Bedenken. Sähe die Welt wirklich besser aus, wenn Erwachsene bestimmen, wie ihr Kind oder auch Haustier auszusehen hat und welche Krankheiten es nicht haben darf?[304]

So ein Geschöpf würde allein von den nicht nachvollziehbaren, vielleicht auch eigenartigsten Ideen und Vorstellungen seines Erzeugers abhängen. Menschen nach Maß zu züchten, entspricht eindeutig einer Verletzung der Menschenwürde und fundamentalen menschlichen Rechten.

Damit verstößt man gegen die Würde eines Menschen. Man gebraucht ihn als reines Objekt eines fremden Willens («Objektverbot»). Er wird ausschließlich benutzt zur Verwirklichung fremder, äußerlicher Zwecke («Instrumentalisierungsverbot»). Wollen wir, dass die Existenz des Embryos auf die Erreichung eines fremden Zwecks reduziert wird? Ist der Embryo ein Objekt, aus dem man menschliche Stammzellen gewinnen darf? Sieht die moderne Gesellschaft die Erzeugung eines Embryos unter einem rein ökonomischen Aspekt mit dem Ziel, an ihm zu forschen und Wissensdefizite aufzubessern? Kann man so von einem Homo Oeconomicus reden? Betrachten wir den Embryo außerhalb des Mutterleibes als Mensch? Warum gestehen wir ihm nur deshalb, weil er sich in einer sehr frühen Entwicklungsphase befindet und eine noch nicht ausgebildete menschliche Gestalt hat, die fundamentalen Menschenrechte nicht zu? Fundamentale Rechte, die jeder hat ohne Vorbedingungen und ohne das Vorhandensein irgendeiner zusätzlichen menschlichen Eigenschaft.[305]

Sind die Ziele und Verheißungen der humanen embryonalen Stammzellenforschung gerechtfertigt? Richten wir unseren Blick nicht zu einseitig nur auf erhoffte Erfolge und nehmen wir damit jedes Mittel zum Zweck in Kauf, ungeachtet, ob wir uns und unseren Nachfahren damit schaden? Gibt es eine Berechtigung, mit humaner embryonaler Stammzellenforschung fortzufahren, wenn in ferner Zukunft vielleicht Behandlungserfolge erzielt werden, die sich kein Patient leisten kann? Wer übernimmt die moralische und rechtliche Verantwortung, wenn sich die Hoffnungen auf Heilung als total utopisch erweisen sollten?

Moderne Biotechnologien sollten generell das Leben des Menschen enorm erleichtern. Nun stehen wir vor dem Dilemma, dass wir z.B. bei genetisch manipulierten Pflanzen fast mehr Umweltgifte als bei nicht manipulierten Pflanzen einsetzen müssen, was wiederum unserer Gesundheit schadet. Embryonale Stammzellen besitzen eine individuelle epigenetische Struktur.

## 12. Wünsche an die Forschung

Welche Auswirkungen Epigene auf Zellkulturen haben und welche Veränderungen und Variationen diese in der DNA bewirken, ist überhaupt noch nicht erforscht. Das Leben ist zu komplex, und was wir auch immer unternehmen, um unser Dasein zu verbessern, wir greifen einseitig ein, denn wir sind ja nicht allwissend, sondern jeder ist ein Experte auf seinem Gebiet.

Es ist sehr fraglich, ob wir das Recht haben, mit unserer Begrenztheit in die Schöpfung einzugreifen und sie am Ende so verändern, dass wir großes Unheil anrichten.

Canis culinarius geklont?

# - ENDE -

# ÜBER DIE AUTORIN

Die 1964 in München geborene Wissenschafts- und Medizinpublizistin, Dr. Edith Elisabeth Maria Breburda studierte von 1983-1988 Medizin, danach Tiermedizin und einige Semester Psychologie und Agrarwissenschaften in Gießen, München und Berlin. Sie hat ein Vordiplom in Agrarwissenschaften und approbierte 1995 als Tierärztin.

1996 promovierte sie mit dem Prädikat «sehr gut» zum Dr. med. vet. mit einer in der Orthopädie des Uniklinikums Marburg angefertigten bahnbrechenden Arbeit, welche die Behandlung der kindlichen Fraktur revolutionierte.

Danach folgten wissenschaftliche Tätigkeiten in Forschung und Lehre an der Unfallchirurgie im Uniklinikum Gießen sowie an der Veterinärmedizinischen Fakultät der Universität Leipzig und Gießen.

2001 ging Dr. Breburda an das Department of Biochemistry, University of Wisconsin-Madison/USA, wo sie als Wissenschaftlerin im Labor des weltberühmten Vitamin D. Experten - Prof. Dr. Hector F. DeLuca - forschte. Später wechselte sie in das National Primate Research Center, wo sie immuntolerante Zellen entdeckte, was unser Verständnis für die immunhistologischen Vorgänge während einer Schwangerschaft, aber auch in Bezug auf Tumorerkrankungen, HIV und Impfstoffe erweiterten.

Dr. Breburda ist zweisprachige Autorin von zahlreichen wissenschaftlichen und populärwissenschaftlichen Publikationen, fünf Monographien und vier Kinderbüchern, die sie auch illustrierte. 2017 erhielt sie einen Award der Catholic Press Association für USA und Kanada - für Ihr Kinderbuch «*Felix the Shrine Cat.*»

# LITERATUR

[1] Tolkien 1954/55

[2] Bömelburg H.: Mysteriöse Krankheit. Hilfe für den Baummenschen, Stern, Wissenschaft, Medizin 22.11.2007 URL

[3] Fagothey Austin (a): Right and Reasons, Ethics in theory and practice, based on the teaching of Aristotle's and St. Thomas Aquinas 1958, page 284;

[4] Fagothey Austin (b): Right and Reasons, Ethics in theory and practice, based on the teaching of Aristotle's and St. Thomas Aquinas 1958, pages 286-7;

[5] Malzahn Christian: http://www.seelenfluegel.net/erw.html

[6] Jung, Carl Gustav (875-1961), ein Schweizer Mediziner und Psychologe und der Begründer der Analytischen Psychologie

[7] Meadows Donella: 1972 Systemverhalten der Erde als Wirtschaftsraum im Zeitraum bis zum Jahr 2100, S. 17

[8] Meadows Donella, Randers J., Meadows Dennis: Limits to Growth, 2004

[9] Zepp-LaRouche: Schillers Idee des Erhabenen: Lehren für die Herrschenden heute. Rede bei der Sommerakademie, Aus der: Neuen Solidarität Nr. 44/22001, 19.8.2001

[10] Papst Benedikt XVI.: Zum Abschluss des Weltjugendtags in Sydney, 20.7.2008

[11] Breburda Edith.: Kann Covid-19-Patient mit extraembryonalen Stammzellen geholfen warden? Christliches Forum 18. Januar 2021

[12] Mercola J.: Artemisinin from sweet wormwood inhibits SARS-CoV-2, Mercola Take Control of your health. 4. Jan. 2021

[13] Breburda E.: Kontroverse Debatte um Impfstoffe und Medikamente gegen Covid-19, Christliches Forum, 9. 12. 2020

[14] Pfeiffer M. B.: This Doctor has COVID. He has a plan. For all of us. TrialSiteNews, Oct. 30, 2020

[15] Breburda Edith.: Kann Covid-19-Patient mit extraembryonalen Stammzellen geholfen warden? Christliches Forum 18. Januar 2021

[16] Zipkin M.: Umbilical Cord Stem Cells Show Pormise as COVID-19 Therapy. BioSpace, 15, Jan. 2021

[17] Breburda E.: Kontroverse Debatte um Impfstoffe und Medikamente gegen Covid-19, Christliches Forum, 9. 12. 2020

[18] Pardi N. et al. mRNA vaccines- a new era in vaccinology. Nat Rev Drug Discov. April 2018; 17 (4): 261-279 Published online Jan 12 2018

19 Simmons-Duffin S.: Why does Pfizer's Covid -9 vaccine need to be kept colder than Antarctica? National Public Radio, Nov. 17 2020;

20 Mercola J.: How Covid-19 vaccine can destroy your immune system, Mercola, Take control of your health, November 11 2020

21 Twitter, The Immunologist April 9, 2020

22 Alex van der Eb.: "USA FDA CTR For Biologics Evaluation and Research Vaccines and Related Biological Products Advisory Committee Meeting" (PDF). Lines 14–22: USFDA. p.81. Retrieved August 11, 2012.

23 Breburda E.: Gentopia das gelobte Land, Scivas, ISBN-13 978-0960069507. 31.6.2019

24 Breburda E.: Promises of New Biotechnologies, Scivias Publisher 2012.

25 Kim N. Y.: The Oxford-AstraZeneca vaccine does not contain aborted fetal tissue. PolitiFact, Nov. 18, 2020

26 Peeples L.: News Feature: Avoiding pitfalls in the pursuit of a COVID-19 vaccine. PNAS, Proceedings of the National Academy of Science of the United States of America, April 14, 2020.

27 World Health Organization, New research helps to increase understanding of the impact of COVID-19 for pregnant women and their babies. 1. September 2020

28 Adhikari E.H. und Spong C.Y.: COVID-19 Vaccination in pregnant and lactating woman. JAMA, March 16.2021

29 Rubin R.: Pregnant People's Paradox – excluded from vaccine trials despite having a higher risk of Covid-19 complications. JAMA, March 16.2021

30 Breburda E.: Das spezielle Dilemma der "Babyfabriken" während der Coronakriese. Christliches Forum 3. Oktober 2020

31 Grytsenko O.: The stranded babies of Kyiv and the women who give birth for money. The Guardian, Juni 15, 2020

32 M'bwana L.: 19 Nigerian pregnant girls rescued in another baby factory. The Maravi Post, Oktober 1, 2019//https://youtu.be/-aG-vtlzcMI

33 Grant R.: How egg freezing got rebranded as the ultimate act of self-care. US News, 30. September 2020

34 Sadovi K.: Wall Street greed's latest target: fertility clinics. Take on Wall St. August 7, 20199

35 Breburda E.: Fragwürdige Reproduktionsmedizin mit Einfrieren der Eizellen liegt im Tremd. Christliches Forum 8. Okt. 2020

36 Wells H. G. (*21. September 1866 in Bromley, Kent; † 13. August 1946 in London): Die Insel des Dr. Moreau, 1896

[37] Selinka H. C. (a): TSE-Erreger (Prionen) im Boden: Vorkommen und Infektionsrisiko. Ergebnisse von Untersuchungen des Fraunhofer Instituts für das Umweltbundesamt, Mai 2008, Seite 6

[38] Seidel und Kördel (a): Publikationen des Umweltbundesamtes: Bewertung des Vorkommens und der Auswirkung von infektiösen Biomolekülen in Böden unter besonderer Berücksichtigung ihrer Persistenz, Forschungsprojekt, Fraunhofer-Institut für Molekularbiologie und Angewandte Ökologie, September 2007, a) Seite 16; b) Seiten 24/25

[39] Gajdusek D. C., Zigas, V.: Degenerative disease of the central nervous system in New Guinea. New England Journal of Medicine, 1957. 257: pages 974-978.

[40] New Scientist Nr. 2664, 2008

[41] Wilesmith J. W., Wells, G. A., Cranwell, M. P., Ryan, J. B.: Bovine spongiform Encephalopathy: epidemiological studies. Vet. Rec., 1988. 123: pages 638-644

Wilesmith J. W., Ryan, J. B., Atkinson, M. J.: Bovine spongiform encephalopathy: epidemiological studies on the origin. Vet. Rec., 1991. 128: pages 199-203

Wilesmith J. W., Ryan, J. B., Hueston, W. D.: Bovine spongiform encephalopathy: case-control studies of calf feeding practices and meat and bone meal inclusion in proprietary concentrates. Res Vet. Sci., 1992. 52: pages 325-331

[42] Taylor D. M.: Inactivation of SE agents. Br Med Bull, 1993. 49: pages 810-821

Taylor, D. M., Fraser, H., McConnell, I., Brown, D. A., Brown, K. L., Lamza, K. A., Smith, G. R.: Decontamination studies with the agents of bovine spongiform encephalopathy and scrapie. Arch Virol., 1994. 139: pages 313-326

[43] Selinka H. C.: TSE-Erreger (Prionen) im Boden: Vorkommen und Infektionsrisiko. Ergebnisse von Untersuchungen des Fraunhofer Instituts für das Umweltbundesamt, Mai 2008, Seite 4

[44] Purdey M.: Ecosystems supporting clusters of sporadic TSEs demonstrate excesses of the radical-generating divalent cation manganese and deficiencies of antioxidant co factors Cu, Se, Fe, Zn. Does a foreign cation substitution at prion protein's Cu domain initiate TSE? Med. Hypotheses, 2000. 54 (2): p. 278-306

[45] Parlby G.: Health Editor, Positive News, UK, Okt. 1999

[46] MacKenzie D.: Vets may have spread mad cow disease. New Scientist, 14.8.1999, S. 24

[47] Pollmer U. und Warmuth S.: BSE: Wurde der Rinderwahnsinn durch infiziertes Fleischmehl verursacht? Lexikon der populären Ernährungsirrtümer (2000) Eichborn Vlg., Ffm.; ISBN 3821816155

[48] Patel T.: France reels at latest medical scandal, New Scientist magazine, issue 1884 of 31.7.1993, page 4

[49] Billette de Villemeur T., Gelot A., Deslys J. P., Dormont D., Duyckaerts C., Jardin L., Denni J., Robain O.: Iatrogenic Creutzfeldt-Jakob disease in three growth hormone recipients: a neuropathological study. Neuropathol. Appl. Neurobiol. 1994 Apr; 20(2):111-7

[50] Crozet and Lehmann Prions: where do we stand 20 years after the appearance of bovine spongiform encephalopathy? Med. Sci. (Paris). 2007 Dec; 23(12): 1148-57

[51] Collinge J., Sidle K., Medas J., Ironside J. and Hill A.: Molecular analysis of prion strain variation and the etiology of «new variant» CJD. (1996)

[52] Dealler S.: Post-exposure prophylaxis after accidental prion inoculation. Lancet. 21.2.1998; 351 (9102): 600. PMID: 9492809

[53] Bintz K. L.: International Sport-horse Registry, 939 Merchandise Mart, Chicago, IL 60654, Februar 1995

[54] Seidel G. E.: Superovulation and Embryo Transfer in Cattle. Science, Vol. 211, 23.1.1981, page 353.

[55] Foote R. H.: The historical or artificial insemination: Selected notes and notables, Department of Animal Science, Cornell University, Ithaca, NY 14853-4801, 2001

[56] Rinderzucht Steiermark, 2008

[57] Foote R. H.: The historical or artificial insemination: Selected notes and notables, Department of Animal Science, Cornell University, Ithaca, NY 14853-4801, 2001

[58] Breburda E. E., Dambaeva S. V., Golos T. G.: Selective Distribution and Pregnancy-Specific Expression of DC-SIGN at the Maternal-Fetal Interface in the Rhesus Macaque: DC-SIGN is a Putative Marker of the Recognition of Pregnancy. Placenta 2006, 27, 11-21 PMID: 16310033]

[59] Priehn–Küpper S.: Klonen von Säugetieren, Dollys Zoo – das kopierte Leben, Zahnärztliche Mitteilung zum 97., Nr. 12, 16.6.2007, Seiten 28-32

[60] Weiss, Rick: Scientists Announce Mad Cow Breakthrough, The Washington Post, Retrieved on 1.1.2007

[61] Beck R.: EU hat Bedenken gegen Fleisch und Milch geklonter Tiere. www.nikidesaintphalle.de/?EU+hat+Bedenken+gegen+Fleisch+und+Milch+geklonter+Tiere, 17.1.2008

[62] Wiwo: Klontier-Produkte spalten Amerika, US-Gesundheitsbehörde, 7.1.2008

[63] Priehn–Küpper S.: Klonen von Säugetieren, Dollys Zoo – das kopierte Leben, Zahnärztliche Mitteilung zum 97., Nr. 12, 16.6.2007, Seite 28-32

[64] Wirtschaftsblatt, 4. Mai 1999

[65] Wiwo: Klontier-Produkte spalten Amerika, US-Gesundheitsbehörde, 7.1.2008

[66] Engdahl F. W.: Seeds of Destruction. The Hidden Agenda of Genetic Manipulation, Global Research, 2007. ISBN 978-0-937147-2-2 (Reviewed von Stephen Lendman 22.1.2008)

[67] Adams J. U.: Scoping out a new breed of rules. Are genetically engineered fish and meat coming soon? We examine the Food and Drug Administration's regulations. Los Angeles Times, 26.1.2009 latimes.com/health F-F6

[68] Huffstutter P. J.: Farms downsize with miniature cows. With feed prices up, ranchers see the advantages of smaller breeds of bovines. Los Angeles Times, 24.5.2009

[69] Quelle: Sierre Club, updated Sept. 22, 2020

[70] Gillis C.: Florida manatees are dying in droves this year. USA Today, 21. February 20201

[71] Latsch G.: Are GM Crops Killing Bees, Der Spiegel, 22.3.2007

[72] Bienengentechnik:www.bienengentechnik.de/fix/docs/files/PM%20M%Fcll verbrennun %20Honig%20080924.pdf 2008

[73] Stone R.: Gift im Korn, Gefahr durch Arsen. Süddeutsche Zeitung, 16.7.2008

[74] Richard et al.: Environ. Health Perspect. 113, 6, 716-720 (2005), & Benachour et al.: Committee for Independent Research and Information on Genetic Arch. Environ. Contam. Toxicol. 53, 126-133, 2007,

[75] Seralini G. E.: Controversial effects on health reported after sub-chronic toxicity test: a confidential rat 90 day feeding study. Report on MON 863 GM mais produced by Monsanto Company, June 2005

[76] Engdahl F. W.: Seeds of Destruction. The Hidden Agenda of Genetic Manipulation, Global Research, 2007. ISBN 978-0-937147-2-2 (Reviewed von Stephen Lendman 22.1.2008

[77] Süddeutsche.de: Als würden sie Blut schwitzen. Die Symptome erinnern an Ebola: Kälber verbluten innerhalb von Stunden, Die Tiermediziner stehen vor einem Rätsel. Hanno Charisius, 5.3.2009

[78] Malone et al.: In vivo responses of honeybee midget proteases to tow protease inhibitors from potato, Journal of Insect Physiology, vol 44. no 2, pp 141-7, 1998,

[79] Julius Kühn-Institut: Gebeiztes Saatgut als Bienentod, Forscher legen neue Analyse-Ergebnisse vor. Science XX. Das Wissensmagazin, Springer 11.6.2008

[80] Steinbrecher R. A.: Ecological consequences of Genetic engineering. In: Redesigning Life? By Tokar B. Witwatersrand University Press, Johannesburg, Zed Books, London, New York, page 86, 2002

[81] Steinbrecher R. A.: Ecological consequences of Genetic engineering. In:

Redesigning Life? By Tokar B. Witwatersrand University Press, Johannesburg, Zed Books, London, New York, a) page 88, 2002

[82] Steinbrecher R. A.: Ecological consequences of Genetic engineering. In: Redesigning Life? By Tokar B. Witwatersrand University Press, Johannesburg, Zed Books, London, New York, page 97, 2002

[83] Breburda J. (scientific advisor): Desert Problems and Desertification in Central Asia: The Researchers of the Desert Institute. Berlin, Heidelberg and New York, Springer 1999

[84] Richard J. W.: Environmental stewardship in the Judeo-Christian Tradition. Jewish, Catholic, and Protestant wisdom on the environment. Acton Institute ISSN 1-880595-15-x, Introduction pages 2-5, 2008

[85] Richard J. W.: Environmental stewardship in the Judeo-Christian Tradition. Jewish, Catholic, and Protestant wisdom on the environment. Acton Institute ISSN 1-880595-15-x, Introduction pages 2-5, 2008

[86] Beisner E. C., Cromartie M., Derr T. S., Hill P. J., Knippers D., Terell T.: Environmental stewardship in the Judeo-Christian Tradition. Jewish, Catholic, and Protestant wisdom on the environment. Acton Institute, ISSN 1-880595-15-x, page 7, 2008

[87] Aristotle's: Nicomachean, Ethics, Politics. In the Works of Aristotle Translated into English, edited by W. Ross, 12 vols., Oxford, Clarendon Press, © Politics book I, chapter 2, 1253a 2, 1921-1952

[88] Möller P.: Berlin, Philolex, ein Online Lexikon zur Philosophie www.philolex.de/philolex.htm

[89] Hulme D.: Sechs Dominante Theorien – Wirklich nichts Absolutes? Vision ethische und neue Horizonte, Theorie 5: Positivismus 2003 http://www.visionjournal.de/03-2/6dom4.htm

[90] Habermas J.: Technik und Wissenschaft als Ideologie, Frankfurt, S. 155, 1968

[91] George P. R., Cohen E.: The President politicizes Stem-Cell Research. Taxpayers have a right to be left out of it. The Wall Street Journal, page A13, 10.3.2009

[92] Deng J., Shoemaker R., Xie B., Gore A., Leproust E. M., Antosiewicz-Bourget J., Egli D., Maherali N., Park I. H., Yu J., Daley G. Q., Eggan K., Hochedlinger K., Thomson J., Wang W., Gao Y., Zhang K.: Targeted bisulfite sequencing reveals changes in DNA methylation associated with nuclear reprogramming Nat. Biotechnol. 29.3.2009

[93] Frankfurter Allgemeine Zeitung 4. April 2009

[94] Lubbadeh J.: Reprogrammierung, Forscher erschaffen Stammzellen mit Hilfe eines einzigen Gens. Der Spiegel, Wissenschaft, 5.2.2009

[95] University of California, Los Angeles Health Science: UCLA research could step toward lab-grown eggs and sperm to treat infertility. Eurek Alert! AAAS, 6.2.2020

[96] Lubbadeh J.: Biomedizin, Forscher erzeugen saubere menschliche Stammzellen. Der Spiegel, Wissenschaft, 28.5.2009

[97] Sahin U.: mRNA-based therapeutics- developing a new class of drugs. Nature reviews drug discovery, 19. Sept. 2014

[98] Werner Haas. F.: mRNA- eine neue Klasse von Wirkstoffen, Handelsblatt, Pharma 2021

[99] Trujillo Lopez: The truth and meaning of human sexuality. Guidelines for education within the family, Issued by the Pontifical Council for the Family. Vatikan City, 21.11.1995

[100] Papst Johannes Paul II.: Vgl. seine Katechesen in den Generalaudienzen 1979-1984, hrsg. und eingeleitet von Norbert und Renate Martin in zwei Bänden; Johannes Paul II.: Die menschliche Liebe, Die Erlösung des Leibes, Vallendar 1985

[101] Müller-Schmidt R.: Auf dem Weg zur Eugenik von unten? Die moralischen Herausforderungen der Vererbungsforschung speisen sich aus ihrer Geschichte, aber auch aus ihren therapeutischen Perspektiven. In Berlin geht heute der Weltkongress zu Ende. Frankfurter Allgemeine Zeitung, FAZ NET, 18.7.2008

[102] Rötzer F.: Briten billigen die Forschung mit embryonalen Stammzellen, Telepolis 23.1.2001

[103] Hotz R.L.: Stem-Cell researchers claim embryo labs are still a necessity. Science Journal, The Wall Street Journal, page B1, 4.1.2008

[104] Alton D., Lord of Liverpool: Health: Stem Cell Therapy Publications & Records; Column 688, 3.3.2009

[105] Rötzer F.: Britische Forscher haben bereits 270 Mensch-Tier-Embryonen erzeugt. Telepolis 24.6.2008

[106] Adjaye J.: Stammzellen. Berliner Genforscher warnt vor Chimären-Produktion; James Adjaye: Hybrid-Embryonen «problematisch». Mitteldeutsche Zeitung, 20.05.2008

[107] Mlynek J.: Präsident der Hermann von Helmholtz-Gemeinschaft Deutscher Forschungszentren in: Stammzellen: Stichtag-Verschiebung von 1.1.2002 auf 1.5.2007, Journal Med. Gesundheitspolitik, 11.4.2008

[108] Hacker J. H.: Vizepräsident der Deutschen Forschungsgemeinschaft in: Stichtagsregelung behindert deutsche Stammzellenforschung, Journal Med. Gesundheitspolitik, 7.4.2008

109 Muasher S. J., Oehninger S., Simonetti S., Matta J., Ellis L. M., Liu H.-C., Jones G. S., Rosenwaks Z.: The value of basal and/or stimulated serum gonadotropin levels in prediction of stimulation response and in vitro fertilization outcome. Fertil Steril 50: 298-307, 1988

110 Wahlberg D.: Egg donors: Make a difference, and a little cash Wisconsin State journal, 27.6.2008

111 Wahlberg D.: Fertility Day 2: Treatments, trials and triumphs: In vitro has come a long way, 30.6.2008 – 11:21 AM 2008

112 Graetzel P.: Retortenbabys – und die Rente ist sicher. DocCheck®News. 30.7.2009

113 Graetzel P.: Retortenbabys – und die Rente ist sicher. DocCheck®News. 30.7.2009

114 Steinbock B.: Payment for egg donation and surrogacy. Mt Sinai J. Med. 71, 2004

115 Whittemore A. S., Harris R., Itnyre J.: Characteristics relating to ovarian cancer risk: collaborative analysis of 12 US case-control studies. IV. The pathogenesis of epithelial ovarian cancer. Collaborative Ovarian Cancer Group. Am J. Epidemiol., 15.11.1992; 136 (10): 1212-20. PMID: 1476143

116 Rossing M.A., Daling J. R., Weiss N. S., Moore D. E., Self S. G.: Ovarian tumors in a cohort of infertile woman. N. Engl. J. Med. 331: 771-776, 1994

117 Dor J., Lerner-Geva L., Rabinovici J., Chetrit A., Levarn D., Lunenfled B., Maschiach S., Modan B.: Cancer incidence in a cohort of infertile woman who underwent in vitro fertilization fertile Steril: 77:324-327, Seite 152, 2002

118 Lerner-Geva L., Geva E., Lessing J. B., Cherit A., Modan B., Amit A.: The possible association between in vitro fertilization treatments and cancer development. Int. J. Gynol. Cancer, 13:23-27, 2003

119 Develin K.: Baby selected to be free from breast cancer gene. The first Baby genetically screened to be free from a potentially deadly breast cancer gene. Telegraph.co.uk, 9.1.2009

120 Reefhuis J., Honein M. A., Scheive L. A., Correa A., Hobbs C.A., Rasmussen S. A., and the National Birth Defects Prevention Study: Assisted reproductive technology and major structural birth defects in the United States. Hum. Reprod., 16.11.2008

121 Strauer B. E.: In: Nutz' die Dinger, bevor sie in den Gully kommen, von Constantin Magnis, Cicero Magazin für Politische Kultur, www.cicero.de/97

122 Schneider R. U.: Kleiner Mann – was nun? Darf eine Frau ein behindertes Kind abtreiben? – Ja, sagt der Soziologe und Bioethiker Tom Shakespeare, obwohl er selbst dann vielleicht gar nicht geboren worden wäre. Kindermacher,

NZZ Folio 06/02

[123] Ney P.: Relationship Between Abortion & Child Abuse, Canada Jour. Psychiatry, vol. 24, 1979, pp. 610-620

[124] Bond L.: «The Surviving Sibling». Nat'l RTL News, 25.9.198

[125] Byers D.: Octuplets' mother, who already has six children, turned down selective abortion. Timesonline.co.uk, January 30, 2009, timesonline.co.uk/tol/news/world/us_and_americas /article5618449.ece

[126] Sherwell P., LA delivers first designer-baby clinic. World Today, Telegraph New York, 2.3.2009

[127] Bio-Genica: Genetic Engineering and Manufacturing, Inc. 2004-2008, GenpetsTM Patented Biotch, 8.11.2008, Genpets.com

[128] Pacholczyk, National Catholic Bioethics Center, Philadelphia, mündliche Mitteilung, 2006

[129] Pluhar W. S.: (translated) Immanuel Kant, Critique of Judgement, Hackett Publishing Co., 1987, ISBN 0-87220-025-6, pages 531-532

[130] Johannes Paul II. (Papst von 1978-2005) in: Warkulwiz V. P.: The Doctrine of Genesis 1-1, universe book, ISBN: 978-595-45243-9, Seiten 280-281, 2007

[131] Kreeft P.: Finding black and white in a world of grays. Making choices. Practical wisdom for everyday moral decisions. Servant Publications, ISBN 0-89283-638-5, Seite 127, 1990

[132] Pacholczyk T.: Fire in the clinic. Making Sense: Bioethic., Catholic Herald, Diocese of Madison, page 13, 4.12.2008

[133] Horkheimer M. und Adorno T. W.: Dialektik der Aufklärung. Philosophische Fragmente, Fischer: Frankfurt am Main S. 62, 1988

[134] Fagothey Austin: Right and Reasons, Ethics in theory and practice, based on the teaching of Aristotle's and St. Thomas Aquinas, page 208, 1958

[135] Johannes XXIII.: Enzyklika Mater et Magistra: AAS 53 (1961), S. 447

[136] Enzensberger H. M.: Die Fatalität des Denkens. Kafkas Sätze, Frankfurter Allgemeine Zeitung 11.7.2008

[137] Sputtek A.: Cryopreservation of Red Blood Cells and Platelets. Methods in Molecular Biology, Vol. 368, pages 283-301, 5.6.2007

[138] Strauer B. E.: In: Nutz' die Dinger, bevor sie in den Gully kommen, von Constantin Magnis, Cicero Magazin für Politische Kultur, www.cicero.de/97

[139] Spaemann R.: Die schlechte Lehre vom guten Zweck. Der korrumpierende Kalkül hinter der Schein-Debatte. Frankfurter Allgemeine Zeitung, 23.10.1999

[140] Pius XII.: Ansprache an die katholische Vereinigung der Hebammen Italiens,

29.10.1951: AAS 43 (1951), S. 846.

141 Haumer R. M.: Eine ethische Betrachtung unter Berücksichtigung demographischer Entwicklungen sowie der Notwendigkeit einer guten Sexualerziehung, Diplomarbeit, Philosophisch-Theologische Hochschule St. Pölten; S. 39, Mai 2008

142 Ehmann, Rudolf: Verhütungsmittel – verhängnisvolle Nebenwirkungen, über die man nicht spricht, In: Empfängnisverhütung. Fakten, Hintergründe, Zusammenhänge, Hrsg. v. Süßmuth Roland, Stein am Rhein 109-271, S: 152, 2000

143 Wloka G.: Warum ich keine Anti-Baby-Pille verschreibe, In: Empfängnisverhütung. Fakten, Hintergründe, Zusammenhänge, Hrsg. v. Süßmuth, Roland, Stein am Rhein, 1131-1141, 2000

144 Slukvin I. I., Breburda E. E., Golos T. G.: Dynamic changes in primate endometrial leukocyte populations: differential distribution of macrophages and natural killer cells at the rhesus monkey implantation site and in early pregnancy. Placenta. 2004 Apr; 25(4): 297-307. PMID: 15028422]

145 Bondarenko G. I., Burleigh D. W., Durning M., Breburda E. E., Grendell R. L., Golos T. G.: Passive Immunization against the MHC Class I Molecule Mamu-AG Disrupts Rhesus Placental Development and Endometrial Responses. J. Immunol. 15.12.2007; 179(12): 8042-50. PMID: 18056344]

146 Ehmann, Rudolf: Verhütungsmittel – verhängnisvolle Nebenwirkungen, über die man nicht spricht, In: Empfängnisverhütung. Fakten, Hintergründe, Zusammenhänge, Hrsg. v. Süßmuth Roland, Stein am Rhein, 109-271, Seite 236, 2000

147 Haumer R. M.: Eine ethische Betrachtung unter Berücksichtigung demographischer Entwicklungen sowie der Notwendigkeit einer guten Sexualerziehung, Diplomarbeit, Philosophisch-Theologische Hochschule St. Pölten, S. 31, Mai 2008

148 Schadwinkel A.: Sperma in der Krise. Zeit Online. 25. Juli 2017

149 Hügel, Bruno, Süßmuth, Roland: Kommen hormonale Kontrazeptiva als bedenkliche Umweltverschmutzer in Betracht? In: Empfängnisverhütung. Fakten, Hintergründe, Zusammenhänge, Hrsg. v. Süßmuth, Roland, Stein am Rhein, 503-527, S. 504, 2000

150 University of Pittsburgh Schools of the Health Sciences. What's in the Water? Estrogen-like Chemicals Found in Fish, 17.4.2007

151 Kidd, Karen: Effects of a Synthetic Estrogen on Aquatic Populations: a Whole Ecosystem Study, 1994

152 Metclafe C.: Water Pollution leads to mixes sex fish. Ichthyology in the News.

flmnh.ufl.edu/fish/innews/MixedSex2001.html, 6.12.2001

[153] Kaspar E.: Medikamente im Boden und im Wasser. Welche Wirkung haben die nachgewiesenen Substanzen? Neue Zürcher Zeitung, 25.5.2005

[154] Koroljow D.: Vorkommen und Wirkung von östrogen aktiven Substanzen im Futter von Schweinen. Dissertation zur Erlangung des Grades eines Doktors der Veterinärmedizin durch die Tierärztliche Hochschule Hannover, Mai 2007

[155] Broley C.: Plight of the American bald eagle. Audubon Magazine Vol. 60; pp. 162-171, 1958

[156] Gilbertson M., Kubiak T., Ludwig G.: Tox. Environ. Health 1991 33, 455-520, 1995

[157] Koroljow D.: Vorkommen und Wirkung von östrogen aktiven Substanzen im Futter von Schweinen. Dissertation zur Erlangung des Grades eines Doktors der Veterinärmedizin durch die Tierärztliche Hochschule Hannover, Mai 2007

[158] Breburda E. Globale Chemisierung, vernichten wir uns selbst? Scivias Publisher, ISBN-13: 978-0615926650, ISBN-10: 0615926657, 2014

[159] Reiter J.: Bioethik, Mitschrift vom Wintersemester 2002/2003 von Anke Heinz, Seite 30: Ansprache Pius XII. 1944

[160] Reiter J.: Bioethik, Mitschrift vom Wintersemester 2002/2003 von Anke Heinz, Seite 10: Ansprache Pius XII. 1944

[161] Warkus M.: Nicht Mensch, nicht Tier, nicht Sache. Zum moralischen Status fremdartiger Wesen. Verlag: GRIN, ISBN: 3638724093, 2005

[162] Antonucci F., Rossi C., Gianfranceschi L., Rossetto O., Caleo M.: Long-distance retrograde effects of botulinum neurotoxin A. J. Neuroscience PMID: 18385327 PubMed – indexed for MEDLINE, 2.4.2008; 28(14): 3689-96

[163] Antonucci F., Rossi C., Gianfranceschi L., Rossetto O., Caleo M.: Long-distance retrograde effects of botulin neurotoxin A. J. Neurosci. 28(14): 3689-96. PMID: 18385327 PubMed – indexed for MEDLINE, 2.4.2008

[164] Johannes Paul II. (Papst von 1978-2005) in: Warkulwiz V. P.: The Doctrine of Genesis 1-1, universe book 2007, ISBN: 978-595-45243-9, Seiten 280-281

[165] Crystal D.: The Cambridge Encyclopedia of Language, 2nd ed. (New York: Cambridge, University Press page 230, 2002

[166] Warkulwiz V. P.: The Doctrine of Genesis 1-1, in: Universe book, Seite 405, ISBN 978-595-45243-9, 2007

[167] Brazelton T. R., Rossi M. V., Keshet G. I., Blau H. M.: From Marrow to Brain: Expression of Neuronal Phenotypes in Adult Mice Science, Vol. 290 pp. 5497, 1.12.2000

[168] Bogdahn U.: Reparatur des Nervensystems. Neues aus Wissenschaft und

Welt. Science ORF, 2000

[169] Körtner U.: Forschungsethik und Menschenbild, Zum Leitbild medizinischer Forschung. Streitfall Embryonenforschung 2001

[170] Fagothey Austin: Right and Reasons, Ethics in theory and practice, based on the teaching of Aristotle's and St. Thomas Aquinas, page 206; 1958

[171] Reiter J.: Bioethik, Mitschrift vom Wintersemester 2002/2003 von Anke Heinz, Seite 10, Ansprache Pius XII. 1944

[172] Bonfranchi I.: Menschen mit Trisomie 21 sterben aus. Soziale Medizin, 1, 38-39, 1996

[173] Schulte von Drach M. C.: Wann kommt das Designer-Baby Spezial, Frage der Woche, Süddeutsche Zeitung vom 21.7.2008

[174] Reiter J.: Bioethik, Mitschrift vom Wintersemester 2002/2003 von Anke Heinz, Ansprache Pius XII. 1944

[175] Flader J.: Submission on the Research Involving Embryos Bill, sub 1414.doc, 13.9.2002

[176] O'Brein J.: Op-Ed: Stem-Cell Research can Promote Life, Dignity and Discovery. Stem cell news. CAMR coalition for the advancement of medical research, Orlando Sentinel, 13.6.2008

[177] Waggoner T.: Renowned U. K. Stem Cell Scientist Moves to France: Says U. K. Too Focused on Embryonic Research. LiveSiteNews 24.10.2008

[178] Pitsch M.: Obama stem-cell bump would benefit area, UW and Dane country will see a windfall if federal money flows after the new president ends funding ban. Wisconsin State Journal, 19.11.2008

[179] Willhardt R.: Neuer Weg zu einer Alzheimer-Therapie. Eine neue Substanz kann die Alzheimerische-Krankheit zumindest im Tierversuch wirksam bekämpfen, Informationsdienst Wissenschaft, 289198, 18.11. 2008

[180] Spaemann R.: In: Über den Beginn der Menschenwürde – Eine Vorlesung am Rande des Katholikentages, von Jürgen Liminski: Die Person beginnt im

Augenblick der Zeugung, Die Tagespost, Würzburg, 27.5.2008

[181] Weber M.: Stanford Encyclopedia of Philosophy, Max Weber. First published 24.8.2007, plato.stanford.edu/entries/weber/#EthConRes

[182] Norsigian J.: Egg Donation Dangers, Gen watch, Volume 18, Number 5 September-October gene-watch.org/genewatch/ 2005

[183] Norsigian J.: Risks to women in embryo cloning, Boston Globe, 25.2.2005

[184] Magnus D., Cho M. K.: Issues in oocyte donation for stem cell research. Science, 308:1747-1748, 2005

[185] Steinbrook R.: Egg Donation and Human Embryonic Stem-Cell Research. The New England Journal of Medicine, Volume 354:324-326, Number 4, 26.1.2006

[186] Steinbock B.: Payment for egg donation and surrogacy. Mt Sinai J. Med. 71, 2004

[187] Campbell D.: Women will be paid to donate eggs for science. The Observer, 18.2.2007

[188] Rickard M.: Current issues brief No. 5, 2002-03: Key ethical issues in embryonic stem cell research. Department of the Parliamentary Library, Australia, 2002 [cited 12.1.2005]. Available from: URL: http://www.aph.gov.au/library/pubs/CIB/2002 03/03cib05.pdf

[189] Cregan K.: Ethical and social issues of embryonic stem cell technology. Intern Med. J. 35:126-7, 2005

[190] Ärzteblatt. Grossbritannien: Spenden von Eizellen für Forschungszwecke umstritten. 6. März 2007

[191] Pennings G., de Wert G., Shenfield F., Cohen J., Tarlatzis B., Devroey P.: Eshre Task Force on Ethics and Law 12: oocyte donation for non-reproductive purposes. Hum. Reprod. 2007 May; 22 (5): 1210-3. Epub, 8.3.2007, PMID: 17347168

[192] Düchting A.: Therapeutisches Klonen. DocCheck Flexikon. 9. April 2013

[193] Golos T. G., Bondarenko G. I., Dambaeva S. V., Breburda E. E., Durning M.: On the role of placental Major Histocompatibility Complex and decidual leukocytes in implantation and pregnancy success using non-human primate models. Int. J. Dev. Biol. 2.10.2009

[194] Svetlana V. Dambaeva, Edith E. Breburda, Maureen Durning, Mark A. Garthwaite, Thaddeus G. Golos: Characterization of decidual leukocyte populations in cynomolgus and vervet monkeys, Journal of Reproductive Immunology J. Reprod. Immunol. 6/2009; 80(1-2): 57-69. Epub. 26.4.2009

[195] Breburda E.: Gentopia das Gelobte Land, Paperback: Scivias-Publisher, 350 pages, ISBN-13:978-0960069507, ISBN-10: 096006950x, Language: German, July 31. 2019

[196] Hornbergs-Schwetzel S.: Blickpunkt Forschungsklonen. DRZE-Research Cloning, Stand: April 2008

[197] Hornbergs-Schwetzel S.: Blickpunkt Forschungsklonen. DRZE-Research Cloning, Stand: April 2008

[198] Cann R. L., Stoneking M. and Wilson A. C.: «Mitochondrial DNA and Human Evolution» Nature 325, pages 31-36, 1.1.1987

[199] Wilmut J.: Centre for Regenerative Medicine (Zentrum für regenerative

Medizin) der Universität von Edinburgh, Roslin Institute Scotland, Telegraph 16.11.2007

[200] Zinkant K.: Koreanischer Zufallstreffer. Der Klonbetrüger Hwang Woo-Suk arbeitete so schlampig, dass ihm aus Versehen eine Jungfernzeugung gelang. Die Zeit, 8.3.2007, Seite 32, und Die Zeit, 18. Februar 2006

[201] Backer M.: Monkey stem cells cloned. Nature 447, 891 (21.6.2007) nature.com/nature/journal/v447/n7147/full/447891a.html

[202] Gabor P.: Chinesen klonen erstmals Affen. Tagesschau, 24. 1. 2018

[203] Verordnung des Bundesministers für Wissenschaft und Forschung zur Durchführung des Tierversuchsgesetzes 2012 (Tierversuchs-Verordnung 2012- TVV 2012) 5a. Abschnitt Sachkunde des Personals, Anforderungen an Aus- und Fortbildung, §23 a. Umsetzung der Richtlinie 2010/63/EU, ABl. Nr. L 276 S. 33 vom 20.10. 2010, Tierversuchsrechtsänderungsverordnung – TVRÄV 2020

[204] Stolzenberg T.: Ersatzorgane im Labor gezüchtet. StN.de Stuttgarter Nachrichten, 19. 04. 2017

[205] Ladstätter D.: Neue Klone, Facts 20.3.2003, Biotech. Media News, #314, 24.4.2003.

[206] Berner Zeitung 413: US-Genforscher Craig Venter warnt vor Klonversuchen bei Menschen (Berner Zeitung 2.5.2001); selected gene-tech messages from the world Swiss & German press unifr.ch/biochem/BIOTECH/BIO-401-450.html#413

[207] Suttner B.: Politik die aufgeht. ödp. Stop, Mr. Wilmuth! Regensburg, 14.3.2005

[208] Butler R. N.: Scientists appeal to president-elect Obama, Colum sent to the president-elect, Guest column, Wisconsin State Journal, page A12, 21.11.2008

[209] Golos T. G., Bondarenko G. I., Breburda E. E., Dambaeva S. V., Durning M., Slukvin I. I.: Immune and trophoblast cells at the rhesus monkey maternal-fetal interface. Methods Mol Med. book chapter, 122: 93-108, 2006; PMID: 16511977 [PubMed – indexed for MEDLINE]

[210] Drenzek J. G., Breburda E. E., Burleigh D. W., Bondarenko G. I., Grendell R. L., Golos T. G.: Expression of indoleamine 2,3-dioxygenase in the rhesus monkey and common marmoset. J. Reprod. Immunol. 7/2008; 78(2):125-33. PMID: 18490060 [PubMed]

[211] Bondarenko G. I., Burleigh D. W., Durning M., Breburda E. E., Grendell R. L., Golos T. G.: Passive Immunization against the MHC Class I Molecule Mamu-AG Disrupts Rhesus Placental Development and Endometrial Responses. J. Immunol. 179(12): 8042-50, 15.12.2007, PMID: 18056344 [PubMed – indexed for MEDLINE]

[212] Washburn J.: The legal lock on stem cells. Two patents that cover key research areas are setting back science. New America Foundation, Los Angeles Times, 11.4.2006

[213] EPO 2008

[214] WARF (Wisconsin Alumni Research Foundation): European Patent Office Decision on WARF Appeal for Stem Cell Patent, Statement from Wisconsin Alumni Research Foundation www.warf.org/news/news.jsp?news_id=236, 27.11.2008

[215] Thomson J. A., Itskovitz-Eldor J., Shapiro S. S., Waknitz M. A., Swiergiel J. J., Marshall V. S., Jones J. M.: Embryonic stem cell lines derived from human blastocysts. Science. 1998; 282: 1145-1147. PMID: 9804556

[216] Graf R.: Klonen: Prüfstein für die ethischen Prinzipien zum Schutz der Menschenwürde. Begründet von Josef Georg Ziegler – Herausgegeben von Clemens Breuer. Moraltheologische Studien Neue Folge (MSNF), Bd. 5, S. 9. ISBN 3-8306-7170-9, Klosterverlag St. Ottilien, 2003

[217] Thomson J. A., Kalishman J., Golos T. G., Durning M., Harris C. P., Hearn J. P.: Pluripotent Cell Lines Derived from Common Marmoset (Callithrix Jacchus) Blastocysts: Biol. Reprod. 55, pages 254-259, 1996

[218] Doherty A. S., Mann M. R., Tremblay K. D., Bartolomei M. S., Schultz R. M.: Differential effects of culture on imprinted H19 expression in the preimplantation mouse embryo. Biol. Reprod. 62: 1526-1535, 2000

[219] Verlinsky Y., Strelchenko N., Kukharenko V., Rechitsky S., Verlinsky O., Galat V., Kuliev A.: Human embryonic stem cell lines with genetic disorders. Reprod. Biomed. 10, 2005

[220] DFG Stammzellforschung-deutschland-lang-0610.pdf Aktuelles. Stellung - nahmen, Seite 6, 2006

[221] Aerzteblatt.de Bundesregierung sieht Stammzellforschung in Deutschland auf gutem Weg. 15.Mai 2019

[222] Breburda E.: Globale Chemisierung, vernichten wie uns selbst. Scivias Publisher, ISBN-13: 978-0615926650, ISBN-10: 0615926657, 2014

[223] Marcus A. Dockser: Mad-Cow-Disease May Hold Clues to other Neurological Disorders. The Wall Street Journal, 4. Dezember 2012

[224] Breburda E.: Can embryonic stem cells cure neurological disorders? Culture of Life Foundation, Complex moral issues made simple. 13. Dezember 2012

[225] Weber N.: Alzheimer, Parkinson, CJK: Neuer Wirkstoff rettet Gehirne von Mäusen, Spiegel, Wissenschaft, 10.10.2013

[226] DFG Stammzellforschung-deutschland-lang-0610.pdf Aktuelles. Stellung - nahmen, Seite 6, 2006,

227 EuroStemCell: Welche Krankheiten können mit Stammzellen behandelt warden? Rahmenprogramm für Forschung und Innovation 2020

228 Jiang Y., Jahagirdar B. N., Reinhardt R. L., Schwartz R. E., Keene C. D., Ortiz-Gonzalez X. R., Reyes M., Lenvik T., Lund T., Blackstad M., Du J., Aldrich S., Lisberg A., Low W. C., Largaespada D. A., Verfaillie C. M.: Pluripotency of mesenchymal stem cells derived from adult marrow. Nature 418, 41-49, doi: 10.1038/nature00870, 4.7.2002

229 Krause Diane S.: Multipotent Human Cells Expand Indefinitely: Blood 98 2595, 2001.

230 Müller P., Bolnheim U., Diener A., Lüthen F., Teller M., Klinkenberg E. D., Neumann H. G., Nebe B., Liebold A., Steinhoff G., Rychly J.: Calcium phosphate surfaces promote osteogenic differentiation of mesenchymal stem cells. J. Cell Mol. Med. 12(1): 281-91, Jan./Feb. 2008

231 Williams et al.: US Patent 6200606 – Isolation of precursor cells from hematopoietic and nonhematopoietic tissues and their use in vivo bone and cartilage regeneration, 13.3.2001, Patent Storm, patentstorm.us /patents/6200606.html

232 Breburda E: Auswirkungen mechanischer Einflussgrößen auf das Längenwachstum nach Unterbrechung der Gefäßversorgung der proximalen Tibiaepiphysenfuge beim Lamm als Modell, Dissertation, Gießen 1996 (Effect of mechanical factors on longitudinal growth of the growth plate of the proximal tibia after interruption of vascular supply in a sheep model, Ph. D. thesis)

233 Breburda E. und Schnettler R.: Dynamische externe Fixierung verbessert Heilung von Läsionen der Wachstumsfuge. Osteosynthese International, Johann Ambrosius Barth Verlag, Heidelberg (2000) 8: 4-8 (Dynamic external fixation improves healing of lesions of the growth plate)

234 Breburda E., Wirth Th., Leiser R., Griss P.: Zellproliferation nach externer dynamischer Fixierung bei Tibiaepiphysenfugenverletzungen beim Lamm als Modell. (Cell proliferation after dynamic external fixation of the tibial growth plate in a sheep model), pp 328-333; in: Verletzungen von Becken bis Fuß im Kindesalter, book chapter Editors: S. Hofmann v. Kapherr, S. Berger, O. Beck, Achen, ISBN 3-8265-8676-X, Shaker Verlag 2001

235 Breburda E., Wirth T., Leiser R., Griss P.: The influence of intermittent external dynamic pressure and tension forces on the healing of an epiphyseal fracture. Arch Orthop Trauma Surg.; 121(8): 443-9. PMID: 11550830, 2001 Sep.

236 Körber-Preis für Stammzellenforscher: Ersatzorgane aus der Petrischale (Beitrag der ARD-Tagesschau vom 07.09.2016 13:31 Uhr).

237 Siddiqui A. A., Stanley C. S., Skelly P. J., Berk S. L.: A cDNA encoding a nuclear hormone receptor of the steroid/thyroid hormone-receptor superfamily from the human parasitic nematode Strongyloides stercoralis. Parasitol Res:

86(7):613. 2000 Jul; PMID: 10669132 [PubMed – indexed for MEDLINE]

[238] KBS Hwang Admits wrongdoing for Thesis, Domestic, Korean radio, 4.7.2006

[239] Cibelli J. B., Grant K. A., Chapman K. B., Cunniff K., Worst T., Green H. L. Walker S. J., Gutin P. H., Vilner L., Tabar V., Dominko T., Kane J., Wettstein P. J., Lanza R. P., Studer L., Vrana K. E., West M. D.: Parthenogenetic Stem Cells in Nonhuman Primates: Science 295. 819, 2002

[240] De Fried E. P., Ross P., Zang G., Divita A., Cunniff K., Denaday F., Salamone D., Kiessling A., Cibelli J.: Human parthenogenetic blastocysts derived from noninseminated cryopreserved human oocytes. Fertil Steril. 2008 Apr; 89(4): 943-7. Epub. 13.8.2007

[241] Zinkant K.: Koreanischer Zufallstreffer. Der Klonbetrüger Hwang Woo-Suk arbeitete so schlampig, dass ihm aus Versehen eine Jungfernzeugung gelang. Die Zeit, Seite 32, 8.3.2007

[242] Graf R.: Klonen: Prüfstein für die ethischen Prinzipien zum Schutz der Menschenwürde. Begründet von Josef Georg Ziegler – Herausgegeben von Clemens Breuer. Moraltheologische Studien Neue Folge (MSNF), Bd. 5, 2003, S. 9. ISBN 3-8306-7170-9, Klosterverlag St. Ottilien

[243] Seoul National University's report on Dr. Hwang Woo Suk the South Korean researcher who claimed to have cloned human cells. Text of the Report of Dr. Hwang Suk. The New York Times, Science section, 9.1.2006

[244] Nietfeld J. J., Pasquini M. C., Logan B. R., Verter F., Horowitz M. M.: Lifetime probabilities of hematopoietic stem cell transplantation in the U.S. Biology of Blood and Marrow Transplantation. 14:316-322, 2008

[245] Opinion of the European Group on Ethics, in: science and new technologies of the European commission. Opinion number 19, 16.3.2004

[246] Phan K. und Post C.: Umbilical cord stem cells slow down Alzheimer's progression in mice. The Christian Post. Online christianpost.com /article/20080330/umbilical-cord-stem-cells-slow-down-alzheimer-s-progression-in-mice.htm, 30.3.2008

[247] Hayani A., Lampeter E., Viswanatha D., Morgan D., Salvi S. N.: First report of autologous cord blood transplantation in the treatment of a child with leukemia. Pediatrics; 119(1): e 296-300 PMID: 17200253 [PubMed – indexed for MEDLINE], 2007 May

[248] Haller M. J. et al.: Autologous umbilical cord blood infusion for type 1 diabetes. Exp. Hematol. 36, 710-715, 2008

[249] Mitchell S.: Menstrual blood tapped as source of stem cells. Finding may offer happy medium between embryonic and other adult cells. MSNBC, Health, cloning and stem cells, msnbc.msn.com/id/21996417/30.11.200

250 Hohmann, C.: Therapeutisches Klonen beim Primaten. Pharmazeutische Zeitung, Ausgabe 47, 2007

251 Koreans Report 2006

252 Korea Net News, 2005

253 Mounk Y: Kollektive Zensur. Zeit Online, 12.8.2020

254 Breburda E.: USA: Konservative trauern um Rush Limbaugh. Christliches Forum, 18. 2. 2021

255 Wandtner R.: Wer schützt Affen vor der Forschung? Zum Streit über die Bremer Tierversuche, Frankfurter Allgemeine Zeitung, 9.12.2008

256 Fagothey Austin: Right and Reasons, Ethics in theory and practice, based on the teaching of Aristotle's and St. Thomas Aquinas, pages 256-257, 1958

257 Vogel G.: Stem cells. Oocytes spontaneously generated. Science, 2.5.2003; 300(5620):721. No abstract available. PMID: 12730567

258 Ratzinger J. (Papst Benedikt XVI.): Gott und die Welt, Glauben und Leben in unserer Zeit, Ein Gespräch mit Peter Seewald. Friedrich Pustet Verlag, Regensburg, Seite 65, ISBN 3-412-05428-2, 2000

259 Associated Press, Associated Press: Mother donates breast milk. The milk went to a milk bank that supplies programs like that of a state hospital that uses it for premature babies. Wisconsin State Journal, page A3, 8.12.2008

260 Sambraus H. H.: Atlas der Nutztierrassen, Eugen Ulmer GmbH und Co. ISBN 3-8001-7213-5, Seite 33, 1989

261 Neu Delhi News, 2006

262 Reiter J.: Bioethik, Mitschrift vom Wintersemester 2002/2003 von Anke Heinz: Ansprache Pius XII. Seite 10, 1944

263 Marshall E.: Claim of human-cow embryo greeted with skepticism. Science, 288:1390-1391, 1998

264 Weiss Rick: Conservatives draft a «bioethics agenda» for president. The Washington Post, Sect A: 6, 8.3.2005

265 Greely H. T.: Moving Human Embryonic Stem Cells from Legislature to Lab: Remaining Legal and Ethical Questions. PLoS Med 3 (5): e 143, (2006)

266 Amariglio N., Hirshberg A., Scheithauer B. W., Cohen Y., Loewenthal R., Trakhtenbrot L., Paz N., Koren-Michowitz M., Waldman D., Leider-Trejo L., Toren A., Constantini S., Gideon Rechavi G.: Donor-Derived Brain Tumor Following Neural Stem Cell Transplantation in an Ataxia Telangiectasia Patient. PloS Medicine, Vol. 6 Issue 2 e1000029, p. 1-11., 17.2.2009

267 Hüsing B., Engles E. M., Frietsch R.: Menschliche Stammzellen (Human Stem

Cells). Study of the Center for Technology Assessment. TA 44/2003, Bern, Switzerland 2003

[268] Wiedemann P. M., Simon J., Schiktanz S., Tannert C.: EMBO REPORTS: Science and Society. The future of stem cell research in Germany. A Delphy study, 2004

[269] Knowles L. P.: A regulatory patchwork – human ES cell research oversight. Nat. Biotechnol.: 22(2): 157-63. PMID: 14755285, Feb. 2004

[270] Akademie der Wissenschaften: Fortschritte in Der Stammzellforschung. Institut für Molekuare Biotechnologie Österreich. 24.03.2020

[271] Eser A., Koch H. G., Seith C.: Der Status des extrakorporalen Embryos. Grenzen des Rechtsschutzes. Max-Planck-Institut für ausländisches und internationales Strafrecht, 2007. http://www.mpicc.de/ww/de/ pub/forschung /forschungsarbeit/strafrecht/embryo.htm

[272] Hübner K., Furhmann G., Christenson L. K., Kehler J., Reinbold R., De La Fuente R., Wood J., Strauss J. F. 3rd, Boiani M., Schöler H. R.: Derivation of Oocytes from mouse embryonic stem cells. Science 23.5.2003; 300 (5623), S. 1251-1256. PMID

[273] Badura-Lotter G. und Schubert L.: Stammzelle: Was können wir wollen. Mensch Medizin, Gen-ethisches Netzwerk Januar 2008

[274] Dennis C.: Developmental biology: Synthetic sex cells. Nature. 24.7.2003; 424 (6947): 364-6. PMID: 12879036

[275] Badura-Lotter G. und Schubert L.: Stammzelle: Was können wir wollen. Mensch Medizin, Gen-ethisches Netzwerk Januar 2008

[276] Hotz R.L.: Stem-Cell researchers claim embryo labs are still a necessity. Science Journal, The Wall Street Journal, page B1, 4.1.2008

[277] Kolata Gina: Scientist bypass need for Embryo to get stem cells. Science/ the New York Times, 21.11.2007

[278] Hotz R.L.: Stem-Cell researchers claim embryo labs are still a necessity. Science Journal, The Wall Street Journal, page B1, 4.1.2008

[279] Stojkovic M., Phinney D.: Reprogramming battle egg vs. virus, STEM CELLS 26:1-2, 2008

[280] Frankfurter Allgemeine Zeitung 4. April 2009

[281] Deng J., Shoemaker R., Xie B., Gore A., Leproust E. M., Antosiewicz-Bourget J., Egli D., Maherali N., Park I. H., Yu J., Daley G. Q., Eggan K., Hochedlinger K., Thomson J., Wang W., Gao Y., Zhang K.: Targeted bisulfite sequencing reveals changes in DNA methylation associated with nuclear reprogramming Nat. Biotechnol. 29.3.2009

[282] Weinhäupl G.: Analyse epigenetischer Mechanismen in der Wirkung von Umweltfaktoren auf die menschliche Gesundheit basierend auf modernen Forschungsergebnissen. Diplomarbeit, Universität Wien, Ökologische Fakultät, Seite 8, http://othes.univie.ac.at/3489/1/2009-02-03_8503620.pdf, Januar 2009

[283] Szyf M., Weaver I., Meaney M.: Maternal care, the epigenome and phenotypic differences in behavior. Reprod. Toxicol. 2007 Jul; 24(1):9-19. Epub 10.5.2007

[284] Le Ker H.: Zukunft der Reproduktionsmedizin, 17.7.2008, Spiegel Online

[285] Alexander Meissner, Professor der Harvard Universität in Boston, USA, musste feststellen, dass nur einige wenige pluripotente Zellen bei der Rückzüchtung von mehreren hunderttausend Versuchen entstehen (Frankfurter Allgemeine Zeitung 4. April 2009).

[286] Rehder S.: Stammzell-Debatte 2: Zellbiologe Volker Herzog hält Aufregung für «widersinnig». Embryonale Stammzellen sind das «falsche Pferd». Die Tagespost, Würzburg, 28.11.2007

[287] Kaiser M. E., Merrill R. A., Stein A. C., Breburda E., Clagett-Dame M.: Vitamin A deficiency in the late gastrula stage rat embryo results in a one to two vertebral anteriorization that extends throughout the axial skeleton. Dev. Biol. 2003 May 1; 257(1): 14-29. PMID: 12710954 [PubMed – indexed for MEDLINE]

[288] Vogel G. and Holden C.: Developmental biology. Field leaps forward with new stem cell advances. Science.; 318(5854):1224-5. No abstract available. PMID: 18033853, 23.11.2007

[289] Hengstschläger M., Prusa A. R., Marton E., Rosner M., Bernaschek G.: Oct-4-expressing cells in human amniotic fluid: a new source for stem cell research? Human Reproduction: (18) Nr. 7, S. 1489-1493, PMID: 12832377, 2003

[290] Foroni C., Galli R., Cipelletti B., Caumo A., Alberti S., Fiocco R., Vescovi A.: Resilience to transformation and inherent genetic and functional stability of adult neural stem cells ex vivo. Cancer Res. 67(8): 3725-33. PMID: 17440085, 15.4.2007

[291] Yoon Y. S., Wecker A., Heyd L., Park J. S., Tkebuchava T., Kusano K., Hanley A., Scadova H., Qin G., Cha D. H., Johnson K. L., Aikawa R., Asahara T., Losordo D. W.: Clonally expanded novel multipotent stem cells from human bone marrow regenerate myocardium after myocardial infarction. J. Clin. Invest.; 115(2):326-38. PMID: 15690083, 2005 Feb

[292] Meissner A. und Jaenisch R.: Generation of Nuclear Transfer-Derived Pluripotent ES Cells from Cloned Cdx2-Deficient Blastocysts, Nature 439.7073, 12. 1. 2006

[293] Klimanskaya I., Chung Y., Becker S., Lu S. J., Lanza R.: Human Embryonic Stem Cell Lines Derived from Single Blastomeres, Nature 444.7118, pages 481-485, PMID: 16929302, 23.11.2006,

294 See S. Mastenbroeck et al.: In Vitro Fertilization with Preimplantation Genetic Screening, New England Journal of Medicine 357. 1, 5.7.2007: 9-17; and Goldman B.: Reproductive Medicine: The First Cut, Nature 445.7127, 479-480, 1.2.2007:

295 Suss-Toby E., Gerecht-Nir S., Amit M., Manor D., Itskovitz-Eldor J.: Derivation of a diploid human embryonic stem cell line from a mononuclear zygote. Hum. Reprod. 2004 Mar; 19(3):670-5., PMID: 14998969 [PubMed – indexed for MEDLINE], Epub, 29.1.2004

296 See L. M., Postovit et al.: The Commonality of Plasticity Underlying Multipotent Tumor Cells and Embryonic Stem Cells, Journal of Cellular Biochemistry 101.4: 908-917, 1.7.2007

297 Andrews P.W., Matin MM., Bahrami AR., Damjanov I., Gokhale P., Draper J.S.: «Embryonic Stem (ES) Cells and Embryonal Carcinoma (EC) Cells: Opposite Sides of the Same Coin», Biochemical Society Transactions 33.6 (December 2005): 1526-1530. PMID: 16246161

298 Draper J. et al.: Recurrent gain of chromosomes 17q and 12 in cultured human embryonic stem cells. In: Nature Biotechnology, BD 22, Nr. 1, Januar 2004

299 Wahlberg D.: $8.9 million for UW's stem cell research. Three universities were awarded federal stem-cell grants, 5.8.2008, pages D-D2

300 Stejskal J.: Was sind Stammzellen? Imabe-Info 3/08: Stammzellen, IMABE-Institut, Wien, www.imabe.org

301 Postovit L. M., Costa F. F., Bischof J. M., Seftor E. A., Wen B., Seftor R. E., Feinberg A. P., Soares M. B., Hendrix M. J.: The Commonality of Plasticity Underlying Multipotent Tumor Cells and Embryonic Stem Cells, Journal of Cellular Biochemistry 101, 908-917 PMID: 17177292, 4, 1.7.2007

302 Andrews P.W., Matin MM., Bahrami AR., Damjanov I., Gokhale P., Draper J.S.: «Embryonic Stem (ES) Cells and Embryonal Carcinoma (EC) Cells: Opposite Sides of the Same Coin», Biochemical Society Transactions 33.6: 1526-1530. PMID: 16246161, (December 2005)

303 Wertz D.: Germ-line Therapy Enters the Foreseeable Future. The Gene Letter. 1997 3(1), http://www.geneletter.org/0898/germ-line.htm

304 Breburda E.: Gentopia das gelobte Land. Paperback: Scivias-Publisher, 350 pages, ISBN-13:978-0960069507, ISBN-10: 096006950x, July 31. 2019

305 Schockenhoff E.: Ethische Probleme der Stammzellenforschung. Humboldt Forum Recht. Die juristische Internet-Zeitschrift an der Humboldt Universität zu Berlin, 6-20, 2008

# ZUSAMMENFASSUNG

Die gesamte Spannbreite der Anwendungsgebiete moderner Biotechnologien, ihre Potentiale und Auswirkungen kommen in diesem Buch zur Sprache. Die Autorin setzt sich kritisch mit den Verheißungen der Genmanipulation in der Phyto-, Veterinär- und Humanmedizin auseinander. Sie beleuchtet die neuesten Techniken und zeigt deren Konsequenzen für unser Leben auf sowie die Folgen für Gesellschaft und Umwelt.

Leicht verständlich und spannend geschrieben, werden dem Leser Einblicke in Aspekte ermöglicht, denen normalerweise kaum Aufmerksamkeit geschenkt wird: Genmanipulationen haben Nebenwirkungen, die wir in ihrer Gesamtheit noch gar nicht abschätzen können, weil wir diese neuen Techniken weder vollständig verstehen noch kontrollieren können. So stellt sich die Frage, ob Gentechnik dem Fortschritt letztendlich dient?

Wie weit dürfen wir die Umwelt, Mitmenschen und Nachfahren manipulieren, um Ziele zu erreichen, die meist irreal sind? Welche Alternativen stehen zu Verfügung, damit ein Fiasko abgewendet werden kann? Und warum werden realistische Vorschläge ignoriert?

Gemäß dem Stand der Wissenschaft bewirken undifferenzierte embryonale Stammzellen Krebs. Dass Versuchstieren bei der utopischen Suche nach den Wegen der spezifischen Organdifferenzierung für Transplantationen Leid und Schmerz zugemutet wird, nimmt man in Kauf. Nach zehn Jahren intensiver humaner embryonaler Stammzellenforschung konnten nur euphorische Höhenflüge anstatt konkrete Resultate angeboten werden. Selbst in 2021 klaffen Verheißungen und Wirklichkeit weit auseinander. Eine Biotechnologie eilt einer nicht mehr mitkommenden Bioethik voraus. Wem sind wir verantwortlich, wenn wir Gott nicht mehr als Schöpfer anerkennen?

Können wir es verantworten, riesige Mittel in eine Vision zu investieren, die seit langem verspricht, Alzheimer, Parkinson, Krebs und Diabetes usw. zu heilen, wenn dafür humane embryonale Stammzellen verbraucht werden, obwohl Therapien mit adulten Stammzellen seit den 70-iger Jahren erfolgreich eingesetzt wurden? Warum sind wir bei den inakzeptablen Versuchen, den Genpool und die Umwelt zu manipulieren, nicht aufgewacht, nachdem wir aus Versehen und reiner Profitgier Krankheiten wie BSE erzeugt hatten?

## WEITERE BÜCHER

### DEUTSCHE BÜCHER

Edith Breburda: **Gentopia das Gelobte Land**, Paperback: Scivias-Publisher, 350 pages, ISBN-13:978-0960069507, ISBN-10: 096006950x, July 31. 2019,

Edith Breburda: **Reproduktive Freiheit, free for what?** Paperback: Scivias-Publisher, 358 pages. ISBN-10069244761, ISBN-13: 978-0692447260, 18. June 2015

Edith Breburda: **Globale Chemisierung, vernichten wir uns selbst.** Paperback: Scivias-Publisher, 254 pages. ISBN-10: 0615926657, ISBN-13: 978-0615926650, 28. February 2014

Edith Breburda: **Verheißungen der neuesten Biotechnologien.** Preface: Bishop DDr. Klaus Küng MD. Paperback: Christiana-Verlag; Switzerland: 160 pages, ISBN-10: 3717111728, ISBN-13: 978-3717111726, 7. Juni 2010

### ENGLISCHE BÜCHER

Edith Breburda: **Promises of New Biotechnologies.** Preface: Dr. William E. May, Ph.D. Paperback: Scivias-Publisher, 292 pages, ISBN-10: 0615548288, ISBN-13: 978-0615548289, September 29, 2011

## KINDERBÜCHER

Edith Breburda: **Felix the Shrine Cat**, Paperback: Scivias-Publisher, 144 pages, ISBN-13: 978-0692772058, ISBN-10: 0692772057, November 5, 2016

**Buchpreis 2017,**

3. bestes Kinderbuch der *Catholic Press Association* für Kanada und USA. Kategorie: Kinder und Jugendliche.

Edith Breburda: **Felix the Pilgrimage Cat: in Paris, Chartres and Rome**, Paperback: Scivias-Publisher, 152 pages, ISBN-13: 978-0692962114, ISBN-10: 0692962115, December 26, 2017

Edith Breburda: **Felix der Wallfahrtskater in Paris, Chartres und Rom** Paperback: Scivias-Publisher, 128 pages: ISBN-10: 0615541011, ISBN-13: 978-0615541013, September 8, 2011

Edith Breburda: **Felix der Wallfahrtskater.** Paperback: Publisher: Christiana-Verlag, Switzerland. 96 pages: ISBN-10: 3717111442, ISBN-13: 978-3717111443, November 1, 2008

**AlIE BÜCHER SIND AUCH ALS KINDLE e-BOOKS ERHÄLTLICH**

www.ingramcontent.com/pod-product-compliance
Lightning Source LLC
Chambersburg PA
CBHW051051160426
43193CB00010B/1147